西南石油大学"十三五""十四五"石油与天然气工程科技成果

# 高温高压含硫超深复杂井井筒压力控制技术

彭炽 付建红 苏昱 冯剑 杨赟 著

石油工业出版社

## 内 容 提 要

本书系统阐述了高温高压含硫超深复杂井井筒压力控制理论与技术，分析了甲烷—钻井液体系的相平衡关系，开展了甲烷在钻井液中的溶解度实验，建立了钻井和关井期间井筒瞬态温度场模型，构建了溢流—关井—压井全过程的环空瞬态多相流动模型，分析了不同工况下井筒压力的动态响应特征和关键参数影响规律，并对井筒压力预测与控制技术进行了现场应用。

本书可供从事复杂井钻井工程工作的管理人员及工程技术人员使用，也可作为石油院校石油与天然气工程专业研究生教材、石油企业培训用书。

### 图书在版编目（CIP）数据

高温高压含硫超深复杂井井筒压力控制技术 / 彭炽等著 . -- 北京：石油工业出版社，2025.6.
ISBN 978-7-5183-7468-7

Ⅰ . TE3

中国国家版本馆 CIP 数据核字第 2025PG9437 号

---

出版发行：石油工业出版社
　　　　　（北京安定门外安华里 2 区 1 号　100011）
　　　　网　　址：www.petropub.com
　　　　编辑部：（010）64523760
　　　　图书营销中心：（010）64523633
经　　销：全国新华书店
印　　刷：北京九州迅驰传媒文化有限公司

2025 年 6 月第 1 版　2025 年 6 月第 1 次印刷
787×1092 毫米　开本：1/16　印张：15
字数：312 千字

定价：75.00 元
（如出现印装质量问题，我社图书营销中心负责调换）
版权所有，翻印必究

# 前言

## FOREWORD

陆上深层和超深层油气藏的勘探开发在石油工业领域占据极为重要的地位。随着我国中浅层油气藏开发程度持续加大，大部分中浅层油气资源已逐步进入难动用阶段，油气勘探方向不断聚焦深层和超深层油气资源。21世纪以来，我国先后在塔里木盆地、四川盆地等地取得了一系列重大发现。与中浅层油气藏相比，深层油气藏埋藏深、温度高、压力大，有些构造还含有硫化氢等酸性气体，给井筒流动安全保障带来了巨大挑战。

井筒流动安全保障的核心在于井筒压力控制，即通过准确的瞬态多相流动数学模型来刻画井筒内流体的多相流动行为，从而实现井筒压力精确预测与控制。当前，油基钻井液已广泛应用于高温高压复杂超深井钻井中，由于甲烷等气体在油基钻井液中的溶解度远高于其在水基钻井液中的溶解度，井控安全面临严重挑战。当发生气侵时，井底高温高压条件下侵入气体通常大量溶解于油基钻井液中，导致气侵具有较强"隐蔽性"，难以检测到溢流发生。当溶解气运移到井口附近后，会大量逸出且体积快速膨胀，带来严重的井控风险。

针对高温高压含硫超深复杂井井筒压力控制技术难点，本书较为系统地阐述了近年来的相关研究成果。第一章介绍了研究背景。第二章阐述了甲烷和钻井液体系的相平衡关系，开展甲烷在钻井液中溶解特性实验研究，测定不同温度压力条件下甲烷在不同体系钻井液中的溶解度。第三章阐述了高温高压含硫超深复杂井井筒—地层间热量交换机理，考虑多个热源项影响，建立直井和水平井钻井循环期间及关井期间井筒瞬态温度场模型，探究直井和水平井井筒瞬态温度场分布规律。第四章至第六章考虑了高温高压含硫超深复杂井井筒压力—地层溢流耦合作用、气体溶解度及井筒瞬态温度等因素，分别建立溢流—关井—压井期间的环空瞬态多相流动数学模型，研究不同工况下相关工程地质因素对环空瞬态多相流流动行为和井筒压力动态响应特征的影响。此外，第四章基于环空瞬态多相流动特征，建立环空瞬态水击微分方程组，以及气—液—固三相环空水击波速方程，探究溢流关井水击压力变化规律。最后，第七章对本书建立的高温高压含硫超深复杂井井筒压力控制技术进行了现场应用。

本书形成了高温高压含硫超深复杂井溢流—关井—压井期间井筒压力预测与控制理论，研究成果不仅可以深化对环空瞬态多相流流动规律的认识，对解决高温高压含硫超深复杂井井筒压力控制难题也有重要的理论及现实意义。

本书第一章和第二章由彭炽、付建红、冯剑撰写；第三章至第五章由彭炽、付建红、苏昱撰写；第六章和第七章由苏昱、杨赟撰写。彭炽、付建红负责本书总体架构设计与通读校正。特别感谢中国石油西南油气田公司工程技术研究院、中国石油国际勘探开发有限公司、中国石油集团川庆钻探工程有限公司钻采工程技术研究院，以及中国石油天然气集团有限公司、中国石油化工集团有限公司各油气田企业及研究机构的大力支持和帮助。

由于笔者水平有限，书中难免存在不足之处，敬请读者批评指正。

# 目录

## ▶ 第一章 绪论

第一节 高温高压含硫气藏分布 ………………………………………… 1

第二节 高温高压含硫超深复杂井井筒压力控制面临的主要
技术难题 ……………………………………………………………… 3

## ▶ 第二章 甲烷在钻井液中的相平衡与溶解度

第一节 甲烷—钻井液体系相平衡理论与模型 ………………………… 5

第二节 甲烷在钻井液中的溶解度实验 ………………………………… 17

第三节 甲烷—钻井液体系相平衡计算 ………………………………… 30

## ▶ 第三章 超深复杂井井筒瞬态温度场

第一节 钻井循环期间井筒瞬态温度场 ………………………………… 43

第二节 关井期间井筒瞬态温度场 ……………………………………… 53

第三节 对流换热关键参数 ……………………………………………… 55

第四节 钻井过程热源项 ………………………………………………… 58

第五节 模型离散与求解 ………………………………………………… 59

第六节 模型验证 ………………………………………………………… 61

第七节 超深直井井筒温度场敏感性因素分析 ………………………… 63

第八节 超深水平井井筒温度场敏感性因素分析 ……………………… 70

## 第四章　超深复杂井钻井溢流期间环空瞬态多相流动规律特征

第一节　超深复杂井溢流期间环空瞬态多相流动模型 ………… 77
第二节　辅助方程 ……………………………………………………… 83
第三节　模型数值化求解 …………………………………………… 102
第四节　超深直井溢流发展规律 …………………………………… 106
第五节　超深小井眼水平井溢流发展规律 ………………………… 129

## 第五章　超深复杂井关井期间井筒压力及流动参数变化特征

第一节　超深复杂井关井期间环空瞬态多相流动特征 …………… 151
第二节　基于环空瞬态多相流动特征的超深复杂井关井水击压力 … 154
第三节　模型数值化求解 …………………………………………… 164
第四节　超深直井关井期间井底压力变化规律 …………………… 169
第五节　超深水平井关井期间井底压力变化规律 ………………… 174
第六节　超深直井关井水击压力敏感因素分析 …………………… 176
第七节　超深水平井关井水击压力敏感因素分析 ………………… 180

## 第六章　超深复杂井压井期间井筒压力及流动参数变化特征

第一节　超深复杂井压井期间环空瞬态多相流数学模型 ………… 185
第二节　超深复杂井溢流上升过程中套压计算模型 ……………… 188
第三节　超深复杂井溢流排出过程中套压计算模型 ……………… 191
第四节　超深直井压井过程模拟 …………………………………… 194
第五节　超深水平井压井过程模拟 ………………………………… 206

▶ **第七章　超深复杂井井筒压力控制技术现场应用**

　　第一节　顺南 5×× 井带压循环模拟 …………………………………… 221

　　第二节　顺北 3×× 井气侵模拟与早期溢流监测现场应用 ………… 223

▶ **参考文献**

# 第一章　绪　论

高温高压含硫气藏一般指地层压力大于 60 MPa、储层温度大于 120 ℃、含有 $H_2S$ 的气藏。该类气藏埋藏深度往往超过 4000 m，一般具有产量较高的工业气流，当 $H_2S$ 含量超过 2% 或 30 $g/m^3$ 时，称为高温高压高含硫气藏。高温高压含硫气藏主要分布于俄罗斯、加拿大、法国等。我国的高温高压含硫气藏主要分布在四川和新疆等地，四川盆地内现已探明的高含硫天然气储量超过 $1.26 \times 10^{12}$ $m^3$，占全国同类天然气储量的比例超过 90%。高温高压含硫气藏在工程作业中往往容易引发生产事故，如重庆罗家寨"12·23"事故，罗家 16H 井突然发生井喷，富含硫化氢的气体喷涌而出，导致在短时间内发生大面积灾害。又如清溪 1 井事故，该井四开钻进至井深 4285.38 m 时发生溢流，经过初期两次压井和三次抢险压井，封井取得成功。高温高压含硫气藏虽然储量巨大，但容易带来高昂的开发成本并容易引发安全事故。

## 第一节　高温高压含硫气藏分布

### 一、俄罗斯阿斯特拉罕高含硫凝析气田

阿斯特拉罕高含硫凝析气田位于俄罗斯伏尔加河下游阿斯特拉罕州，是世界上已知规模最大、开发难度最高的高含硫凝析气田之一，储量达 $3.8 \times 10^{12}$~$4.2 \times 10^{12}$ $m^3$。该气田发现于 20 世纪 70 年代，储层主要为下石炭统和上泥盆统碳酸盐岩，埋藏深度在 3500~4200 m，具有高温、高压、高含硫的典型特征。地层温度约 120 ℃，压力系数通常为 1.7~2.0，局部压力超过 80 MPa，属于超高压气藏；地层流体中 $H_2S$ 含量在 16.03%~28.30% 之间，平均为 26%；$CO_2$ 含量在 10.69%~18.66% 之间，平均为 16%。

### 二、法国拉克气田

拉克气田位于法国西南部阿基坦盆地，是法国历史上最大的天然气田之一，可采储量为 $2.6 \times 10^{11}$ $m^3$，埋藏深度在 2000~3500 m 之间，以其高含硫特性著称。拉克气田发现于 1951 年，位于将阿基坦盆地南缘与北比利牛斯前渊分开的主要逆冲断层以北。气田包含

两个相对独立的、发育在盐枕之上、四面下倾的穹隆背斜圈闭碳酸盐岩油气藏，即浅部的 Superieur 储层和深部的 Inferieur 储层，为上侏罗统碳酸盐岩。地层温度约为 140 ℃，原始气层压力达 66.15 MPa，天然气中 $H_2S$ 含量为 15.4%。拉克气田历经试采评价阶段（1952—1957 年）、上产阶段（1958—1963 年）、稳产阶段（1964—1984 年）和产量递减阶段（1984年以后），气田日产量最高 $2.156 \times 10^7 \mathrm{m}^3$，稳产阶段气田年采气速度 3%，期间在构造高点补钻 10 口加密井，使得气田稳产期长达 21 年。

### 三、加拿大卡罗林气田

卡罗林气田位于加拿大艾伯塔省，是一个典型的高压天然气田。气藏埋藏深度 2000~3500 m，主要储层为下白垩统和侏罗系的砂岩和石灰岩。气田的总储量约为 $5 \times 10^{10} \mathrm{m}^3$，储层温度在 90~120 ℃之间，地层压力较高，压力系数在 1.5~1.8 范围内，天然气中含有高比例的 $H_2S$，最高可达 35%。

### 四、四川盆地元坝气田

元坝气田是中国石化西南石油局开发的世界首个埋深超 7000 m 的超深高含硫生物礁大气田，位于四川省广元市、南充市和巴中市境内。该气田的储层岩性主要为长兴组礁滩相沉积的白云岩，探明天然气地质储量达到 $3030 \times 10^8 \mathrm{m}^3$，地层温度高达 160 ℃以上，地层压力系数一般为 1.6~1.9，天然气中 $H_2S$ 含量较高，平均为 6%~8%，局部可达 10%以上。

### 五、四川盆地双鱼石区块

双鱼石区块位于四川省广元市剑阁县境内，是四川盆地西北部的一个重要天然气勘探区块，探明储量超过 $1000 \times 10^8 \mathrm{m}^3$。该区块的气藏埋藏深度超过 7500 m，属于超深层气藏，储层岩性主要为二叠系栖霞组的白云岩，储集空间包括孔隙、溶洞和裂缝。双鱼石区块地层温度高于 150 ℃，地层压力在 90 MPa 以上，压力系数在 1.24~1.36 之间。该区块的天然气中也含有一定比例的 $H_2S$，不过相比其他高含硫气田，含硫量较低，通常在 1%~5%之间。

### 六、四川盆地普光气田

普光气田位于四川省达州市宣汉县普光镇，是中国最大的海相整装高含硫气田之一，探明天然气储量达到 $4122 \times 10^8 \mathrm{m}^3$。气田储层埋藏深度大，主要为中—下二叠统碳酸盐岩，井深均超过 5000 m，其中最深井达 6805 m，一般气层压力高于 60 MPa，地层温度为 120~130 ℃。普光气田天然气中 $H_2S$ 含量极高，平均浓度约为 15%，最高可达 17%以上，二氧化碳含量也较高。

## 七、新疆塔中北坡区块

塔中北坡（顺南区块＋顺托区块）位于塔克拉玛干沙漠腹地，地表均为荒漠、戈壁及流沙覆盖地区，生态环境极其恶劣。2013年在顺南区块部署的顺南4井和顺南5井在鹰山组和蓬莱坝获高产气流，截至2018年共完钻13口井，10口井在奥陶系一间房组和鹰山组钻遇活跃天然气显示。现场实钻情况显示，该区天然气藏埋藏深（大于7600 m），地层压力大（大于172 MPa），地层温度高（实测温度200 ℃左右），天然气相对密度0.57~0.73，甲烷含量84.7%~96.5%；$H_2S$含量分布不一（2.64~2368 mg/m$^3$），平均145 mg/m$^3$；$CO_2$含量1.71%~18.25%，平均9.16%。塔中北坡是受缝洞体控制的整体含油气的大型油气田，属超深、超高温、超高压、含酸性气体的干气气藏。顺南井区储层以裂缝、孔洞为主，缝洞型油藏压力敏感，钻井过程中易漏易涌，导致气侵严重；钻遇溶洞易出现漏失，难以建立循环。储层气层活跃，难以压稳，排气时间长，顺南区块储层段平均钻井周期达133.58 d，占全井周期的54.80%。天然气易发生气液置换、滑脱，侵入隐蔽性强，进一步增加了井筒压力平衡控制难度，导致钻井井控风险较高。顺南5井、顺托1井因气侵强度大，发现不及时，影响压井施工，被迫封井，严重影响该区勘探开发进程。

## 第二节 高温高压含硫超深复杂井井筒压力控制面临的主要技术难题

高温高压含硫超深复杂井钻井受地貌、构造、岩性的影响，井控技术难题主要表现在以下几个方面：（1）地质条件复杂，钻井过程中常常钻遇多套不同压力系统且相差悬殊，地层相关压力参数的预测较为困难，一旦遇到异常高压气层，极易发生井下溢流等复杂情况，给钻井设计和施工安全带来极大挑战。（2）由于储层埋藏较深，地层温度、压力高，产气量大，井下一旦发生溢流通常表现为量大、速度快、关井压力高等特点，如果处理不及时极易引发井喷或井喷失控，导致重大人员伤亡和财产损失。（3）气藏含$H_2S$，含硫气井井控安全级别较高。$H_2S$在井筒中存在临界点附近的相态变化，由超临界态到液态再到气态其体积会发生剧烈膨胀，影响井内液柱压力。此外，$H_2S$属酸性气体，存在较强的腐蚀性和毒性，对井控设备要求较高。

现有高温高压含硫超深复杂井压井方法可分为常规压井法和非常规压井法两类。常规压井法也称为井底常压法，即保持井底压力不变，通过循环排出井内气侵钻井液，重建井内压力平衡。目前，常用的常规压井法主要包括司钻法和工程师法。在高温高压高产气井中如果溢流发现及时，且钻柱位于井底或离井底不远的情况下，可采用常规压井法进行压井。非常规压井法是指发生井喷或井喷失控以后不具备常规压井方法所要求的条件时进行的压井作业,以及一些特殊情况下,为在井内建立液柱,恢复和重新控制地层压力所采用的压井方法。高温高压含硫超深复杂井中常用的非常规压井方法主要包括动力压井法、平衡点法和直推法。一旦发生井内喷空的情况,需要快速建立井内压力系统平衡,如果此时钻柱在井底或离井底不远,可以采用动力压井法或平衡点法压井;如果井内无钻具不能进行循环压井,此时可采用直推法压井。

  高温高压含硫超深复杂井井筒压力控制的核心在于使用准确的瞬态多相流动数学模型来刻画井筒内流体的多相流动行为,从而实现井筒压力精确预测与控制。目前国内外许多专家学者已经对直井钻井溢流期间环空瞬态多相流动做了大量的研究工作,取得了丰硕的成果与重要认识。然而,大部分模型并未考虑井筒压力—地层溢流耦合作用,将气侵速率视为某一定值,在恒定气侵速率条件下模拟计算井筒流动参数、钻井液池增量、井口返出排量,以及井筒压力,无法准确地反映溢流发展规律。并且由于油基钻井液耐高温及强抑制性等诸多特点,目前已成为高温高压深井安全钻井的重要技术手段。然而,使用油基钻井液,因其远高于水基钻井液的气体溶解特征,会给井控安全带来严重挑战。在钻井工况下若发生气侵,由于油基钻井液在高温高压下具有较大的溶解度,气体通常以溶解气形式存在,导致气侵具有"隐蔽"性,使得早期溢流监测方法和技术难以检测到溢流发生,而溶解气从井底经环空运移到井口附近后会逸出且体积快速膨胀,从而带来严重的井控风险。

  目前,绝大部分环空瞬态多相流模型并未考虑气体溶解度对环空流动行为的影响,主要有两个方面的原因:(1)由于烃类气体在水基钻井液中的溶解度较小,往往可以忽略,以水基钻井液为循环介质的环空瞬态多相流模型并未考虑气体溶解度影响;(2)瞬态多相流模型中若考虑气体溶解和逸出,由于高温高压深井井筒温度和压力波动范围大,对气体在钻井液中的溶解度造成严重影响,从而使得环空瞬态多相流动行为变得更加复杂,难以准确探究其变化规律。在关井期间,目前一部分研究工作仅仅只是定性分析了关井后井底压力的变化,并未给出具体的数学模型。另一部分研究工作尽管建立了关井期间井底压力计算模型,但所建立的模型均采用纯气柱理论,未采用气液两相流理论及考虑气体溶解度的影响,且未考虑气侵发生后环空气液两相流初始分布状态对溢流关井井筒压力的影响。在压井期间,套压的理论计算方法都以溢流在环空中为纯气柱形式作为基础,不考虑气液两相流动特征,且未考虑压井之前环空初始状态对压井的影响。

# 第二章 甲烷在钻井液中的相平衡与溶解度

体系中物理、化学性质呈均一状态的区域称为"相"。在多元体系中，不同相间存在物质迁移问题，在一定温度、压力条件下，当各相之间不存在物质的净迁移时，也就是物质在任意相中的逸出量和返回量达到动态平衡时，这种状态即称为"相平衡"，此时物质在任意相中的温度、压力及化学势均相等。相平衡种类很多，最常见的有气液相平衡、液液相平衡、液固相平衡等。甲烷—钻井液体系相平衡问题属于气液相平衡范畴，主要考察甲烷气体和钻井液体系达到平衡状态时，平衡温度和压力与气液相各自组分及相关物化性质之间的关系。

气体在钻井液中的溶解度研究始于20世纪80年代，国外学者在气体溶解度研究方面较为活跃，研究手段主要包括实验测试和状态方程模型描述。目前，国内学者在这方面仅进行了初步的探讨，仍缺乏完善的理论预测模型，且实验研究方面尚属空白。根据公开报道的文献数据来看，甲烷在油基、合成基钻井液中的溶解度非常大，必然会对井控过程中的井筒压力分布产生较大影响。因此，有必要开展不同温度和压力条件下甲烷在不同体系和组分钻井液中的溶解度实验测定，建立其在钻井液中溶解度预测模型，为超深复杂井井筒压力精细控制提供基础支撑。

## 第一节 甲烷—钻井液体系相平衡理论与模型

### 一、相平衡热力学原理

目前，相平衡的研究主要有两种方法：一种是相平衡数据的实验测量，另一种是相平衡性质的理论计算。本章第二节阐述甲烷的溶解及实验，此处着重介绍气体—钻井液体系相平衡性质的理论计算方法。

由前述相平衡原理可知，当体系中气、液两相达到平衡时，任意组分在两相中的化学势均相等，即

$$\mu_i^V = \mu_i^L \tag{2-1-1}$$

式中 $\mu_i^V$——组分 $i$ 在气相中的化学势；

$\mu_i^L$——组分 $i$ 在液相中的化学势。

将式（2-1-1）中的化学势替换为逸度（$f$），即可得到气液相平衡计算中的核心公式：

$$f_i^V = f_i^L \quad (2\text{-}1\text{-}2)$$

式中 $f_i^V$——组分 $i$ 在气相中的逸度，Pa；

$f_i^L$——组分 $i$ 在液相中的逸度，Pa。

其中，逸度（fugacity）是指实际气体的有效压力，可以理解为相同条件下具有相同化学势的理想气体的压强。逸度与压强的比值称为逸度系数（$\phi$），即

$$\phi_i = f_i / p_i \quad (2\text{-}1\text{-}3)$$

式中 $p_i$——组分 $i$ 的压强，Pa。

具体计算过程当中，需要建立组分在不同相间的逸度与温度、压力，以及体系组成之间的关系。那么，针对逸度的不同求解模型，相平衡关联计算主要存在两类方法：状态方程法和活度系数法。

1. 状态方程法

由式（2-1-3）可知组分 $i$ 在气相和液相中的逸度表达式为：

$$f_i^V = \phi_i^V p y_i \quad (2\text{-}1\text{-}4)$$

$$f_i^L = \phi_i^L p x_i \quad (2\text{-}1\text{-}5)$$

式中 $p$——体系压力，Pa；

$y_i$——组分 $i$ 在气相中的摩尔分数；

$x_i$——组分 $i$ 在液相中的摩尔分数。

将式（2-1-4）和式（2-1-5）代入式（2-1-2）可得：

$$\phi_i^V y_i = \phi_i^L x_i \quad (2\text{-}1\text{-}6)$$

根据 Gibbs 自由能的定义，可得 Gibbs 自由能的微分表达形式：

$$\mathrm{d}G = -S\mathrm{d}T + V\mathrm{d}p \quad (2\text{-}1\text{-}7)$$

式中 $G$——Gibbs 自由能，kJ/mol；

$T$——温度，K；

$V$——体积，m³；

$S$——熵，J/K。

因此：

$$\left(\frac{\partial G}{\partial p}\right)_T = V \qquad (2\text{-}1\text{-}8)$$

温度一定时，不同压力下的 Gibbs 自由能可以表示为：

$$G(T_1, p_2) - G(T_1, p_1) = \int_{p_1}^{p_2} V \mathrm{d}p \qquad (2\text{-}1\text{-}9)$$

对于理想气体：

$$G^{\mathrm{IG}}(T_1, p_2) - G^{\mathrm{IG}}(T_1, p_1) = \int_{p_1}^{p_2} \frac{RT}{p} \mathrm{d}p \qquad (2\text{-}1\text{-}10)$$

由式（2-1-9）和式（2-1-10）可得：

$$\left[G(T_1, p_2) - G^{\mathrm{IG}}(T_1, p_2)\right] - \left[G(T_1, p_1) - G^{\mathrm{IG}}(T_1, p_1)\right] = \int_{p_1}^{p_2}\left(V - \frac{RT}{p}\right)\mathrm{d}p \qquad (2\text{-}1\text{-}11)$$

当压力为零时，所有气体均可视为理想气体，即

$$G(T_1, p=0) = G^{\mathrm{IG}}(T_1, p=0) \qquad (2\text{-}1\text{-}12)$$

则式（2-1-11）可写为：

$$G(T, p) - G^{\mathrm{IG}}(T, p) = \int_0^p \left(V - \frac{RT}{p}\right)\mathrm{d}p \qquad (2\text{-}1\text{-}13)$$

因此，根据逸度定义可得：

$$f = p \cdot \exp\left[\frac{G(T,p) - G^{\mathrm{IG}}(T,p)}{RT}\right] = p \cdot \exp\left[\frac{1}{RT}\int_0^p\left(V - \frac{RT}{p}\right)\mathrm{d}p\right] \qquad (2\text{-}1\text{-}14)$$

逸度系数可表示为：

$$\ln \phi = \frac{G(T,p) - G^{\mathrm{IG}}(T,p)}{RT} = \int_0^p (Z-1)\frac{\mathrm{d}p}{p} \qquad (2\text{-}1\text{-}15)$$

对于多组分系统而言，式（2-1-15）可写为：

$$\ln \phi_i = \int_0^p \frac{\partial n}{\partial n_i}(Z-1)\frac{\mathrm{d}p}{p} \qquad (2\text{-}1\text{-}16)$$

温度一定时，由于：

$$\mathrm{d}Z = \frac{V}{RT}\mathrm{d}p + \frac{p}{RT}\mathrm{d}V \qquad (2\text{-}1\text{-}17)$$

则：

$$\frac{\mathrm{d}p}{p} = \frac{\mathrm{d}Z}{Z}\mathrm{d}Z + \frac{\mathrm{d}\rho}{\rho} \qquad (2\text{-}1\text{-}18)$$

将式（2-1-18）代入式（2-1-16）可得：

$$\ln\phi_i = \int_1^Z \frac{\partial n}{\partial n_i}(Z-1)\frac{\mathrm{d}Z}{Z} + \int_0^\rho \frac{\partial n}{\partial n_i}(Z-1)\frac{\mathrm{d}\rho}{\rho} \qquad (2\text{-}1\text{-}19)$$

其中：

$$\int_1^Z \frac{\partial n}{\partial n_i}(Z-1)\frac{\mathrm{d}Z}{Z} = Z - 1 - \ln Z \qquad (2\text{-}1\text{-}20)$$

$$\int_0^\rho \frac{\partial n}{\partial n_i}(Z-1)\frac{\mathrm{d}\rho}{\rho} = \frac{\partial n}{\partial n_i}\int_0^\rho (Z-1)\frac{\mathrm{d}\rho}{\rho} \qquad (2\text{-}1\text{-}21)$$

式中　$n$——物质的量，mol；

　　　$n_i$——第 $i$ 个组分的物质的量，mol；

　　　$Z$——气体压缩因子；

　　　$\rho$——气体密度，kg/m³。

式（2-1-21）中，$\int_0^\rho (Z-1)\frac{\mathrm{d}\rho}{\rho}$ 又被称作亥姆霍兹自由能（Helmholtz free energy），记为 $\tilde{A}^R$。

因此，混合物中某组分 $i$ 的逸度系数为：

$$\ln\phi_i = Z - 1 - \ln Z + \frac{\partial n}{\partial n_i}\tilde{A}^R \qquad (2\text{-}1\text{-}22)$$

式（2-1-22）可通过联立不同的状态方程模型求解得到相应的逸度公式，再结合式（2-1-6）即可计算得到相平衡条件下的相关参数。

**2. 活度系数法**

所谓活度系数是指真实溶液中某组分的行为偏离理想溶液的程度，以 $\gamma$ 表示。活度系数法就是利用液相中组分 $i$ 的活度系数来表示式（2-1-2）中组分 $i$ 的液相逸度 $f_i^L$：

$$f_i^L = \gamma_i x_i f_i^0 \qquad (2\text{-}1\text{-}23)$$

式中　$\gamma_i$——组分 $i$ 的活度系数；

　　　$f_i^0$——组分 $i$ 的标准态逸度，Pa。

根据 Lewis-Randall 准则，标准态逸度可通过式（2-1-24）得到：

$$f_i^0 = p_i^S \phi_i^S \exp\int_{p_i^S}^{p} \frac{V_i^L}{RT} dp \qquad (2-1-24)$$

式中 $p_i^S$——纯组分 $i$ 在温度 $T$ 时的饱和蒸汽压，Pa；

$\phi_i^S$——纯组分 $i$ 在温度 $T$、压力 $p_i^S$ 下的逸度系数；

$V_i^L$——纯组分 $i$ 在温度 $T$ 时液相的摩尔体积，m³；

$R$——气体常数。

对于气相逸度，仍按式（2-1-4）表示，将式（2-1-4）和式（2-1-24）代入式（2-1-2）可得：

$$\phi_i^V p y_i = \gamma_i x_i p_i^S \phi_i^S \exp\int_{p_i^S}^{p} \frac{V_i^L}{RT} dp \qquad (2-1-25)$$

活度系数法需要计算活度并确定标准态，相较而言，状态方程法在应用方面更为简便，不需要标准态；此外，活度系数法只适用于中低压条件，因为在高压相平衡计算过程中，由于其分别采用不同模型计算气液两相逸度，易引起平衡参数不归一的问题。因此，本书后续研究主要采用状态方程法进行气液相平衡相关理论计算。

## 二、状态方程简介

### 1. 发展历程

状态方程（equation of state，EoS），是描述热力学系统中温度、压力和体积（PVT）之间相互关系的表达式，又称作物态方程。早在1662年，Robert Boyle 提到了关于物质状态的方程表达，他通过实验发现了气体体积与压强成反比，即

$$pV = c \qquad (2-1-26)$$

式中 $c$——常数。

这一定律被称作玻意耳定律。1787年，Jacques Charles 提出了查理定律，即在相同压力条件下，气体的体积与温度成正比关系。1801年，Dalton 引入了气体分压的概念，提出混合气体的压强等于各组分气体单独所受压强之和。1834年，Émile Clapeyron 在玻意耳定律和查理定律基础之上提出了理想气体定律，即理想气体方程：

$$pV = nRT \qquad (2-1-27)$$

1873年，van der Waals 采用硬球模型描述实际气体分子，考虑气体分子自身大小和分子间的相互作用力，对理想气体方程进行了改进，提出了范德华（vdW）实际气体状态方程：

$$p = \frac{RT}{V-b} - \frac{a}{V^2} \tag{2-1-28}$$

式中　$a$, $b$——范德华常数。

$$a = 0.421875 \frac{R^2 T_c^2}{p_c} \tag{2-1-29}$$

$$b = 0.125 \frac{RT_c}{p_c} \tag{2-1-30}$$

式中　$T_c$——临界温度，K；

　　　$p_c$——临界压力，Pa。

式（2-1-28）中等式右边第一项为斥力项，第二项为引力项。vdW 方程可展开成以压缩因子（$Z$）表达的三次多项式：

$$Z^3 - (1+B)Z^2 + AZ - AB = 0 \tag{2-1-31}$$

其中：

$$A = \frac{ap}{R^2 T^2} \tag{2-1-32}$$

$$B = \frac{bp}{RT} \tag{2-1-33}$$

因此，vdW 状态方程又被称作 vdW 两参数立方型状态方程。虽然该方程计算精度不高，工程实际应用价值不大，但是其提出的研究思路对后续立方型状态方程的发展具有深远的意义。事实上，后续大量学者在 vdW 状态方程基础之上，对其引力项进行了改进，提出了各种不同的立方型状态方程。其中，较为著名的有 1949 年提出的 Redlich-Kwong 方程、1972 年的 Soave-Redlich-Kwong 方程，以及 1976 年的 Peng-Robinson 方程等。立方型状态方程由于形式简单、求解方便、计算精度较高、适用范围较广，目前已被广泛应用于工程热力学计算领域。

除立方型状态方程外，还有一类较为典型的状态方程——维里方程，其表达式如下：

$$Z = \frac{pV}{RT} = 1 + \frac{B}{V} + \frac{C}{V^2} + \frac{D}{V^3} + \cdots \tag{2-1-34}$$

其中，$B$, $C$, $D$, $\cdots$ 分别称为第二、第三、第四……维里系数，均是温度的函数，并且通常以 $1/T$ 的泰勒级数表示。维里状态方程最初由 Kamerlingh Onnes 提出，它广泛用于替代

大量 $p\rho T$ 等温线数据。如果一个维里状态方程包含足够的维里系数和足够的温度项,那么它可以取代大量精密的 $p\rho T$ 数据。维里方程具有较高的准确度,但是其形式复杂,计算难度较高,工作量大。

2. 经典立方型状态方程

以下主要采用立方型状态方程进行甲烷—钻井液体系相平衡计算,下面着重介绍几种最常见的立方型状态方程。

1) Redlich-Kwong EoS

该方程由 Otto Redlich 和 Joseph Neng Shun Kwong 于 1949 年提出,简称 RK 方程,是在 vdW 方程基础之上对引力项进行改进后提出的近似描述真实气体行为的状态方程。RK 方程对烃类等非极性气体精度较好,且适用的温度、压力范围较宽。不过对极性气体一般不适用。方程的一般形式为:

$$p = \frac{RT}{V-b} - \frac{a}{T^{0.5}V(V+b)} \qquad (2\text{-}1\text{-}35)$$

其中:

$$a = \frac{0.4275R^2T_c^{2.5}}{p_c} \qquad (2\text{-}1\text{-}36)$$

$$b = \frac{0.08664RT_c}{p_c} \qquad (2\text{-}1\text{-}37)$$

式(2-1-35)可以写成以压缩因子形式表示的立方型方程:

$$Z^3 - Z^2 - Z(B^2 + B - A) - AB = 0 \qquad (2\text{-}1\text{-}38)$$

其中:

$$A = \frac{ap}{R^2T^{2.5}} \qquad (2\text{-}1\text{-}39)$$

$$B = \frac{bp}{RT} \qquad (2\text{-}1\text{-}40)$$

2) Soave-Redlich-Kwong EoS

立方型状态方程领域中一个里程碑式的发展就是 SRK 状态方程模型的建立。1972 年,Soave 对 RK 方程中的 $a$ 参数进行了修正,考虑了温度对它的影响,提出了 SRK 方程,其形式为:

$$p = \frac{RT}{V-b} - \frac{a(T)}{V(V+b)} \quad (2-1-41)$$

其中：

$$a(T) = a_c \alpha(T) = \frac{0.42748R^2T_c^2}{p_c}\alpha(T) \quad (2-1-42)$$

$$b = \frac{0.08664RT_c}{p_c} \quad (2-1-43)$$

$$\alpha(T) = \left[1 + m\left(1 - T_r^{0.5}\right)\right]^2 \quad (2-1-44)$$

$$m = 0.480 + 1.574\omega - 0.176\omega^2 \quad (2-1-45)$$

式中　$T_r$——对比温度；

　　　$\omega$——偏心因子。

在式（2-1-41）中引入压缩因子，可得：

$$Z^3 - Z^2 - Z(B^2 + B - A) - AB = 0 \quad (2-1-46)$$

其中：

$$A = \frac{ap}{(RT)^2} \quad (2-1-47)$$

$$B = \frac{bp}{RT} \quad (2-1-48)$$

SRK方程通过对参数 $a$ 的改进，极大地提高了对极性气体及饱和溶液的相平衡计算精度，在工程热力学计算领域应用较为广泛。

3）Peng-Robinson EoS

1976年，Peng和Robinson针对SRK方程的应用情况进行了大量分析，认为有必要进一步提高SRK方程在液体密度计算及临界区域性质预测方面的能力，因此提出了PR模型：

$$p = \frac{RT}{V-b} - \frac{a(T)}{V(V+b) + b(V-b)} \quad (2-1-49)$$

其中：

$$a(T) = a_c\alpha(T) = \frac{0.45724R^2T_c^2}{p_c}\alpha(T) \quad (2-1-50)$$

$$b = \frac{0.07780RT_c}{p_c} \quad (2-1-51)$$

$$\alpha(T) = \left[1 + m\left(1 - T_r^{0.5}\right)\right]^2 \quad (2-1-52)$$

当 $\omega \leqslant 0.49$ 时：

$$m = 0.3796 + 1.54226\omega - 0.2699\omega^2 \quad (2-1-53)$$

当 $\omega > 0.49$ 时：

$$m = 0.3796 + 1.48503\omega - 0.1644\omega^2 + 0.016667\omega^3 \quad (2-1-54)$$

将式（2-1-49）改写成压缩因子形式，可得：

$$Z^3 + (B-1)Z^2 + (A - 3B^2 - 2B)Z - (AB - B^2 - B^3) = 0 \quad (2-1-55)$$

其中，$A$、$B$ 表达式见式（2-1-47）和式（2-1-48）。

PR 方程通过对比容函数形式的修正，极大地提高了对临界压缩因子和液体密度的计算精度，使得它在计算饱和蒸汽压、饱和液相密度方面具有更高的准确度，因而得以在工程计算领域广泛应用。

4）PRSV EoS

1986 年，Stryjek 和 Vera 对 PR 方程进行了改进，提出了 PRSV1 方程，方程形式与 PR 方程一致，仅对其中的系数 $m$ 进行了重新定义：

$$m = m_0 + m_1\left(1 + T_r^{0.5}\right)\left(0.7 - T_r\right) \quad (2-1-56)$$

其中，$m_1$ 为纯物质的可调参数，$m_0$ 表达式如下：

$$m_0 = 0.378893 + 1.4897153\omega - 0.17131848\omega^2 + 0.0196554\omega^3 \quad (2-1-57)$$

此后，Stryjek 和 Vera 又提出了采用多参数方法来定义系数 $m$，形成了精度更高的 PRSV2 方程。系数 $m$ 的表达式为：

$$m = m_0 + \left[m_1 + m_2(m_3 - T_r)\left(1 - T_r^{0.5}\right)\right]\left(1 + T_r^{0.5}\right)\left(0.7 - T_r\right) \quad (2-1-58)$$

其中，$m_0$的表达式见式（2-1-57），$m_1$、$m_2$、$m_3$均为纯物质的可调参数，大部分常见无机物和烃类物质的相关参数见表2-1-1。

表2-1-1　部分无机物和烃类物质 $m$ 系数列表

| 物质 | $m_1$ | $m_2$ | $m_3$ |
|---|---|---|---|
| 氮气 | 0.01996 | 0.3162 | 0.535 |
| 氧气 | 0.01512 | −0.0090 | 0.490 |
| 二氧化碳 | 0.04285 | 0.0000 | 0.000 |
| 氨 | 0.00100 | −0.1265 | 0.510 |
| 水 | −0.06635 | 0.0199 | 0.443 |
| 氯化氢 | 0.01989 | −0.0036 | 0.310 |
| 甲烷 | −0.00159 | 0.1521 | 0.517 |
| 乙烷 | 0.02669 | 0.1358 | 0.424 |
| 丙烯 | 0.04400 | 0.2610 | 0.424 |
| 丙烷 | 0.03136 | 0.2757 | 0.447 |
| 丁烷 | 0.03443 | 0.6767 | 0.461 |
| 戊烷 | 0.03946 | 0.3940 | 0.457 |
| 新戊烷 | 0.04303 | 0.8697 | 0.615 |
| 己烷 | 0.05104 | 0.8634 | 0.460 |
| 庚烷 | 0.04648 | 0.9331 | 0.496 |
| 辛烷 | 0.04464 | 0.6214 | 0.509 |
| 壬烷 | 0.04104 | 0.6621 | 0.519 |
| 癸烷 | 0.04510 | 0.8549 | 0.527 |
| 十一烷 | 0.02919 | 1.3288 | 0.568 |
| 十二烷 | 0.05426 | 0.8744 | 0.505 |
| 十三烷 | 0.04157 | 0.9387 | 0.528 |
| 十四烷 | 0.02686 | 0.9408 | 0.528 |
| 十五烷 | 0.01892 | 1.0908 | 0.559 |
| 十六烷 | 0.02665 | 0.0334 | 0.767 |
| 庚烷 | 0.04048 | 2.9805 | 0.571 |
| 十八烷 | 0.08291 | 4.1441 | 0.577 |
| 环己烷 | 0.07023 | 0.6146 | 0.530 |
| 二环己基 | 0.01805 | 3.0438 | 0.606 |
| 苯 | 0.07019 | 0.7939 | 0.523 |
| 甲苯 | 0.03849 | 0.5261 | 0.510 |
| 乙苯 | 0.03994 | 0.5342 | 0.519 |

续表

| 物质 | $m_1$ | $m_2$ | $m_3$ |
|---|---|---|---|
| 对二甲苯 | 0.01277 | 0.5963 | 0.524 |
| 二氢化茚 | 0.01173 | 0.9246 | 0.548 |
| 正丙基苯 | 0.02715 | 0.7310 | 0.530 |
| 1,2,3-三甲基苯 | −0.01384 | 0.4777 | 0.538 |
| 萘 | 0.03297 | 0.6634 | 0.510 |
| 1-甲基萘 | −0.01842 | −0.8140 | 0.577 |
| 2-甲基萘 | −0.01639 | −0.0750 | 0.597 |
| 联苯 | 0.11487 | 0.1077 | 0.407 |
| 二苯甲烷 | 0.05955 | 0.3703 | 0.579 |
| 9,10-二氢菲 | −0.01393 | −5.8256 | 0.587 |
| 二甲醚 | 0.05717 | −0.1211 | 0.481 |
| 甲基乙基醚 | 0.16948 | 0.0515 | 0.768 |
| 甲基正丙醚 | 0.02300 | 0.9179 | 0.558 |
| 甲基异丙醚 | 0.04123 | 0.3833 | 0.562 |
| 甲基正丁基醚 | 0.01622 | 0.6140 | 0.548 |
| 甲基叔丁基醚 | 0.05129 | −0.2022 | 0.585 |
| 乙基正丙醚 | −0.01668 | 1.1679 | 0.553 |
| 二正丙基醚 | −0.031362 | 1.4094 | 0.577 |
| 二异丙基醚 | 0.03751 | 0.8810 | 0.590 |
| 甲基苯基醚 | 0.01610 | 1.0478 | 0.616 |

## 三、混合规则简介

对于纯组分物质，可直接采用上述状态方程进行相平衡计算，可是对于混合物质而言，需要对上述方程中的部分参数按照一定的规则进行进一步处理，这种规则也就是所谓的混合规则。具体来讲，就是由纯组分的参数和混合物的组成来表示混合物虚拟参数的一种关系式。不同的混合规则对于气液相平衡计算的影响非常大，往往只有选择合适的状态方程搭配恰当的混合规则才能够准确预测混合物体系相态特征。目前，混合规则种类繁多，大体上可以分为 vdW 型经典混合规则和超额自由能—状态方程型混合规则（$G^E$-EoS）。其中，经典混合规则形式简单，通过引入一个或多个二元相互作用系数，可以实现对大部分气液混合体系相平衡性质的有效关联；$G^E$-EoS 型混合规则是近年发展起来的一类新型混合规则，通过计算体系超额吉布斯自由能或者超额 Helmholtz 自由能，并结合状态方程和活度系数模型进行气液相平衡性质的描述。下面着重介绍几种常用的混合规则模型。

1. vdW1 型混合规则

vdW1 型混合规则包含一个可调二元相互作用系数，其表达式如下：

$$a = \sum_i \sum_j x_i x_j \sqrt{a_i a_j} \left(1 - k_{ij}\right) \quad (2-1-59)$$

$$b = \sum_i x_i b_i \quad (2-1-60)$$

式中　$x_i$, $x_j$——组分 $i$、$j$ 的摩尔分数；

　　　$a_i$, $a_j$——组分 $i$、$j$ 的分子间相互作用参数；

　　　$b_i$——组分 $i$ 的体积参数；

　　　$k_{ij}$——二元相互作用系数。

该混合规则考虑了对状态方程中引力项参数的校正，其二元相互作用参数一般可通过相平衡实验数据拟合得到。大量研究表明，该混合规则搭配两参数立方型状态方程往往具有较好的应用效果，且由于其形式简单，目前是相平衡计算领域的主流算法。

2. vdW2 型

在 vdW1 型混合规则基础之上，引入了对分子间体积参数的校正，形成了 vdW2 型混合规则：

$$a = \sum_i \sum_j x_i x_j \sqrt{a_i a_j} \left(1 - k_{ij}\right) \quad (2-1-61)$$

$$b = \sum_i \sum_j x_i x_j \frac{(b_i + b_j)}{2} \left(1 - l_{ij}\right) \quad (2-1-62)$$

式中　$l_{ij}$——二元相互作用系数。

vdW2 型混合规则中包含两个可调二元相互作用系数，其考虑了对混合物分子间相互作用及分子间大小差异的校正，对于非对称体系具有较高的关联精度。

3. Stryjek-Vera 混合规则

Stryjek-Vera 混合规则也是在 vdW1 型混合规则基础上进一步改进形成的，其考虑了混合物组成对相互作用参数 $a$ 的影响，引入了两个可调二元相互作用系数（$k_{ij}$ 和 $k_{ji}$）来描述分子间相互作用参数 $a$：

$$a = \sum_i \sum_j x_i x_j \sqrt{a_i a_j} \left(1 - x_i k_{ij} - x_j k_{ji}\right) \quad (2-1-63)$$

其中，$k_{ij} \neq k_{ji}$。该混合规则中 $b$ 的形式见式（2-1-62）。

### 4. MHV1 混合规则

MHV1 混合规则是一种常用的 $G^E$-EoS 型混合规则，其表达式如下：

$$a = b \left( \sum x_i \frac{a_i}{b_i} + \frac{G_0^E}{C^{MHV1}} + \frac{RT}{C^{MHV1}} \sum x_i \ln \frac{b}{b_i} \right) \quad (2\text{-}1\text{-}64)$$

式中　$G_0^E$——零压下的超额吉布斯函数；

$C^{MHV1}$——常数，对于 PR 方程，取 $-0.53$。

超额吉布斯函数可由溶液模型进行描述。$b$ 的表达式见式（2-1-62）。

## 第二节　甲烷在钻井液中的溶解度实验

针对侵入气体主要成分甲烷在钻井液中的溶解行为对环空多相流瞬时流型及井筒压力分布的影响，采用平衡液体取样法开展甲烷溶解度室内实验测试，系统测定不同温度（303.15~393.15 K）、不同压力（10~60 MPa）条件下甲烷在水基、油基、合成基钻井液中的溶解度，明确甲烷在井筒内的溶解度分布规律，为后续环空瞬态多相流动模型的建立及现场施工方案的设计提供基础参数。

### 一、实验设备及流程

实验依托 PVT 相态实验平台，模拟井筒内不同深度对应的温度、压力条件，测定甲烷在不同体系和组分钻井液中的溶解度。实验涉及的主要设备包括中间容器、高压驱替泵、高温高压配样器及气量计，分别如图 2-2-1 至图 2-2-4 所示。

图 2-2-1　中间容器

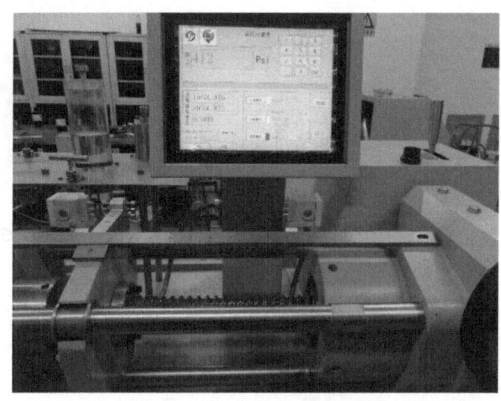

图 2-2-2　高压驱替泵

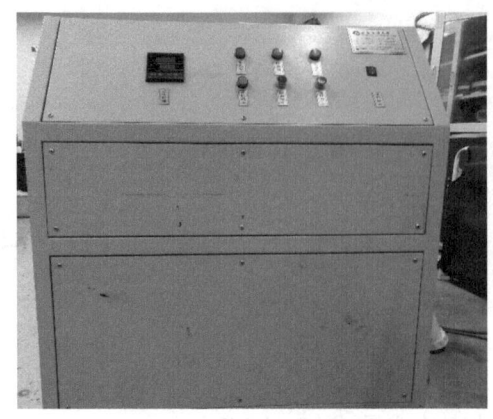 

图 2-2-3　高温高压配样器　　　　　图 2-2-4　RUSKA 气量计

其中，甲烷与钻井液的溶解反应在高温高压配样器中进行，配样筒容积 2000 mL，工作压力可达 100 MPa，工作温度最高 473.15 K。配样筒可在竖直平面上 0°~180° 旋转，以加速气液溶解平衡。气量计量程 2000 mL，计量精度 1 mL。

图 2-2-5 为甲烷在钻井液中的溶解度测量装置示意图，其包含反应单元和计量单元。具体实验步骤如下：

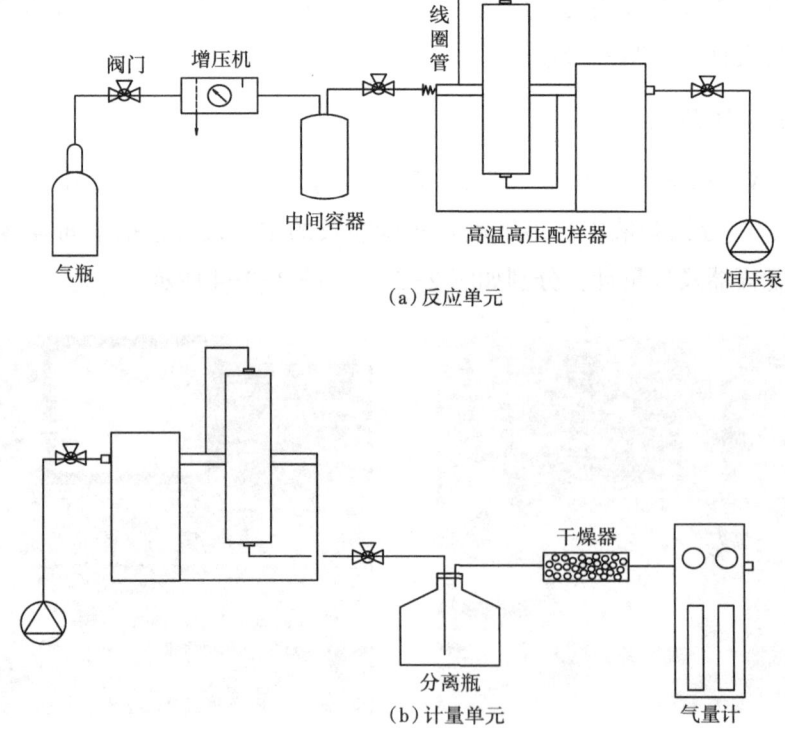

图 2-2-5　钻井液中甲烷溶解度测量实验装置示意图

（1）准备：清洗反应单元及计量单元中的各条管路及容器，调整高温高压配样器中活塞位置，预留装样空间。

（2）转样：测量钻井液密度，将钻井液装入高温高压配样器；将气瓶中的气体注入配样器，观察配样器压力表，达到指定压力后，停止注气，封闭高温高压配样器。

（3）反应：通过加热电阻控制高温高压配样器中的温度，使其达到设定的反应温度；采用恒压泵加压至指定压力并保持反应过程压力稳定；旋转配样筒，使得钻井液和气体不断发生对流接触，加速溶解反应。

（4）计量：溶解达到平衡后，倒置配样筒，使得连接恒压泵一端的液压油腔室在上，反应腔室在下，静置一段时间，由于气体滑脱作用使得过量游离气位于反应腔室顶部，溶解饱和液样位于反应腔室底部；分离瓶中装有冷却液，计量分离瓶重量；打开阀门，取出溶解饱和钻井液，在分离瓶中进行闪蒸分离，析出气体进入气量计，计量气体体积，并测量脱气后的分离瓶质量。

（5）计算：析出气体体积与脱气后液体体积之比即为此温度、压力下的溶解度。

（6）改变温度、压力，重复步骤（3）~（5），得到不同条件下的溶解度数据。

（7）降压、降温，清洗实验设备，更换钻井液，重复步骤（1）~（6），得到不同实验条件下气体在不同钻井液中的溶解度数据，实验结束。

## 二、甲烷—钻井液基液溶解度实验

### 1. 实验方案

实验考察甲烷在钻井液基液（盐水、白油、聚 $\alpha$- 烯烃）中的溶解特性，主要包括两个方面的内容：（1）分别改变实验温度和压力，观察甲烷在不同钻井液基液中的溶解平衡过程，分析气体溶解特性对温度和压力的敏感程度；（2）相同温度、压力条件下，对比不同体系钻井液基液中的甲烷溶解度，研究钻井液体系对气体溶解行为的影响。

设计预实验温度、压力分别为 303.15 K、15 MPa，实验过程中第一组温度、压力分别为 343.15 K、15 MPa，第二组温度、压力分别为 343.15 K、30 MPa。不同实验设备、不同气液体系达到溶解平衡的时间各不相同。因此，为确保本组实验开始前甲烷—基液体系处于溶解平衡的稳定状态，体系在预实验温度、压力条件下反应 12 h。此后，改变温度，进行第一组实验，间隔不同时长测定甲烷溶解度，若前后两次测定结果误差在 ±5% 以内，则认为体系达到溶解平衡。接下来改变压力，进行第二组实验，在不同时刻下多次测量直到前后两次测量误差在 ±5% 以内。

### 2. 实验材料

本实验涉及不同体系的钻井液基液，其所需物料见表 2-2-1。

表 2-2-1　实验材料

| 材料 | 规格 |
| --- | --- |
| 盐水 | 20% 的 $CaCl_2$ 溶液 |
| 白油（WO） | 5# 工业白油 |
| 聚 $\alpha$- 烯烃（PAO） | INEOS 公司低黏度 162PAO |
| 甲烷 | 气体纯度 99.99% |

3. 实验结果

表 2-2-2 至表 2-2-4 列出了不同温度、压力条件下甲烷在不同钻井液基液中的溶解度值，从表中可以看出，虽然没有直接测得甲烷在钻井液基液中的溶解速度，但是通过对比分析不同时长下的测试结果依然可以发现，对于三种不同基液而言，改变温度后达到溶解平衡所需的时间普遍比改变压力时的要长，分析认为一方面是由于溶液中的热传递比压力波传递更慢，另一方面也是受限于本实验所采用的设备加热效率问题。此外，不同钻井液基液对气体溶解速度也存在一定的影响，实验结果表明，无论是在改变温度还是在改变压力的情况下，甲烷在盐水中的溶解速度均要快于其在白油和聚 $\alpha$- 烯烃中的溶解速度，白油和聚 $\alpha$- 烯烃中的气体溶解速度大致相当。

在预实验条件（303.15 K、15 MPa）下，甲烷在盐水、白油、聚 $\alpha$- 烯烃中的溶解度分别为 2.41、80.31、80.76。通过对比不同温度、压力条件下的实验结果可知，温度和压力会影响气体在钻井液中的溶解。其中，温度的影响相对较小，压力的作用非常明显。几千米深的井内温度、压力波动范围非常大，因此在钻井液上返过程中，不同深度处的气体溶解度也存在较大差异。

通过对比不同钻井液基液中的测试结果发现，甲烷在盐水中的溶解度非常小，其在白油和聚 $\alpha$- 烯烃中的溶解度较为接近，且均远大于相同温度、压力条件下盐水中的溶解度。由此可知，钻井液基液成分不同，气体在其中的溶解特性差异较大，在水基钻井液中可以忽略气体的溶解，但是在油基和合成基钻井液中气体溶解必然会对井控作业产生较大的影响。

表 2-2-2　甲烷在 $CaCl_2$ 溶液中的溶解度

| 实验条件 | 溶解度 / ($m^3/m^3$) | | | |
| --- | --- | --- | --- | --- |
| | 反应 0.5 h | 反应 1 h | 反应 2 h | 反应 3 h |
| 343.15 K、15 MPa | 2.170 | 1.840 | 1.840 | 1.835 |
| 343.15 K、30 MPa | 2.295 | 2.320 | 2.295 | 2.310 |

表 2-2-3　甲烷在白油中的溶解度

| 实验条件 | 溶解度 /（m³/m³） | | | |
|---|---|---|---|---|
| | 反应 0.5 h | 反应 1 h | 反应 2 h | 反应 3 h |
| 343.15 K、15 MPa | 77.500 | 73.760 | 67.415 | 67.190 |
| 343.15 K、30 MPa | 121.72 | 144.315 | 144.945 | 145.290 |

表 2-2-4　甲烷在聚 $\alpha$- 烯烃中的溶解度

| 实验条件 | 溶解度 /（m³/m³） | | | |
|---|---|---|---|---|
| | 反应 0.5 h | 反应 1 h | 反应 2 h | 反应 3 h |
| 343.15 K、15 MPa | 74.265 | 71.965 | 64.855 | 64.850 |
| 343.15 K、30 MPa | 118.955 | 145.450 | 146.585 | 144.600 |

## 三、甲烷—钻井液溶解度实验

### 1. 实验方案

实验测试不同温度、压力条件下不同体系、不同组分钻井液中的甲烷溶解度，为后续研究提供重要基础数据。实验重点考察以下两个方面：

（1）温度、压力对钻井液中甲烷溶解度的影响。

结合超深复杂井地质情况及实钻井井筒条件，考虑实验操作可行性，设定 3 组实验温度（303.15 K、343.15 K、393.15 K），5 组实验压力（10 MPa、15 MPa、30 MPa、45 MPa、60 MPa），研究不同温度、压力条件下钻井液中的甲烷溶解度变化规律。

（2）钻井液体系、组分对甲烷溶解度的影响。

选取典型的水基、白油基、PAO 合成基钻井液进行测试，系统研究钻井液体系对甲烷溶解特征的影响。此外针对油基、合成基钻井液，改变油水比 OWR（9∶1、8∶2、7∶3）及乳化剂加量（3%、4%、5%），分析钻井液组分对甲烷溶解度的影响。

### 2. 实验材料

根据上述实验方案，本实验涉及水基、油基、合成基钻井液共计 11 例，具体配方分别如下[1-2]：

（1）水基钻井液。

水基钻井液配方：水 +4% 膨润土 +20%$CaCl_2$+0.4%HV-PAC+3%SPNH+0.5%XY-27+0.3%FA367+2%$K_2SiO_3$+0.2%KOH+5%PEG-200。

（2）油基钻井液（OBD）。

1[#] OBD：白油 +3% 乳化剂 +0.63% 润湿剂 +2.9%CaO+$CaCl_2$ 溶液（浓度 20%）+2%

有机土 +2.9% 降滤失剂（OWR=9∶1）。

2# OBD：白油 +3% 乳化剂 +0.63% 润湿剂 +2.9%CaO+$CaCl_2$ 溶液（浓度 20%）+2% 有机土 +2.9% 降滤失剂（OWR=8∶2）。

3# OBD：白油 +3% 乳化剂 +0.63% 润湿剂 +2.9%CaO+$CaCl_2$ 溶液（浓度 20%）+2% 有机土 +2.9% 降滤失剂（OWR=7∶3）。

4# OBD：白油 +4% 乳化剂 +0.63% 润湿剂 +2.9%CaO +$CaCl_2$ 溶液（浓度 20%）+2% 有机土 +2.9% 降滤失剂（OWR=9∶1）。

5# OBD：白油 +5% 乳化剂 +0.63% 润湿剂 +2.9%CaO +$CaCl_2$ 溶液（浓度 20%）+2% 有机土 +2.9% 降滤失剂（OWR=9∶1）。

（3）合成基钻井液（SBD）。

1# SBD：PAO+$CaCl_2$ 溶液 +3% 有机土 +4% 乳化剂 +0.5% 润湿剂 +3% 降滤失剂 +2%CaO（OWR=8∶2）。

2# SBD：PAO+$CaCl_2$ 溶液 +3% 有机土 +4% 乳化剂 +0.5% 润湿剂 +3% 降滤失剂 +2%CaO（OWR=7∶3）。

3# SBD：PAO+$CaCl_2$ 溶液 +3% 有机土 +4% 乳化剂 +0.5% 润湿剂 +3% 降滤失剂 +2%CaO（OWR=9∶1）。

4# SBD：PAO+$CaCl_2$ 溶液 +3% 有机土 +5% 乳化剂 +0.5% 润湿剂 +3% 降滤失剂 +2%CaO（OWR=8∶2）。

5# SBD：PAO+$CaCl_2$ 溶液 +3% 有机土 +3% 乳化剂 +0.5% 润湿剂 +3% 降滤失剂 +2%CaO（OWR=8∶2）。

3. 实验结果

图 2-2-6 至图 2-2-8 分别给出了水基、1# 油基、1# 合成基钻井液在不同温度、压力下的甲烷溶解度随温度、压力分布情况。对于水基钻井液而言，从图 2-2-6 可以看出，不同实验条件下的甲烷溶解度值均非常小，气体在其中的溶解行为对井控过程中井筒压力的影响基本可以忽略。此外，图 2-2-6 也反映出了不同条件下的溶解度变化规律：随着压力增加，溶解度逐渐增大；在低压条件下，温度对溶解度影响不大，一般随温度增加略有降低或呈轻微凹形变化趋势，在高压条件下，溶解度随温度增加而逐渐增大，且压力越高，温度的影响越明显。

由图 2-2-7 可知，甲烷在油基钻井液中的溶解度要远远大于其在水基钻井液中的溶解度，相差可达 10~100 倍。如此大的溶解度，极有可能出现侵入气体进入环空钻井液后发生完全溶解，在相当长的下部井段呈现单相流的状态，而非传统井控计算认为的全井筒多相流情况。因此，相较于水基钻井液，甲烷在油基钻井液中的溶解行为值得重点关注。

从图 2-2-7 可以看出，甲烷在油基钻井液中的溶解度随压力增加而增大，压力越高，增加幅度越大。对于温度的响应，其与水基钻井液中的情况类似，在低压下温度的作用不明显，在高压下，温度越高，溶解度越大。

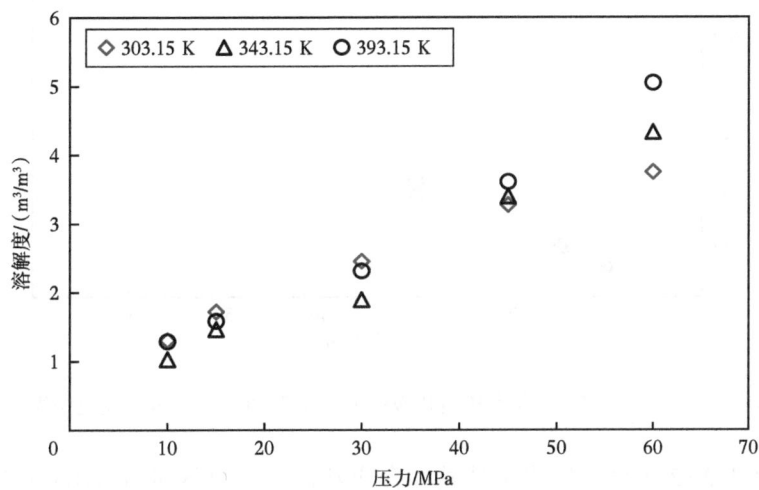

图 2-2-6　甲烷在水基钻井液中的溶解度随温度、压力变化情况

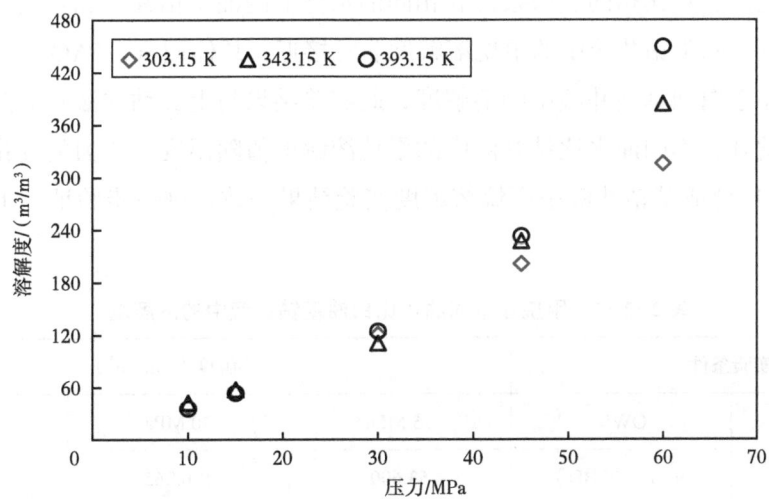

图 2-2-7　甲烷在 1# 油基钻井液中的溶解度随温度、压力变化情况

由于 1# 油基钻井液和 1# 合成基钻井液油水比、组分不一致，因此无从对比两者的溶解度大小。但是，根据图 2-2-8 可以发现，甲烷在合成基钻井液中的溶解度也是要远大于相同条件下水基钻井液中的溶解度，相差基本上也是两个数量级。甲烷在合成基钻井液中的溶解度随温度、压力变化规律与油基钻井液的情况基本类似。

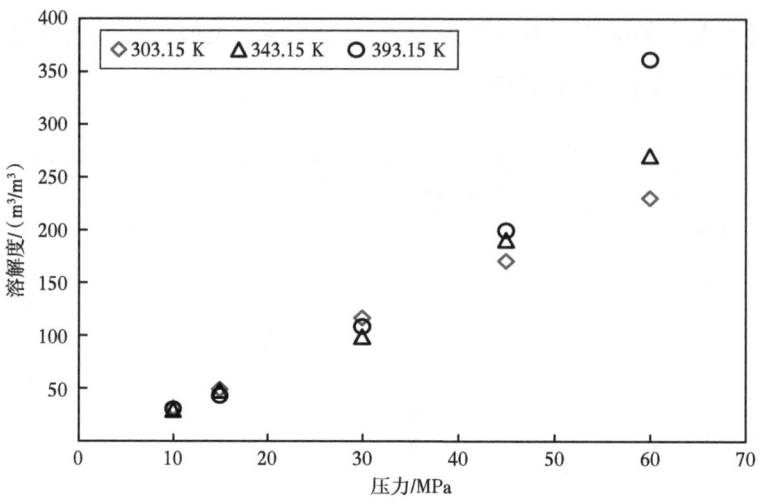

图 2-2-8　甲烷在 1# 合成基钻井液中的溶解度随温度、压力变化情况

表 2-2-5 和表 2-2-6 分别给出了油基和合成基钻井液中不同油水比（9∶1、8∶2、7∶3）下的甲烷溶解度值。油水比对油基钻井液或合成基钻井液中的甲烷溶解度影响较大，相同条件下钻井液中油的比例越高，甲烷溶解度越大，且在压力越高时，不同油水比钻井液间的溶解度差异越大。对比相同实验条件和相同油水比下的油基钻井液和合成基钻井液中的溶解度可以发现，两类钻井液中的甲烷溶解度非常接近，总体而言，PAO 合成基钻井液中的溶解度要略小于白油基钻井液中的溶解度，此实验结果与上文钻井液基液溶解度实验中的结果一致。此外，不同油水比钻井液中的甲烷溶解度值随温度、压力的变化趋势均与本节中 1# 油基和 1# 合成基钻井液中甲烷溶解度实验结果一致，进一步验证了上述实验的合理性。

表 2-2-5　甲烷在不同油水比白油基钻井液中的溶解度

| 实验条件 | | 溶解度 /（m³/m³） | | |
| --- | --- | --- | --- | --- |
| T/K | OWR | 15 MPa | 30 MPa | 60 MPa |
| 303.15 | 9∶1（1#OBD） | 53.600 | 120.265 | 315.735 |
| | 8∶2（2#OBD） | 47.365 | 110.550 | 214.815 |
| | 7∶3（3#OBD） | 40.375 | 78.685 | 173.855 |
| 343.15 | 9∶1（1#OBD） | 56.925 | 109.960 | 383.900 |
| | 8∶2（2#OBD） | 50.265 | 101.385 | 281.160 |
| | 7∶3（3#OBD） | 44.250 | 76.635 | 196.530 |

表 2-2-6  甲烷在不同油水比合成基钻井液中的溶解度

| 实验条件 | | 溶解度（m³/m³） | | |
|---|---|---|---|---|
| $T$/K | OWR | 15 MPa | 30 MPa | 60 MPa |
| 303.15 | 9∶1（3#SBD） | 59.090 | 130.980 | 317.600 |
|  | 8∶2（1#SBD） | 49.880 | 117.230 | 230.690 |
|  | 7∶3（2#SBD） | 41.215 | 86.980 | 187.645 |
| 343.15 | 9∶1（3#SBD） | 55.980 | 125.100 | 373.250 |
|  | 8∶2（1#SBD） | 48.725 | 99.515 | 270.850 |
|  | 7∶3（2#SBD） | 39.805 | 78.695 | 189.195 |

表 2-2-7 和表 2-2-8 给出了甲烷在不同乳化剂加量下的油基和合成基钻井液中的溶解度值。从表 2-2-7 和表 2-2-8 中可以看出，总体而言，相同实验条件下不同乳化剂加量的钻井液中甲烷溶解度存在略微差异，但变化规律不明显。分析认为，乳化剂的加量影响了钻井液中油水分散程度，乳化剂对不同的油类、不同的油水比而言效果不一，因此，其对溶解度的影响较为复杂。根据本实验结果，可以认为钻井液中的乳化剂加量对气体在钻井液中的溶解度影响不大。

表 2-2-7  甲烷在不同乳化剂加量白油基钻井液中的溶解度

| 实验条件 | | 溶解度/（m³/m³） | | |
|---|---|---|---|---|
| $T$/K | 乳化剂含量 | 15 MPa | 30 MPa | 60 MPa |
| 303.15 | 3%（1#OBD） | 53.600 | 120.265 | 315.735 |
|  | 4%（4#OBD） | 54.460 | 118.240 | 322.600 |
|  | 5%（5#OBD） | 64.720 | 129.940 | 284.145 |
| 343.15 | 3%（1#OBD） | 56.925 | 109.960 | 383.900 |
|  | 4%（4#OBD） | 57.580 | 125.915 | 398.235 |
|  | 5%（5#OBD） | 62.820 | 123.680 | 348.325 |

表 2-2-8  甲烷在不同乳化剂加量合成基钻井液中的溶解度

| 实验条件 | | 溶解度/（m³/m³） | | |
|---|---|---|---|---|
| $T$/K | 乳化剂含量 | 15 MPa | 30 MPa | 60 MPa |
| 303.15 | 3%（5#SBD） | 48.795 | 104.065 | 186.055 |
|  | 4%（1#SBD） | 49.880 | 117.230 | 190.690 |
|  | 5%（4#SBD） | 40.235 | 98.325 | 182.120 |
| 343.15 | 3%（5#SBD） | 56.230 | 115.590 | 248.430 |
|  | 4%（1#SBD） | 48.725 | 99.515 | 270.850 |
|  | 5%（4#SBD） | 54.725 | 99.345 | 274.465 |

## 四、甲烷—乳化液溶解度实验

### 1. 实验方案

本实验选取不同油水比、不同乳化剂加量的白油乳化液 WOE 和聚 $\alpha$-烯烃乳化液 PAOE 与甲烷进行溶解反应,测量一定温度(343.15 K)、不同压力(15 MPa、30 MPa、60 MPa)下乳化液中的甲烷溶解度值。实验重点考察以下三个方面:

(1)乳化液油水比、乳化剂加量对溶解度的影响。

通过对比不同组成乳化液中的溶解度数据,分析乳化液油水比、乳化剂加量对甲烷溶解度的影响规律,并与钻井液中的实验规律进行对比验证。

(2)验证溶解度可加性假设。

根据乳化液溶解度实验结果,结合前述钻井液基液中的甲烷溶解度数据,验证 Berthezene[3]、Monteiro[4] 等提出的油水乳化液中溶解度可加性假设,为后续溶解度预测模型研究提供基础支撑。

(3)钻井液中处理剂对溶解度的影响。

针对油基钻井液和合成基钻井液,通过对比相应钻井液和乳化液中的溶解度数据,进一步考察钻井液中各类处理剂对甲烷溶解度的影响。

### 2. 实验材料

本实验涉及不同油水比、不同乳化剂加量的白油乳化液、聚 $\alpha$-烯烃乳化液共计 6 例,具体情况见表 2-2-9。

表 2-2-9　乳化液组分

| 乳化液类型 | 组分 |
|---|---|
| 1#WOE | 白油 +$CaCl_2$ 溶液 +3% 乳化剂(OWR=9∶1) |
| 2#WOE | 白油 +$CaCl_2$ 溶液 +3% 乳化剂(OWR=8∶2) |
| 3#WOE | 白油 +$CaCl_2$ 溶液 +5% 乳化剂(OWR=9∶1) |
| 1#PAOE | 聚 $\alpha$-烯烃 +$CaCl_2$ 溶液 +4% 乳化剂(OWR=8∶2) |
| 2#PAOE | 聚 $\alpha$-烯烃 +$CaCl_2$ 溶液 +4% 乳化剂(OWR=9∶1) |
| 3#PAOE | 聚 $\alpha$-烯烃 +$CaCl_2$ 溶液 +5% 乳化剂(OWR=8∶2) |

### 3. 实验结果

表 2-2-10 和表 2-2-11 列出了甲烷在不同的白油乳化液和聚 $\alpha$-烯烃乳化液中的溶解度。根据表 2-2-10 和表 2-2-11 中数据可以看出,乳化液的油水比对甲烷溶解度影响较大,油占的比例越高,溶解度越大;乳化剂加量对溶解度影响较小,基本可以忽略,这与前述钻井液实验中的结论一致,因此本书后续研究暂不考虑乳化剂加量的影响。结合

表 2-2-2 至表 2-2-4 中基液的溶解度数据，可以发现乳化液中的溶解度基本与乳化液中各组分的溶解度之和相近，由于乳化作用的影响，各组分溶解度之和要略小于乳化液的溶解度。例如，在 343.15 K、15 MPa 条件下，甲烷在 1# 白油基乳化液中的溶解度为 62.84 m³/m³，相同条件下甲烷在白油和盐水中的溶解度分别为 67.64 m³/m³ 和 2.3 m³/m³，根据 9∶1 的油水比可得各组分溶解度之和为 61.106 m³/m³，与乳化液中的溶解度基本一致。因此，实验基本验证了溶解度可加性假设的合理性。通过对比图 2-2-6 至图 2-2-8 中钻井液的溶解度值可知，无论是油基钻井液还是合成基钻井液，相较于对应的乳化液，其溶解度值均更低，说明钻井液中添加的各类处理剂会导致其溶解度的降低，但是降低幅度不大，基本在 4%~8% 之间。

表 2-2-10　甲烷在不同白油乳化液中的溶解度

| $T$/K | 乳化液 | 溶解度 /（m³/m³） | | |
|---|---|---|---|---|
| | | 15 MPa | 30 MPa | 60 MPa |
| 343.15 | 1#WOE | 62.840 | 134.325 | 399.170 |
| | 2#WOE | 54.745 | 121.900 | 304.850 |
| | 3#WOE | 64.595 | 136.630 | 399.920 |

表 2-2-11　甲烷在不同聚 $\alpha$- 烯烃乳化液中的溶解度

| $T$/K | 乳化液 | 溶解度 /（m³/m³） | | |
|---|---|---|---|---|
| | | 15 MPa | 30 MPa | 60 MPa |
| 343.15 | 1#PAOE | 53.969 | 120.820 | 307.815 |
| | 2#PAOE | 60.750 | 138.215 | 397.685 |
| | 3#PAOE | 55.595 | 124.435 | 297.955 |

## 五、超临界态甲烷溶解度实验

超临界流体是指温度、压力均在临界温度、临界压力之上的流体。超临界流体本质上仍是一种气态，但不同于一般气体，它是一种稠密的气态。超临界流体密度与液体相近，黏度比液体小，扩散速度接近于气体，其具有较好的流动性和传递性。甲烷的临界温度为 190.55 K，临界压力为 4.59 MPa，在井底条件下，地层侵入气体甲烷在环空中基本处于超临界态，只有在距井口 400~500 m 的井段内才会由超临界态转变为气态。因此，为准确掌握溢流条件下井筒环空气液两相流动特征，有必要明确超临界态甲烷和气态甲烷在钻井液中的溶解特性差异。

本实验参考甲烷临界温度、压力条件，在室温下测量不同压力（2 MPa、3 MPa、4 MPa、5 MPa、6 MPa）情况下白油和聚 $\alpha$- 烯烃中的甲烷溶解度，观察不同压力条件所对应的气态和超临界态甲烷溶解特征。其中，2 MPa、3 MPa、4 MPa 溶解实验中对应的甲烷为气态，5 MPa、6 MPa 溶解实验中对应的甲烷为超临界态。实验结果如表 2-2-12 和图 2-2-9 所示，结合图表可以看出，超临界态的甲烷与气态的甲烷在溶解特征方面差异不大，在进行溶解度计算时，无须特别考虑甲烷超临界态的影响。

表 2-2-12　不同相态甲烷在白油和聚 $\alpha$- 烯烃中的溶解度　　　　单位：m³/m³

| 溶剂 | 气态甲烷 | | | 超临界甲烷 | |
|---|---|---|---|---|---|
| | 2 MPa | 3 MPa | 4 MPa | 5 MPa | 6 MPa |
| WO | 8.650 | 11.995 | 15.690 | 19.285 | 25.635 |
| PAO | 8.055 | 10.625 | 13.645 | 21.350 | 24.300 |

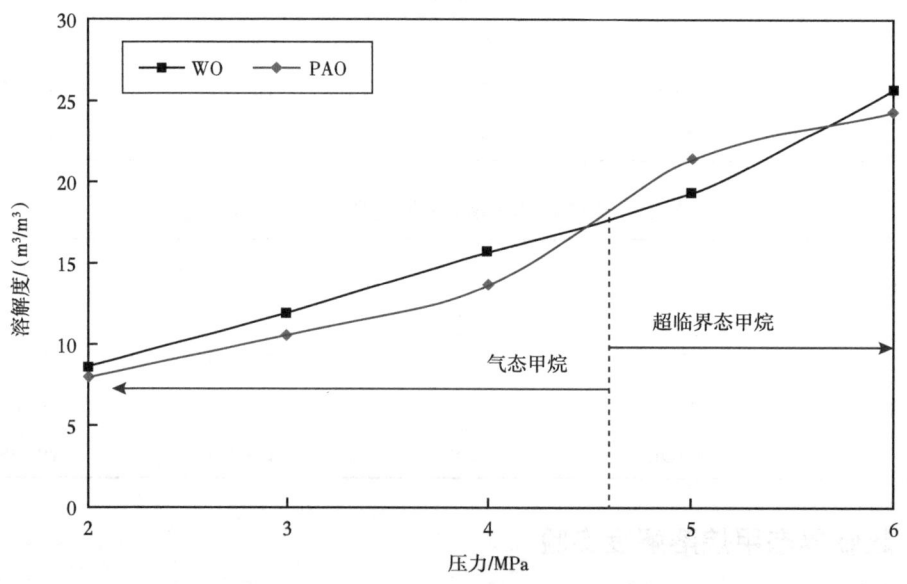

图 2-2-9　不同相态甲烷在白油和聚 $\alpha$- 烯烃中的溶解度

此外，根据超临界流体相变理论，超临界态流体在临界点附近时，温度、压力的微小改变会导致密度的巨大变化，进而引起体积剧烈波动，在井控过程中如果存在这一相变过程，需要重点考虑。对于甲烷而言，其在井口附近存在由超临界态向气态转变的一个相态变化过程，但是通常情况下其相变点远离其临界点，如图 2-2-10 所示。因此，其相变引起的气体体积波动较小，在井控计算时无须特别考虑。但是当溢流气体中含有一定量的二氧化碳、硫化氢时，由于其相变点在临界点附近，井内的超临界流体相变过程会导致井内气体体积急剧膨胀，进一步增加井筒压力安全控制风险[5-10]。

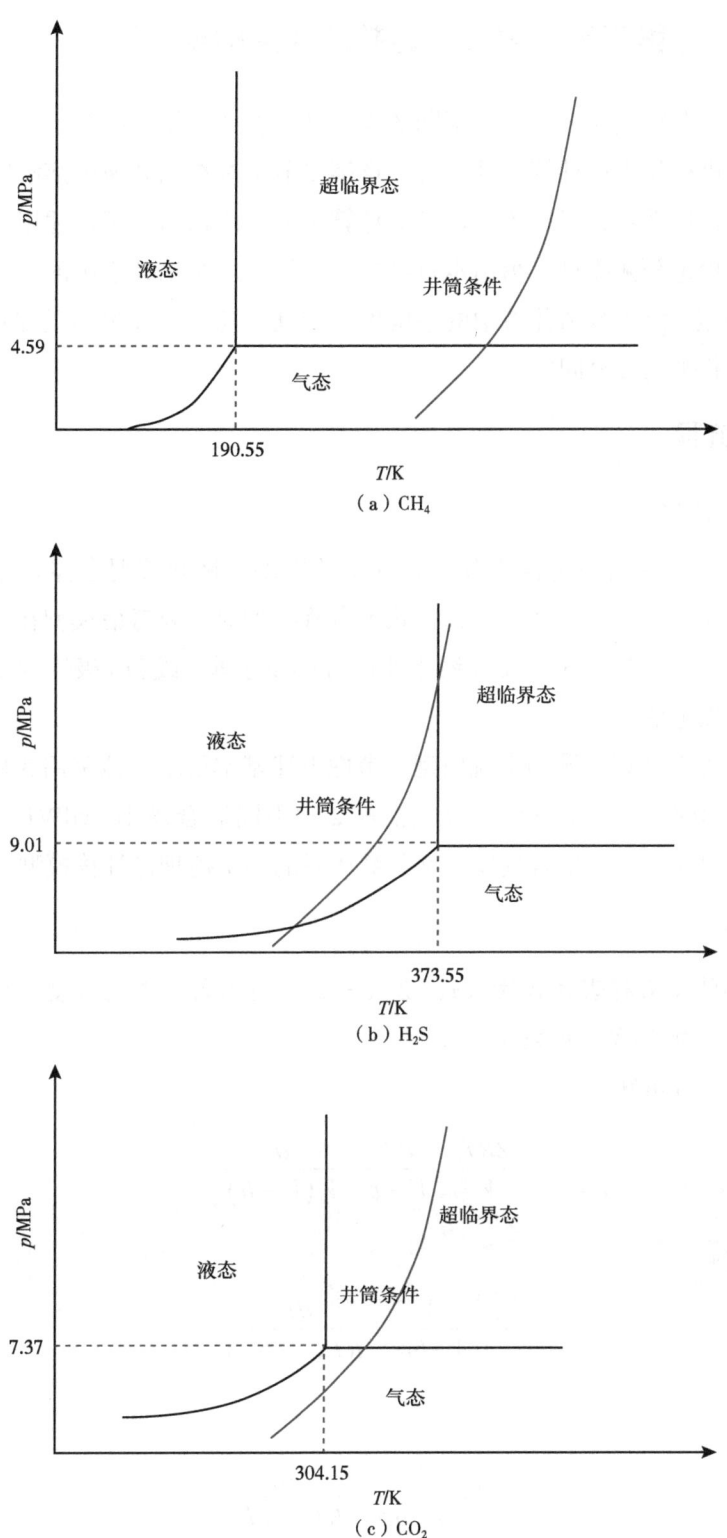

图 2-2-10 井筒内气体相态变化示意图

## 第三节　甲烷—钻井液体系相平衡计算

根据本章第一节理论研究，选用不同的立方型状态方程模型搭配不同混合规则来对甲烷—钻井液体系进行相平衡计算，并结合本章第二节甲烷在钻井液中溶解度实验数据，优化关联二元相互作用系数，对比不同模型的计算精度，优选适合于描述甲烷—钻井液体系相行为的高精度理论预测模型。另由本章第二节可知，水基钻井液中的甲烷溶解度远远小于相同条件下油基/合成基钻井液中的溶解度，因此，这里主要针对的是甲烷在油基/合成基钻井液中的相平衡计算问题。

### 一、计算流程

#### 1. 计算模型选择

本书所涉及的研究对象为深水井筒条件下的甲烷—钻井液混合体系相平衡问题，其中包括了高温高压的情况，因此，在选择状态方程模型时需要考虑模型在中高压区的适应性。同时，甲烷为非极性分子，钻井液主要成分亦属于非（或弱）极性物质，在选择混合规则时也需要予以考虑。

结合目前热力学计算领域的主流模型，考虑上述基本要求，拟采用3种不同的立方型状态方程模型（SRK、PR、PRSV2）分别搭配2种不同混合规则（vdW1、vdW2）进行气液相平衡计算，对比优选出适合气体—钻井液体系的相平衡理论计算模型。

#### 2. 逸度系数

将各立方型状态方程表达式代入式（2-1-22），可得各模型的逸度计算公式。下面以SRK方程为例，求解其逸度系数表达式。

由式（2-1-41）可知：

$$\frac{ZRT}{V} = \frac{RT}{V-b} - \frac{a}{V(V+b)} \quad (2-3-1)$$

可得：

$$Z = \frac{1}{1-b\rho} - \frac{a\rho}{RT(1+b\rho)} \quad (2-3-2)$$

那么：

$$Z-1 = \frac{b\rho}{1-b\rho} - \frac{a\rho}{RT(1+b\rho)} \quad (2-3-3)$$

将式（2-3-3）代入Helmholtz自由能表达式可得：

$$\tilde{A}^{R} = \int_0^\rho \frac{b}{1-b\rho} d\rho - \frac{a}{RT} \int_0^\rho \frac{1}{1+b\rho} d\rho \qquad (2-3-4)$$

积分可得：

$$\tilde{A}^{R} = -\ln(1-b\rho) - \frac{a}{bRT}\ln(1+b\rho) \qquad (2-3-5)$$

因此：

$$\frac{\partial(n\tilde{A}^{R})}{\partial n_i} = \frac{\partial}{\partial n_i}\left[-n\ln(1-b\rho) - \frac{an^2}{RTbn}\ln(1+b\rho)\right] \qquad (2-3-6)$$

通过求解偏微分方程得到：

$$\frac{\partial(n\tilde{A}^{R})}{\partial n_i} = -\ln(1-b\rho) + n\frac{1}{1-b\rho}\frac{\partial(b\rho)}{\partial n_i} - \frac{an^2}{RTbn}\frac{1}{1+b\rho}\frac{\partial(b\rho)}{\partial n_i}$$
$$-\ln(1+b\rho)\left[\frac{1}{RTbn}\frac{\partial(an^2)}{\partial n_i} - \frac{an^2}{RT}\frac{1}{b^2n^2}\frac{\partial(bn)}{\partial n_i}\right] \qquad (2-3-7)$$

对于 vdW1 型混合规则：

$$\frac{\partial(n^2 a)}{\partial n_i} = \frac{\partial \sum\sum n_i n_j a_{ij}}{\partial n_i} = 2\sum n_k a_{ik} \qquad (2-3-8)$$

$$\frac{\partial(nb)}{\partial n_i} = \frac{\partial \sum n_i b_i}{\partial n_i} = b_i \qquad (2-3-9)$$

$$n\frac{\partial b}{\partial n_i} = n\frac{\partial\left(\frac{1}{n}\sum n_i b_i\right)}{\partial n_i} = n\left(\frac{b_i}{n} - \frac{1}{n^2}\sum n_i b_i\right) = b_i - b \qquad (2-3-10)$$

将式（2-3-8）至式（2-3-10）代入式（2-3-7），可得：

$$\frac{\partial(n\tilde{A}^{R})}{\partial n_i} = -\ln(1-b\rho) + \left(\frac{b_i}{b_m} - 1\right)(Z-1)$$
$$- \frac{a_m}{RTb_m}\ln(1+b\rho)\left(\frac{2\sum x_k a_{ik}}{a_m} - \frac{b_i}{b_m}\right) \qquad (2-3-11)$$

将式（2-3-11）代入式（2-1-22）可得 SRK 方程配合 vdW1 型混合规则下的逸度系数表达式：

$$\ln\phi_i = \frac{b_i(Z-1)}{b} - \ln(Z-B) - \frac{A}{B}\left(\frac{2\psi_{ia}}{a} - \frac{b_i}{b}\right)\ln\left(1+\frac{B}{Z}\right) \quad (2\text{-}3\text{-}12)$$

其中，$A$、$B$ 表达式见式（2-1-47）和式（2-1-48）。另外：

$$\psi_{ia} = \sum_j x_j \sqrt{a_i a_j}(1-k_{ij}) \quad (2\text{-}3\text{-}13)$$

对于 vdW2 型混合规则：

$$\frac{\partial(nb)}{\partial n_i} = \frac{\partial\left(n\sum\sum x_i x_j b_{ij}\right)}{\partial n_i} = 2\sum x_j b_{ij} - b \quad (2\text{-}3\text{-}14)$$

$$n\frac{\partial b}{\partial n_i} = n\frac{\partial\left(\frac{1}{n^2}\sum\sum n_i n_j b_{ij}\right)}{\partial n_i} = 2\sum x_j b_{ij} - 2b \quad (2\text{-}3\text{-}15)$$

将式（2-3-7）、式（2-3-14）、式（2-3-15）代入式（2-1-22）可得 SRK 方程配合 vdW2 型混合规则下的逸度系数表达式：

$$\ln\phi_i = \frac{(2\psi_{ib}-b)(Z-1)}{b} - \ln(Z-B) - \frac{A}{B}\left(\frac{2\psi_{ia}}{a} - \frac{2\psi_{ib}-b}{b}\right)\ln\left(1+\frac{B}{Z}\right) \quad (2\text{-}3\text{-}16)$$

其中，$A$、$B$ 见式（2-1-47）和式（2-1-48）。此外：

$$\psi_{ib} = \sum_j x_j \left(\frac{b_i+b_j}{2}\right)(1-l_{ij}) \quad (2\text{-}3\text{-}17)$$

同理，可得 PR 方程、PRSV2 方程结合不同混合规则下的逸度系数表达式分别如下：

（1）PR 方程 +vdW1 型混合规则：

$$\ln\phi_i = \frac{b_i(Z-1)}{b} - \ln(Z-B) - \frac{A}{2\sqrt{2}B}\left(\frac{2\psi_{ia}}{a} - \frac{b_i}{b}\right)\ln\frac{Z+(1+\sqrt{2})B}{Z+(1-\sqrt{2})B} \quad (2\text{-}3\text{-}18)$$

（2）PR 方程 +vdW2 型混合规则：

$$\ln\phi_i = \frac{(2\psi_{ib}-b)(Z-1)}{b} - \ln(Z-B) - \frac{A}{2\sqrt{2}B}\left(\frac{2\psi_{ia}}{a} - \frac{2\psi_{ib}-b}{b}\right)\ln\frac{Z+(1+\sqrt{2})B}{Z+(1-\sqrt{2})B} \quad (2\text{-}3\text{-}19)$$

（3）PRSV2 方程 +vdW1 型混合规则：

$$\ln\phi_i = \frac{b_i(Z-1)}{b} - \ln(Z-B) - \frac{A}{2\sqrt{2}B}\left(\frac{2\psi_{ia}}{a} - \frac{b_i}{b}\right)\ln\frac{Z+(1+\sqrt{2})B}{Z+(1-\sqrt{2})B} \quad (2\text{-}3\text{-}20)$$

（4）PRSV2 方程 +vdW2 型混合规则：

$$\ln\phi_i = \frac{(2\psi_{ib}-b)(Z-1)}{b} - \ln(Z-B) - \frac{A}{2\sqrt{2}B}\left(\frac{2\psi_{ia}}{a} - \frac{2\psi_{ib}-b}{b}\right)\ln\frac{Z+(1+\sqrt{2})B}{Z+(1-\sqrt{2})B} \quad (2\text{-}3\text{-}21)$$

式（2-3-18）至式（2-3-21）中，$A$、$B$ 表达式见式（2-1-47）和式（2-1-48）。

### 3. 目标函数

在二元相互作用系数优化过程中，目标函数的选取必须遵循的核心原则是逸度相等。目前常用的目标函数研究对象包括逸度、压力、气相组分、相平衡常数等。本书选取相平衡常数作为目标函数，具体表达式如下：

$$F = \frac{1}{N}\sum_{n=1}^{N}\frac{\left|K_{n\text{cal}} - K_{n\exp}\right|}{K_{n\exp}} \quad (2\text{-}3\text{-}22)$$

式中　$N$——实验点数；

$K_{n\text{cal}}$——相平衡常数理论值，$K_{n\text{cal}} = \phi_i^{\text{L}}/\phi_i^{\text{V}}$；

$K_{n\exp}$——相平衡常数实验值，$K_{n\exp} = y_i/x_i$。

气液相平衡计算过程中，二元相互作用系数计算流程如图 2-3-1 所示。

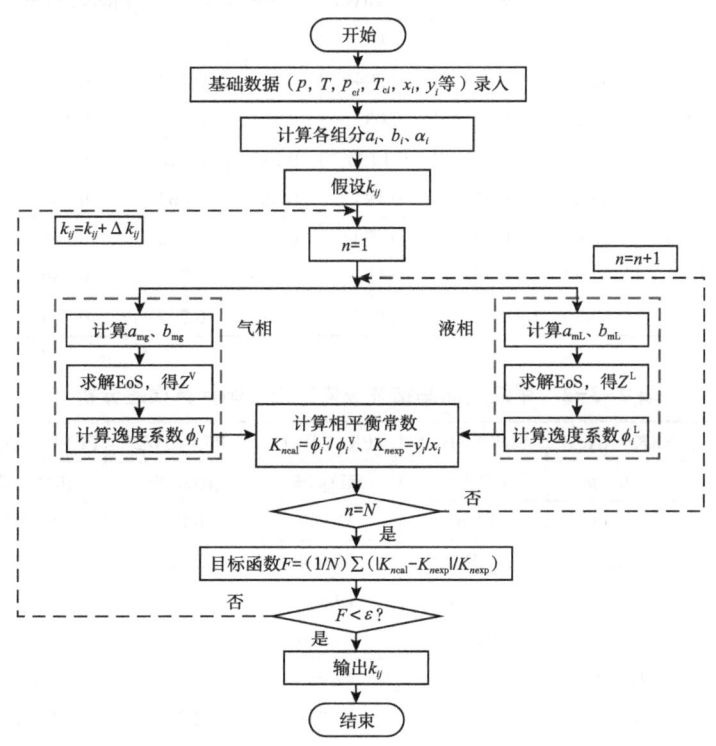

图 2-3-1　气液相平衡体系二元相互作用系数计算流程

将优化后的二元相互作用系数代入相关气液相平衡计算模型,即可得到不同条件下体系饱和压力、气液相组成等相平衡性质参数。

## 二、不同模型对比

### 1. 甲烷—油基钻井液

结合甲烷—油基钻井液实验情况,采用不同的相平衡计算模型对部分实验数据进行拟合计算,得到不同模型下的二元相互作用系数,见表2-3-1。计算过程中发现,压力对二元相互作用系数的影响非常小,基本可以忽略。在甲烷—油基钻井液系统中,影响二元相互作用系数的主要因素是温度和油水比。表2-3-2给出了拟合二元相互作用系数过程中目标函数的相对误差。从表2-3-2中可以看出,对于甲烷—油基钻井液体系,单参数混合规则下的相平衡计算模型误差太大,基本没有参考价值。相较而言,状态方程模型配合两参数混合规则的预测精度则大大提高。分析认为,这主要是由于甲烷分子与油基钻井液中的主要成分(各类烃)分子之间体积相差太大,因此引入了体积修正项的两参数混合规则能够更加精确地描述各组分之间的相互作用。

表 2-3-1 甲烷—油基钻井液体系二元相互作用系数

| OWR | T/K | SRK+vdW1 | SRK+vdW2 | | PR+vdW1 | PR+vdW2 | | PRSV2+vdW1 | PRSV2+vdW2 | |
|---|---|---|---|---|---|---|---|---|---|---|
| | | $k_{ij}$ | $k_{ij}$ | $l_{ij}$ | $k_{ij}$ | $k_{ij}$ | $l_{ij}$ | $k_{ij}$ | $k_{ij}$ | $l_{ij}$ |
| 9:1 | 303.15 | 0.117 | 0.519 | 0.708 | 0.204 | 0.511 | 0.523 | 0.248 | 0.548 | 0.559 |
| | 343.15 | −0.088 | 0.298 | 0.375 | 0.037 | 0.322 | 0.404 | 0.170 | 0.465 | 0.616 |
| | 393.15 | −0.385 | 0.259 | 0.311 | −0.195 | 0.212 | 0.320 | 0.149 | 0.512 | 0.657 |
| 8:2 | 303.15 | 0.097 | 0.640 | 0.803 | 0.195 | 0.660 | 0.667 | 0.240 | 0.639 | 0.703 |
| | 343.15 | −0.108 | 0.440 | 0.748 | 0.030 | 0.474 | 0.532 | 0.164 | 0.565 | 0.672 |
| 7:3 | 303.15 | 0.072 | 0.687 | 0.748 | 0.183 | 0.716 | 0.768 | 0.230 | 0.747 | 0.794 |
| | 343.15 | −0.140 | 0.490 | 0.726 | 0.015 | 0.576 | 0.707 | 0.154 | 0.699 | 0.741 |

表 2-3-2 甲烷—油基钻井液体系相平衡计算误差分析

| OWR | T/K | SRK+vdW1 | SRK+vdW2 | PR+vdW1 | PR+vdW2 | PRSV2+vdW1 | PRSV2+vdW2 |
|---|---|---|---|---|---|---|---|
| | | $|RD_K|$/% | $|RD_K|$/% | $|RD_K|$/% | $|RD_K|$/% | $|RD_K|$/% | $|RD_K|$/% |
| 9:1 | 303.15 | 34.643 | 1.870 | 31.947 | 0.086 | 37.493 | 0.010 |
| | 343.15 | 25.833 | 2.440 | 24.604 | 2.380 | 37.143 | 3.325 |
| | 393.15 | 16.657 | 0.144 | 19.383 | 0.053 | 44.628 | 0.911 |
| 8:2 | 303.15 | 53.483 | 0.895 | 53.740 | 1.524 | 57.651 | 2.005 |
| | 343.15 | 41.148 | 3.778 | 42.961 | 1.506 | 55.505 | 2.029 |
| 7:3 | 303.15 | 88.545 | 2.154 | 89.758 | 2.221 | 95.192 | 2.575 |
| | 343.15 | 71.042 | 4.628 | 74.284 | 4.743 | 91.145 | 5.331 |

注:$|RD_K|$为相平衡常数平均相对误差绝对值,其表达式参照式(2-3-22)。

根据二元相互作用系数拟合结果，采用不同状态方程配合 vdW2 型混合规则对实验条件下的甲烷溶解度进行了理论计算，结果如图 2-3-2 至图 2-3-4 所示。PR EoS 模型相较

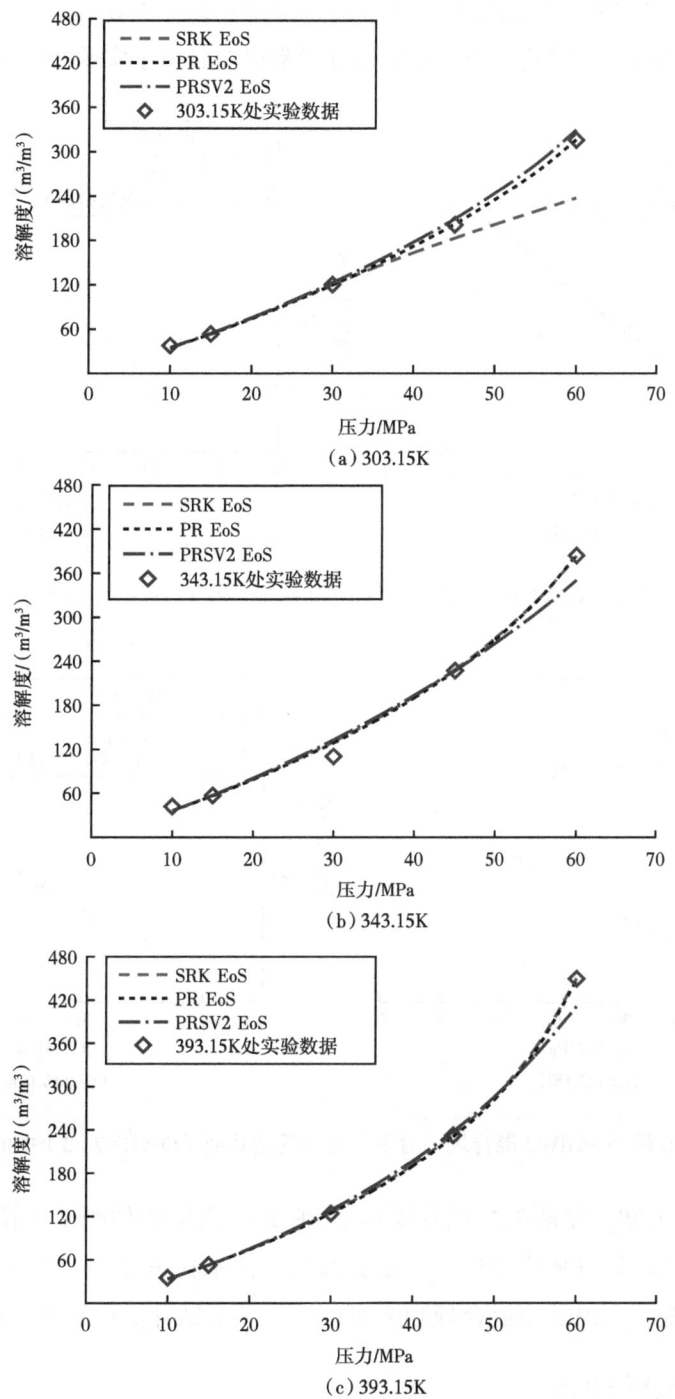

图 2-3-2　不同 EoS 模型 +vdW2 混合规则对甲烷在油基钻井液（OWR=9∶1）中的溶解度拟合结果

于其他两种模型预测精度更高，绝大部分点误差控制较为合理。但存在少部分点误差较大，其中部分原因可能是实验数值误差所致。比如，在 OWR 为 9∶1、温度 343.15 K、压力 30 MPa 处，通过横向和纵向对比分析可知，三种模型在此处的误差均存在跳跃式的波动，邻近点的误差则较为规律，因此有较大可能这处异常误差是由于实验测量误差导致的。

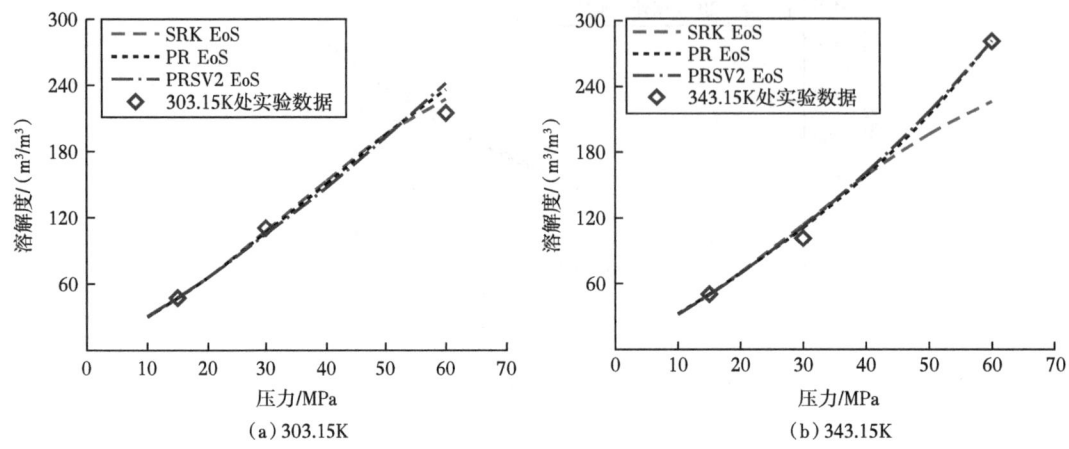

图 2-3-3　不同 EoS 模型 +vdW2 混合规则对甲烷在油基钻井液（OWR=8∶2）中的溶解度拟合结果

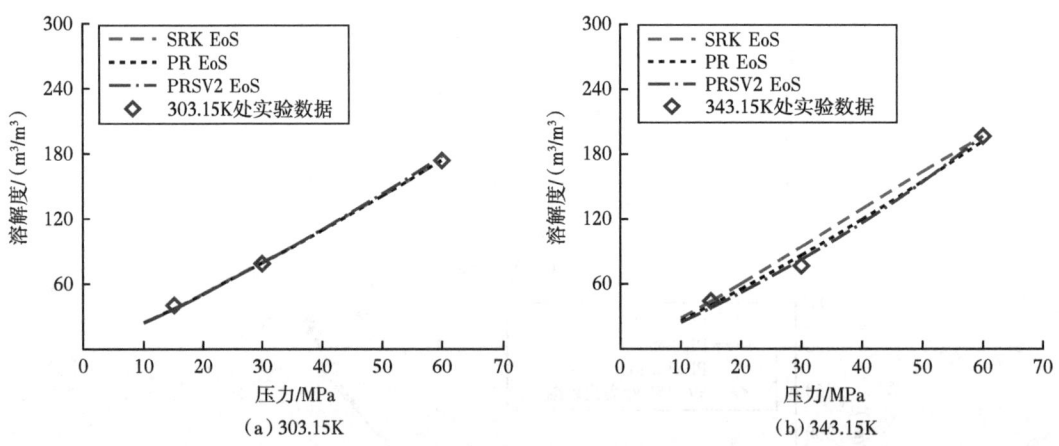

图 2-3-4　不同 EoS 模型 +vdW2 混合规则对甲烷在油基钻井液（OWR=7∶3）中的溶解度拟合结果

综合以上结果可知，在两参数混合规则下 PR EoS 模型的预测精度较优；再看二元相互作用系数，对比而言，PR 模型的 $k_{ij}$、$l_{ij}$ 随温度、油水比分布相对更有序。因此，本书推荐采用 PR 模型配合 vdW2 型混合规则来对甲烷—油基钻井液体系进行相平衡计算。

2. 甲烷—合成基钻井液

表 2-3-3 和表 2-3-4 列出了根据甲烷—合成基钻井液体系溶解度实验结果拟合得

到的不同模型下的二元相互作用系数及相平衡常数误差。与甲烷—油基钻井液体系类似，甲烷—合成基钻井液体系的二元相互作用系数主要与温度和油水比相关。通过误差分析可知，不同状态方程模型配合单二元相互作用系数的范德华经典混合规则对于甲烷—合成基钻井液体系来说误差较大，相比较而言，两参数的经典混合规则预测精度大大提高。

表 2-3-3　甲烷—合成基钻井液体系二元相互作用系数

| OWR | $T/K$ | SRK+vdW1 | SRK+vdW2 | | PR+vdW1 | PR+vdW2 | | PRSV2+vdW1 | PRSV2+vdW2 | |
|---|---|---|---|---|---|---|---|---|---|---|
| | | $k_{ij}$ | $k_{ij}$ | $l_{ij}$ | $k_{ij}$ | $k_{ij}$ | $l_{ij}$ | $k_{ij}$ | $k_{ij}$ | $l_{ij}$ |
| 9:1 | 303.15 | 0.200 | 0.359 | 0.574 | 0.257 | 0.389 | 0.561 | 0.286 | 0.341 | 0.450 |
| | 343.15 | 0.012 | 0.081 | 0.363 | 0.101 | 0.150 | 0.419 | 0.214 | 0.323 | 0.520 |
| 8:2 | 303.15 | 0.196 | 0.514 | 0.693 | 0.259 | 0.548 | 0.695 | 0.287 | 0.529 | 0.423 |
| | 343.15 | 0.009 | 0.265 | 0.529 | 0.104 | 0.349 | 0.591 | 0.218 | 0.492 | 0.618 |
| | 393.15 | −0.266 | 0.375 | 0.376 | −0.117 | 0.286 | 0.367 | 0.193 | 0.582 | 0.769 |
| 7:3 | 303.15 | 0.190 | 0.624 | 0.717 | 0.258 | 0.643 | 0.712 | 0.286 | 0.872 | 0.676 |
| | 343.15 | 0.002 | 0.494 | 0.659 | 0.104 | 0.543 | 0.676 | 0.218 | 0.634 | 0.711 |

表 2-3-4　甲烷—合成基钻井液体系相平衡计算误差分析

| OWR | $T/K$ | SRK+vdW1 | SRK+vdW2 | PR+vdW1 | PR+vdW2 | PRSV2+vdW1 | PRSV2+vdW2 |
|---|---|---|---|---|---|---|---|
| | | $|RD_K|/\%$ | $|RD_K|/\%$ | $|RD_K|/\%$ | $|RD_K|/\%$ | $|RD_K|/\%$ | $|RD_K|/\%$ |
| 9:1 | 303.15 | 19.101 | 0.531 | 17.506 | 0.894 | 13.760 | 0.334 |
| | 343.15 | 14.503 | 0.467 | 13.881 | 0.473 | 17.763 | 0.987 |
| 8:2 | 303.15 | 34.502 | 0.849 | 32.734 | 1.165 | 28.365 | 2.461 |
| | 343.15 | 30.056 | 1.540 | 29.429 | 1.746 | 34.318 | 2.452 |
| | 393.15 | 21.861 | 0.439 | 22.805 | 0.513 | 43.240 | 1.209 |
| 7:3 | 303.15 | 60.895 | 1.992 | 58.928 | 2.085 | 53.573 | 5.083 |
| | 343.15 | 56.583 | 2.453 | 56.089 | 2.526 | 62.655 | 3.081 |

根据二元相互作用系数拟合结果，采用不同状态方程配合 vdW2 型混合规则对实验条件下的甲烷溶解度进行理论计算，结果如图 2-3-5 至图 2-3-7 所示。对于合成基钻井液，

SRK 模型和 PR 模型计算的甲烷溶解度精度相对较高，绝大部分点误差较为合理。少部分点误差略高，分析认为可能是由于实验误差所导致的。

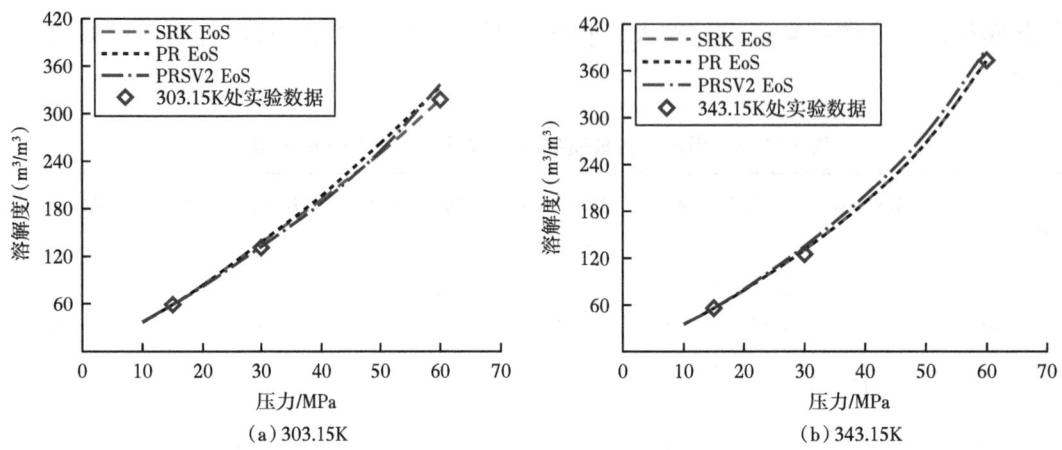

图 2-3-5　不同 EoS 模型 +vdW2 混合规则对甲烷在合成基钻井液（OWR=9∶1）中的溶解度拟合结果

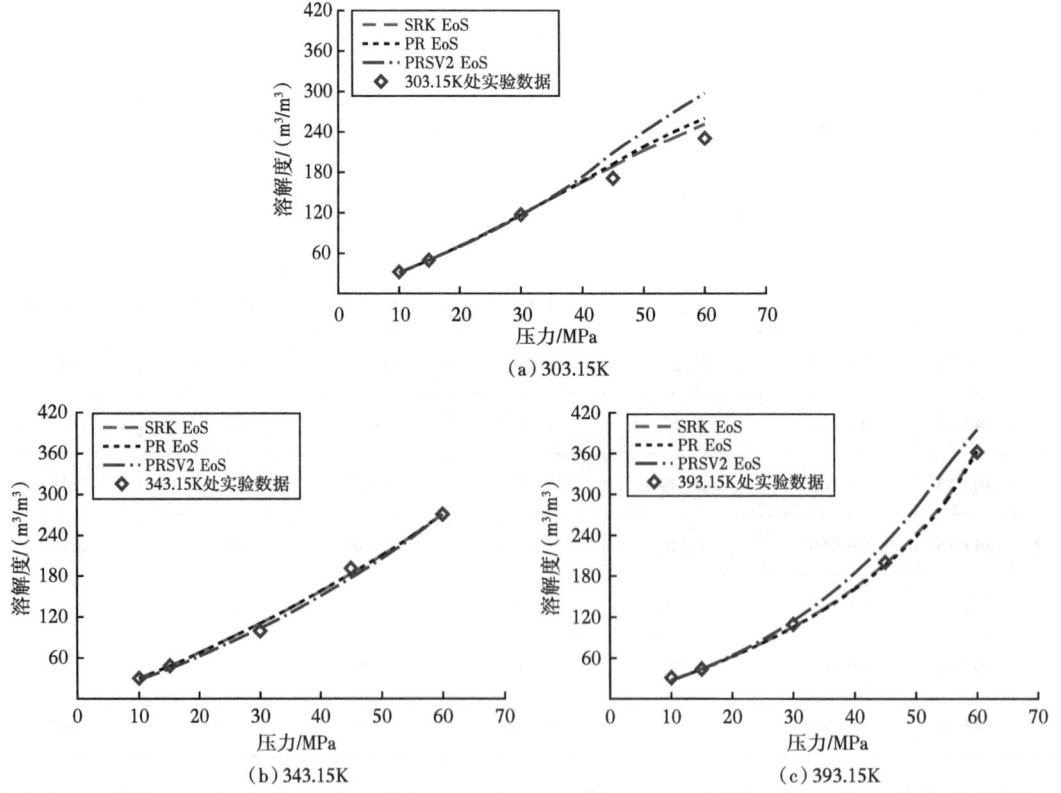

图 2-3-6　不同 EoS 模型 +vdW2 混合规则对甲烷在合成基钻井液（OWR=8∶2）中的溶解度拟合结果

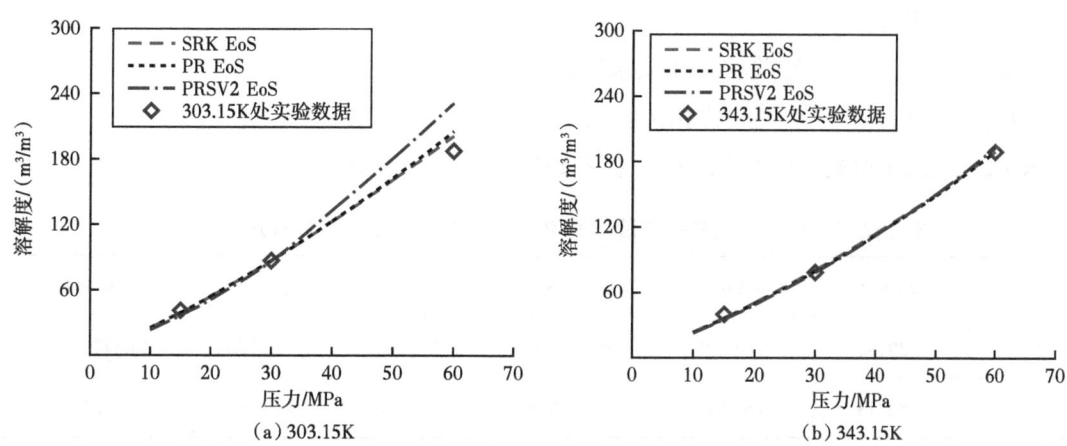

图 2-3-7　不同 EoS 模型 +vdW2 混合规则对甲烷在合成基钻井液（OWR=7∶3）中的溶解度拟合结果

综合以上结果可知，SRK 和 PR 模型预测精度大致相当，要优于 PRSV2 模型；再看二元相互作用系数，对比而言 PR 模型的 $k_{ij}$、$l_{ij}$ 随温度、油水比分布相对更有序。因此，对于甲烷—合成基钻井液体系，本书亦推荐采用 PR 模型配合 vdW2 型混合规则来进行相平衡计算。

### 三、二元相互作用系数关联

根据实验数据拟合得到不同实验条件下的二元相互作用系数，结合相应的 EoS 模型及混合规则，能够计算体系在对应条件下的溶解度，且计算精度满足工程实际需求。为了进一步推广，实现更为广泛条件下的气体—钻井液体系相平衡计算，有必要对现有的二元相互作用系数与对应的实验条件（温度、油水比）进行关联，寻找合适的数学模型来描述两者之间的关系。

1. 甲烷—油基钻井液

前面已经讲过，在甲烷—油基钻井液体系中，推荐采用 PR 状态方程配合 vdW2 型混合规则进行相平衡计算。根据表 2-3-5，分析 PR+vdW2 组合下拟合出的二元相互作用系数随温度和油水比的变化趋势，采用不同的方程形式来关联，经过多次筛选，得到了适用于甲烷—油基钻井液体系的 PR+vdW2 模型二元相互作用系数关联表达式：

$$k_{ij} = a_0 + a_1 r + a_2 T + a_3 rT + a_4 r^2 + a_5 T^2 \quad (2-3-23)$$

$$l_{ij} = b_0 + b_1 r + b_2 T + b_3 rT + b_4 r^2 + b_5 T^2 \quad (2-3-24)$$

式中　$r$——油水比，根据钻井液中油所占比例取 0.9、0.8、0.7 等；

$T$——温度，K；

$a_0, a_1, \cdots, a_5$——$k_{ij}$ 关联式相关系数；

$b_0, b_1, \cdots, b_5$——$l_{ij}$ 关联式相关系数。

式（2-3-23）和式（2-3-24）中，各系数取值见表 2-3-5。

表 2-3-5 甲烷—油基钻井液体系 PR+vdW2 模型 BIP 关联表达式系数

| 系数 | $a_0(b_0)$ | $a_1(b_1)$ | $a_2(b_2)(\mathrm{K}^{-1})$ | $a_3(b_3)(\mathrm{K}^{-1})$ | $a_4(b_4)$ | $a_5(b_5)(\mathrm{K}^{-2})$ |
|---|---|---|---|---|---|---|
| $k_{ij}$ | 2.20885 | 6.55179 | −0.01933 | −0.00613 | −3.57500 | 3.08426×10⁻⁵ |
| $l_{ij}$ | 2.83713 | 0.81284 | −0.00989 | −0.00725 | 0.10000 | 2.02222×10⁻⁵ |

表 2-3-6 列出了由关联的二元相互作用系数表达式计算得到的 $k_{ij}$、$l_{ij}$ 与实验拟合结果之间的对比情况。从表 2-3-6 中可以看出，对于甲烷—油基钻井液体系，PR+vdW2 模型的二元相互作用系数能够较好地同温度和油水比进行非线性关联，两参数关联误差均在 5% 以内。根据式（2-3-23）、式（2-3-24）关联得到的二元相互作用系数，采用 PR+vdW2 模型对甲烷在油基钻井液中的溶解度进行预测，预测结果与实验情况对比如图 2-3-8 所示。显然，除极少数点外（可能存在实验误差），绝大部分点拟合精度较高，足以满足工程计算需求。

2. 甲烷—合成基钻井液

根据甲烷—油基钻井液体系关联结果，采用类似多项式模型关联甲烷—合成基钻井液体系二元相互作用系数。模型表达式见式（2-3-23）和式（2-3-24），各系数见表 2-3-7。

表 2-3-6 甲烷—油基钻井液体系 PR+vdW2 模型二元相互作用系数关联误差

| OWR | $T$/K | 实验拟合结果 | | 理论计算结果 | | $|RD_k|$/% | $|RD_l|$/% |
|---|---|---|---|---|---|---|---|
| | | $k_{ij}$ | $l_{ij}$ | $k_{ij}$ | $l_{ij}$ | | |
| 9:1 | 303.15 | 0.511 | 0.523 | 0.515 | 0.531 | 0.701 | 1.434 |
| | 343.15 | 0.322 | 0.404 | 0.318 | 0.397 | 1.113 | 1.856 |
| | 393.15 | 0.212 | 0.320 | 0.212 | 0.320 | 0 | 0 |
| 8:2 | 303.15 | 0.660 | 0.667 | 0.653 | 0.652 | 1.086 | 2.249 |
| | 343.15 | 0.474 | 0.532 | 0.481 | 0.547 | 1.512 | 2.820 |
| 7:3 | 303.15 | 0.716 | 0.768 | 0.720 | 0.776 | 0.500 | 0.977 |
| | 343.15 | 0.576 | 0.707 | 0.572 | 0.700 | 0.622 | 1.061 |

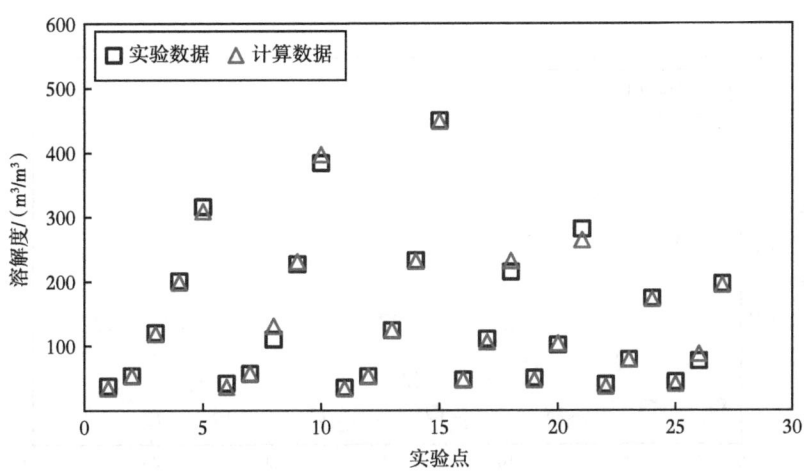

图 2-3-8 基于关联 BIP 的 PR+vdW2 模型对甲烷在油基钻井液中溶解度预测结果

表 2-3-7 甲烷—合成基钻井液体系 PR+vdW2 模型 BIP 关联表达式系数

| 系数 | $a_0(b_0)$ | $a_1(b_1)$ | $a_2(b_2)(K^{-1})$ | $a_3(b_3)(K^{-1})$ | $a_4(b_4)$ | $a_5(b_5)(K^{-2})$ |
| --- | --- | --- | --- | --- | --- | --- |
| $k_{ij}$ | 1.09386 | 6.75723 | −0.01232 | −0.01738 | −1.72500 | $3.36296 \times 10^{-5}$ |
| $l_{ij}$ | −7.04852 | 11.42174 | 0.02426 | −0.01325 | −5.10000 | $-2.47778 \times 10^{-5}$ |

表 2-3-8 列出了由关联的二元相互作用系数表达式计算得到的 $k_{ij}$、$l_{ij}$ 与实验拟合结果之间的对比情况。从表 2-3-8 中可以看出，对于甲烷—合成基钻井液体系，PR+vdW2 模型的二元相互作用系数能够较好地同温度和油水比进行高精度的非线性关联。结合关联二元相互作用系数，采用 PR+vdW2 模型对甲烷在合成基钻井液中的溶解度进行预测，预测结果与实验情况对比如图 2-3-9 所示。从图 2-3-9 中可以看出，除极少数点以外（可能存在实验数据误差），大部分点的误差控制较为合理，计算精度足以满足工程需求。

表 2-3-8 甲烷—合成基钻井液体系 PR+vdW2 模型二元相互作用系数关联误差

| OWR | T/K | 实验拟合结果 | | 理论计算结果 | | $|RD_k|/\%$ | $|RD_l|/\%$ |
| --- | --- | --- | --- | --- | --- | --- | --- |
| | | $k_{ij}$ | $l_{ij}$ | $k_{ij}$ | $l_{ij}$ | | |
| 9:1 | 303.15 | 0.389 | 0.561 | 0.394 | 0.564 | 1.26 | 0.446 |
| | 343.15 | 0.150 | 0.419 | 0.145 | 0.417 | 3.28 | 0.597 |
| 8:2 | 303.15 | 0.548 | 0.695 | 0.538 | 0.690 | 1.79 | 0.719 |
| | 343.15 | 0.349 | 0.591 | 0.359 | 0.596 | 2.82 | 0.846 |
| | 393.15 | 0.286 | 0.367 | 0.286 | 0.367 | 0 | 0 |
| 7:3 | 303.15 | 0.643 | 0.712 | 0.648 | 0.715 | 0.76 | 0.351 |
| | 343.15 | 0.543 | 0.676 | 0.538 | 0.674 | 0.91 | 0.370 |

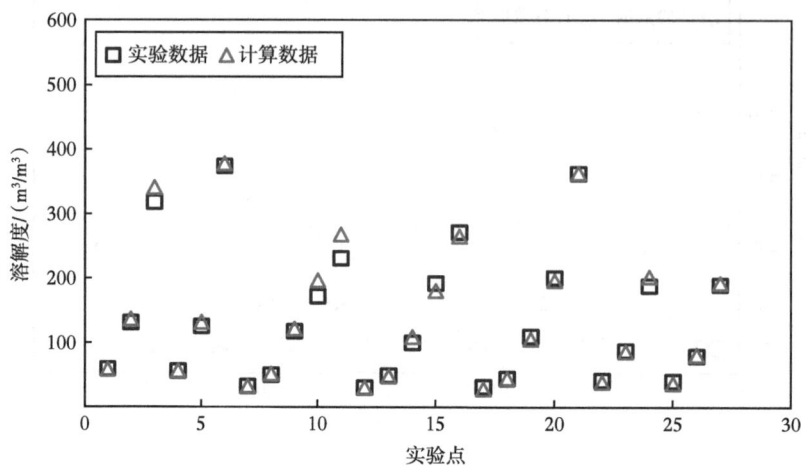

图 2-3-9 基于关联 BIP 的 PR+vdW2 模型对甲烷在合成基钻井液中的溶解度预测

总而言之，甲烷在油基和合成基钻井液中的溶解度较为接近，且要远大于其在水基钻井液中的溶解度；钻井液中的油水比对甲烷溶解度影响较大，油的比例越高，溶解度越大；乳化剂加量及其余各类钻井液添加剂对甲烷溶解度影响较小，基本可以忽略不计。甲烷在钻井液中的溶解度随压力增加而增大，压力越高，增加幅度越大；对于温度的响应，在低压下温度的作用不明显，在高压下，温度越高，溶解度越大。基于传质学理论及相平衡热力学原理，建立了甲烷—钻井液体系相行为理论计算模型，对比优选了立方型状态方程模型及混合规则。研究表明，PR 状态方程配合两参数混合规则能够较好地预测甲烷—油基/合成基混合体系的相行为，并结合反演得到的二元相互作用系数提出了适用于甲烷—钻井液体系的高精度 BIP 关联模型。

# 第三章　超深复杂井井筒瞬态温度场

井筒温度场研究始于20世纪60年代，主要是围绕钻井和热采井井筒温度场模型的建立及求解方法的探究，主要的研究方法大体上包括五种：（1）实验法；（2）半解析法；（3）解析法；（4）数值计算法；（5）经验公式法。其中解析法和数值计算法是研究井筒温度场最重要的方法，解析法基本思路是将井筒内传热视为稳态，且用半解析公式代替地层内非稳态传热，基于能量守恒定律建立井筒稳态温度场解析数学模型。20世纪90年代以前，以解析法为核心思想建立的井筒稳态温度场数学模型主要以国外学者的研究成果为主。

目前，对于直井井筒瞬态温差场研究已开展了大量工作，取得了一定成果。尽管一部分学者在模型中引入了热源项，但并没有对比分析有无热源项时井筒温度分布差异，且没有给出钻井过程热源项的具体计算式。另外，国内外对水平井井筒温度场研究起步较晚，且研究工作主要集中在注水、压裂和酸化等作业。然而，对水平井正常钻进和停止循环两种工况下井筒温度分布研究鲜有报道。同时，地层与井内流体热交换作用是决定井筒温度分布的主要因素，而水平井井眼轨迹通常由直井段、造斜段和水平段三部分组成，每一段地层温度分布规律不一样，使得水平井在不同工况下井筒温度场更加复杂。

## 第一节　钻井循环期间井筒瞬态温度场

### 一、物理模型

在钻井过程中，从钻井泵排出的钻井液经地面循环系统到达井口后，由井口通过方钻杆、钻杆、钻铤到达钻头处，并经钻头水眼喷出，再由钻杆与套管（井壁）之间的环形空间向上流动返回地面，如图3-1-1所示。钻井液在井下循环系统中的流动主要分为两个阶段：（1）钻井液从井口到达钻头；（2）钻井液由井底返回地面。当钻井液以一定的温度 $T_p$ 经井口沿着钻柱向下流动时，其温度的变化取决于径向上与环空钻井液的热量交换 $Q_{ap}$ 及外界对其所做功 $dW_1$，$dW_1$ 包括钻井液下行过程中摩擦生热 $Q_{fp}$、钻柱旋转产生热量 $Q_{rp}$、钻头破岩热 $Q_{bp}$、钻井液经过喷嘴产生热量 $Q_{np}$ 等；当钻井液经钻头进入环空后在上返过程中，其温度变化取决于径向上与钻杆内钻井液热量交换 $Q_{ap}$ 及地层的热量交换 $Q_{la}$，同时也取决于外界对其所做功 $dW_2$，如环空钻井液上返流动过程中产生的摩擦热 $Q_{fa}$。以裸眼井段为例，在井下整个循环流动过程中，井下各介质之间的热量交换如图 3-1-2 所示。

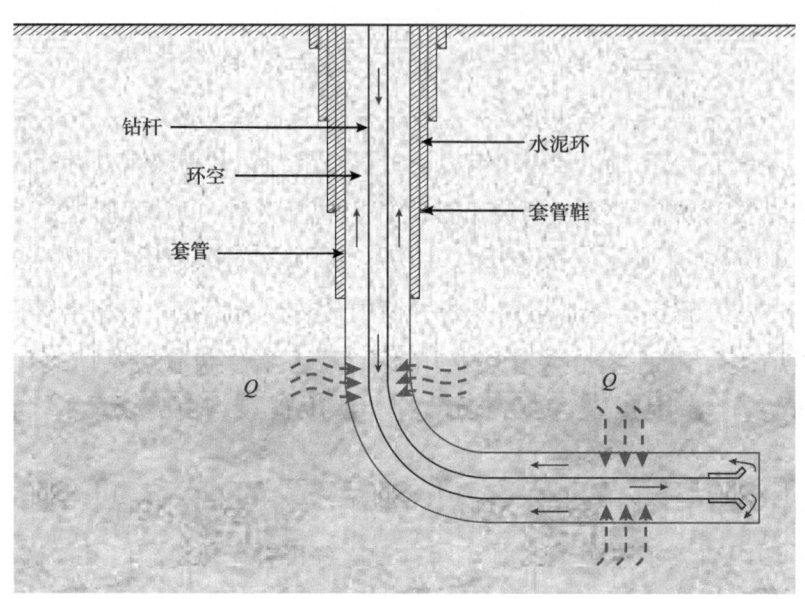

图 3-1-1　井下钻井液循环示意图

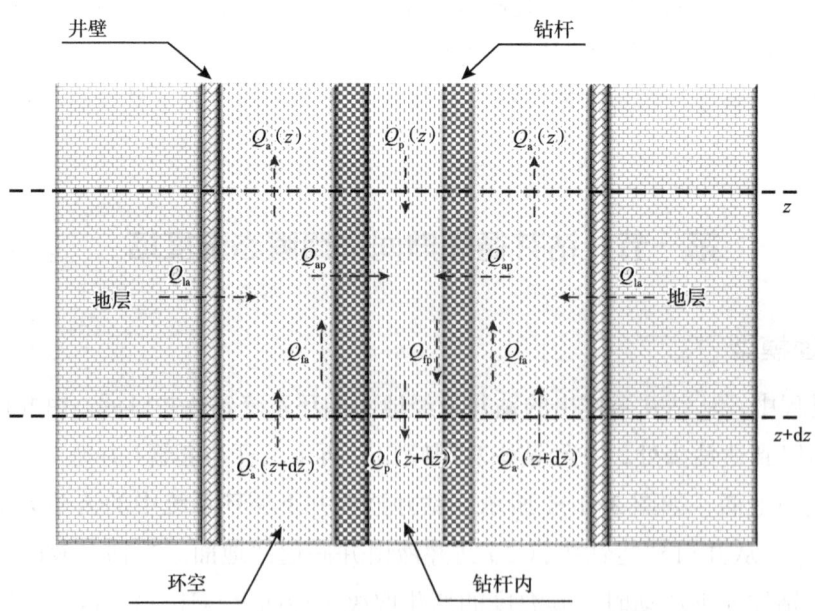

图 3-1-2　钻井过程中钻杆内流体—钻杆—环空流体—地层间热单元传递模型

## 二、模型基本假设

根据直井和水平井钻井过程中钻井液在井下循环流动特征,建立的井筒瞬态温度场模型基于以下基本假设:

(1)地层不存在多个地温梯度,仅考虑单一地温梯度,即地层温度随井深呈线性分布。

(2)旋转钻进过程中不考虑钻柱屈曲及旋转造成的摩擦生热。

(3)钻杆在井眼内居中,井眼轨迹几何形状规则。

(4)不考虑钻井过程中发生溢流、漏失及流体相变等情况对井筒温度分布的影响,且不考虑热辐射效应。

(5)流体沿轴向的导热及流体内部的径向温度梯度忽略不计,仅考虑钻柱的轴向导热和流体在径向上与钻柱壁间的热对流换热。

(6)井筒内流体、地层及各传热介质其热物性参数保持恒定。

(7)地层内部仅考虑热传导,即忽略地层孔隙中流体流动对地层温度分布的影响,且忽略地层中的内热源。

## 三、数学模型

本书基于 Raymond[11]、Marshall 和 Bentsen[12]、Yang[13-15] 等的研究思路,$t$ 时刻在井深 $z$ 处沿井眼轴线方向上任取一热平衡微元体 d$z$,如图 3-1-2 所示。以热平衡微元体地层、环空内流体、钻杆壁,以及钻杆内流体为研究对象,考虑热源项对井筒瞬态温度场的影响,基于能量守恒定律,分别建立其瞬态传热数学模型。

**1. 钻杆内钻井液传热模型**

由图 3-1-2 可知,在轴向上钻杆内钻井液热量的变化有两部分:(1)流入的热量 $Q_p(z)$;(2)流出的热量 $Q_p(z+dz)$。在径向上钻杆内钻井液热量的变化为环空钻井液传递的热量 $Q_{ap}$,内热源引起的钻杆内钻井液热量变化为钻井液流动产生的黏性耗散热 $Q_{fp}$,由热力学第一定律可知:

导入导出微元体的净热量 + 微元体内热源生成热 = 微元体内能的增量 (3-1-1)

在 d$t$ 时间内,在轴向上钻杆内钻井液导入导出的净热量 d$Q_1$ 为:

$$dQ_1 = Q_p(z) - Q_p(z+dz) = \rho_1 c_1 q \left[ T_p(z,t) - T_p(z+dz,t) \right] dt \quad (3-1-2)$$

式中 $\rho_1$——钻柱内钻井液密度,kg/cm³;

$c_1$——钻柱内钻井液比热容,J/(kg·℃);

$q$——钻井液的质量流量,kg/s;

$T_p$——钻柱内钻井液温度，℃；

$z$——井深，m；

$t$——时间，s。

在 d$t$ 时间内，钻杆内钻井液在径向方向上通过对流换热方式与钻柱内壁交换的热量 d$Q_2$ 为：

$$dQ_2 = 2\pi r_{pi} h_{pi} \left[ T_d(z,t) - T_p(z,t) \right] dz dt \quad (3\text{-}1\text{-}3)$$

式中　$r_{pi}$——钻柱内半径，m；

　　　$h_{pi}$——钻柱内壁面的对流换热系数，W/（m²·℃）；

　　　$T_d$——钻柱壁温度，℃。

在 d$t$ 时间内，微元控制体由于钻柱内流体流动产生的摩擦所做的功 d$W$ 为：

$$dW = Q_{fp} dz dt \quad (3\text{-}1\text{-}4)$$

式中　$Q_{fp}$——钻柱内摩阻产生的热量，W/m。

在 d$t$ 时间内，微元控制体内能的增量 d$E$：

$$dE = \rho_1 c_1 \frac{\partial T_p}{\partial t} \pi r_{pi}^2 dt dz \quad (3\text{-}1\text{-}5)$$

将式（3-1-2）至式（3-1-5）代入式（3-1-1）有：

$$Q_{fp} - \rho_1 q c_1 \frac{\partial T_p}{\partial z} - 2\pi r_{pi} h_{pi} (T_p - T_d) = \rho_1 c_1 \pi r_{pi}^2 \frac{\partial T_p}{\partial t} \quad (3\text{-}1\text{-}6)$$

**2. 钻杆壁传热模型**

由图 3-1-2 所示的热平衡微元体可知，一方面钻杆壁在径向上与钻柱内外钻井液进行对流换热，另一方面在轴向上以热传导方式进行导热。由热力学第一定律可知：

$$\text{导热引起的净热量} + \text{热对流引起的净热量} = \text{微元体内能的增量} \quad (3\text{-}1\text{-}7)$$

在 d$t$ 时间内，在轴向上钻杆微元体导入和导出的净热量 d$Q_1$ 为：

$$dQ_1 = \lambda_d \frac{\partial^2 T_d}{\partial z^2} dz \cdot \pi (r_{po}^2 - r_{pi}^2) dt \quad (3\text{-}1\text{-}8)$$

式中　$\lambda_d$——钻柱材料的导热系数，W/（m·℃）；

　　　$r_{pi}$——钻柱的内半径，m；

　　　$r_{po}$——钻柱的外半径，m。

在 d$t$ 时间内，在径向上钻杆内外壁通过与其余介质发生热量交换获得的净热量 d$Q_2$ 为：

$$dQ_2 = 2\pi r_{po} h_{po}(T_a - T_d) dz dt + 2\pi r_{pi} h_{pi}(T_d - T_p) dz dt \quad (3-1-9)$$

式中 $h_{po}$——钻柱外壁面的对流换热系数，W/（m²·℃）；

$T_a$——环空内钻井液温度，℃。

在 d$t$ 时间内，微元控制体内能的增量 d$E$ 为：

$$dE = \rho_d c_d \frac{\partial T_d}{\partial t} dt \cdot \pi (r_{po}^2 - r_{pi}^2) dz \quad (3-1-10)$$

将式（3-1-8）至式（3-1-10）代入式（3-1-7）有：

$$\lambda_d \frac{\partial^2 T_d}{\partial z^2} + \frac{2r_{po} h_{po}}{r_{po}^2 - r_{pi}^2}(T_a - T_d) + \frac{2r_{pi} h_{pi}}{r_{po}^2 - r_{pi}^2}(T_p - T_d) = \rho_d c_d \frac{\partial T_d}{\partial t} \quad (3-1-11)$$

式中 $\rho_d$——钻柱密度，kg/m³；

$c_d$——钻柱比热容，J/（kg·℃）。

**3. 环空内钻井液传热模型**

由图3-1-2可知，环空内钻井液在轴向上流入和流出的热量分别为 $Q_a(z+dz)$ 和 $Q_a(z)$，环空内钻井液流动摩擦生热为 $Q_{fa}$，在径向上由环空钻井液传递的热量为 $Q_{ap}$ 且地层传向环空钻井液的热量为 $Q_{la}$。在 d$t$ 时间内，环空钻井液在轴向上通过热对流方式流入和流出微元控制体 d$z$ 的热量之差 d$Q_1$ 为：

$$dQ_1 = Q_a(z) - Q_a(z+dz) = \rho_l c_l q [T_a(z,t) - T_a(z+dz,t)] dt \quad (3-1-12)$$

在裸眼井段，环空钻井液与地层直接通过热对流方式进行换热（图3-1-2）。但在封固井段，以单层套管和水泥环井段为例，径向上传热系统由地层—水泥环—套管—环空钻井液四个传热单元组成，如图3-1-3所示。

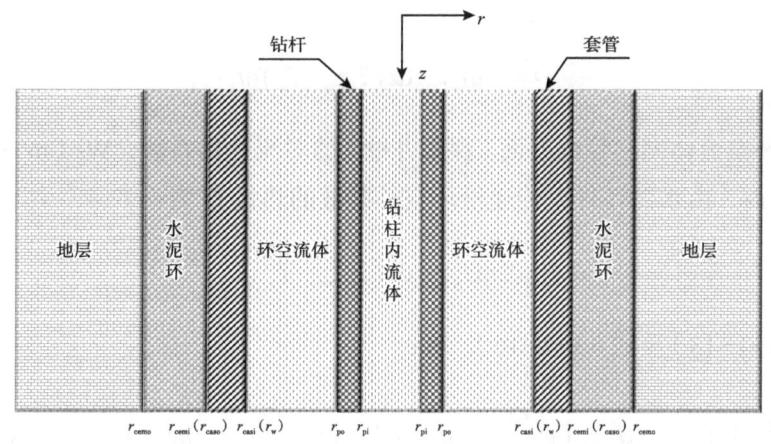

图3-1-3 封固井段径向上地层与井筒间各单元物理模型

通常认为地层经水泥环和套管传递至环空钻井液的热量 $Q$ 保持不变,且水泥环与井筒界面温度 $T_{\text{cemo}}$ 和井壁温度 $T_{\text{w}}$ 相等。根据长圆管壁一维稳态导热原理,在 $\mathrm{d}t$ 时间内水泥环外壁到水泥环内传递的热量 $Q$ 有:

$$Q = \frac{T_{\text{cemo}} - T_{\text{cemi}}}{\dfrac{1}{2\pi\lambda_{\text{cem}}}\ln(d_{\text{cemo}}/d_{\text{cemi}})}\mathrm{d}z\mathrm{d}t \qquad (3\text{-}1\text{-}13)$$

式中 $T_{\text{cemo}}$ ——水泥环外壁面温度,℃;

$T_{\text{cemi}}$ ——水泥环内壁面温度,℃;

$\lambda_{\text{cem}}$ ——水泥环导热系数,W/(m·℃);

$d_{\text{cemo}}$ ——水泥环外径,m;

$d_{\text{cemi}}$ ——水泥环内径,m。

在 $\mathrm{d}t$ 时间内,套管外壁到套管内壁传递的热量 $Q$ 为:

$$Q = \frac{T_{\text{caso}} - T_{\text{casi}}}{\dfrac{1}{2\pi\lambda_{\text{cas}}}\ln(d_{\text{caso}}/d_{\text{casi}})}\mathrm{d}z\mathrm{d}t \qquad (3\text{-}1\text{-}14)$$

式中 $T_{\text{caso}}$ ——套管外壁面温度,℃;

$T_{\text{casi}}$ ——套管内壁面温度,℃;

$\lambda_{\text{cas}}$ ——套管导热系数,W/(m·℃);

$d_{\text{caso}}$ ——套管外径,m;

$d_{\text{casi}}$ ——套管内径,m。

在 $\mathrm{d}t$ 时间内,环空钻井液同套管内壁间以对流换热方式进行热量交换,传递的热量 $Q$ 为:

$$Q = 2\pi h_{\text{w}} r_{\text{casi}}\mathrm{d}z(T_{\text{casi}} - T_{\text{a}})\mathrm{d}t \qquad (3\text{-}1\text{-}15)$$

式中 $h_{\text{w}}$ ——环空流体同套管内壁面(裸眼井壁)的对流换热系数,W/(m²·℃)。

在 $\mathrm{d}t$ 时间内,由水泥环外壁传递给环空钻井液的热量 $Q$ 为:

$$Q = 2\pi U_{\text{w}} r_{\text{casi}}\mathrm{d}z(T_{\text{cemo}} - T_{\text{a}})\mathrm{d}t \qquad (3\text{-}1\text{-}16)$$

整理式(3-1-13)至式(3-1-16),有:

$$\frac{Q}{\lambda_{\text{cem}}}\ln(d_{\text{cemo}}/d_{\text{cemi}}) + \frac{Q}{\lambda_{\text{cas}}}\ln(d_{\text{caso}}/d_{\text{casi}}) + \frac{Q}{h_{\text{w}} r_{\text{casi}}} = 2\pi\mathrm{d}z(T_{\text{cemo}} - T_{\text{a}})\mathrm{d}t \qquad (3\text{-}1\text{-}17)$$

将式（3-1-17）代入式（3-1-15），环空钻井液至水泥环外壁的综合传热系数 $U_w$：

$$\frac{1}{U_w} = \frac{1}{h_w} + \frac{r_{casi}}{\lambda_{cas}}\ln(d_{caso}/d_{casi}) + \frac{r_{casi}}{\lambda_{cem}}\ln(d_{cemo}/d_{cemi}) \quad (3\text{-}1\text{-}18)$$

式中 $U_w$——环空钻井液至水泥环外壁的综合传热系数，W/（m²·℃）。

在裸眼井段，环空钻井液至裸眼井壁的综合传热系数 $U_w = h_w$。同理，对于井下封固井段有多层水泥环和套管的传热问题，综合传热系数 $U_w$ 可用式（3-1-19）表示：

$$\frac{1}{U_w} = \frac{1}{h_w} + \sum_{j=1}^{M}\frac{r_w \ln(d_{jo}/d_{ji})}{\lambda_j} \quad (3\text{-}1\text{-}19)$$

式中 $r_w$——井眼半径（套管内半径），m；
  $M$——井眼某深度处套管和水泥环层数；
  $d_{jo}$——某层套管或水泥环的外径，m；
  $d_{ji}$——某层套管或水泥环的内径，m。

在 d$t$ 时间内，环空内钻井液在径向上通过对流换热方式与钻柱外壁和地层交换的热量 $dQ_2$ 为：

$$dQ_2 = 2\pi r_w U_w(T_w - T_a)dzdt - 2\pi r_{po}h_{po}(T_a - T_d)dzdt \quad (3\text{-}1\text{-}20)$$

式中 $T_w$——井壁温度，℃。

在 d$t$ 时间内，微元控制体 d$z$ 由于环空内流体流动产生的摩擦所做的功 d$W$ 为：

$$dW = Q_{fa}dzdt \quad (3\text{-}1\text{-}21)$$

在 d$t$ 时间内，微元控制体 d$z$ 内能的增量为：

$$dE = \pi\rho_1 c_1 \frac{\partial T_a}{\partial t}(r_w^2 - r_{po}^2)dzdt \quad (3\text{-}1\text{-}22)$$

将式（3-1-12）至式（3-1-22）代入式（3-1-1）有：

$$\rho_1 q c_1 \frac{\partial T_a}{\partial z} + 2\pi r_w U_w(T_f - T_a) + 2\pi r_{po}h_{po}(T_d - T_a) + Q_{fa} = \rho_1 c_1 \pi(r_w^2 - r_{po}^2)\frac{\partial T_a}{\partial t} \quad (3\text{-}1\text{-}23)$$

式中 $T_f$——地层温度，℃；
  $Q_{fa}$——环空内摩阻产生的热量，W/m；
  $h_{po}$——钻柱外壁面的对流换热系数，W/（m²·℃）。

### 4. 地层传热模型

在柱坐标系下，地层导热微分方程可表示如下[16]：

$$\frac{\partial^2 T_f}{\partial r^2} + \frac{1}{r}\frac{\partial T_f}{\partial r} + \frac{\partial^2 T_f}{\partial z^2} = \frac{\rho_f c_f}{\lambda_f}\frac{\partial T_f}{\partial t} \quad (3-1-24)$$

式中　　$r$——径向距离，m；

　　　　$\lambda_f$——地层导热系数，W/(m·K)；

　　　　$c_f$——岩石比热容，J/(kg·℃)；

　　　　$\rho_f$——岩石密度，kg/m³。

### 四、初始条件和边界条件

上文给出了直井和水平井钻井过程中井筒瞬态温度场的控制方程，为了确保控制方程有确定解，还应给出定解问题相应的初始条件和边界条件。同时，考虑到水平井钻井的特点，对于水平井直井段、造斜段和水平段应分别给出定解条件。

**1. 直井定解条件**

1) 初始条件

对于各传热单元，其初始温度都假设与原始地层温度相等：

$$T_p\big|_{z,t=0} = T_d\big|_{z,t=0} = T_a\big|_{z,t=0} = T_f\big|_{r,z,t=0} = T_s + G_T z \quad (3-1-25)$$

式中　　$G_T$——地温梯度，℃/m；

　　　　$T_s$——地表温度，℃。

2) 边界条件

在井口（$z=0$）边界处，钻井液入口温度和钻井液出口温度都可通过井口仪器设备测量获得：

$$T_d\big|_{z=0,t} = T_{in} \quad (3-1-26)$$

$$T_a\big|_{z=0,t} = T_{out} \quad (3-1-27)$$

式中　　$T_{in}$——钻井液入口温度，℃；

　　　　$T_{out}$——钻井液出口温度，℃。

在井底（$z=H$）边界处，如果忽略在钻头处产生的热源项，那么通常认为钻柱内钻井液、钻柱壁和环空内钻井液的温度相等，有：

$$T_p\big|_{z=H,t} = T_d\big|_{z=H,t} = T_a\big|_{z=H,t} \quad (3-1-28)$$

式中　　$H$——井深，m。

在井底（$z=H$）边界处，当考虑钻头处产生的热源项，有：

$$T_{\mathrm{p}}\big|_{z=H,t} + T_{\mathrm{soure}} = T_{\mathrm{d}}\big|_{z=H,t} + T_{\mathrm{soure}} = T_{\mathrm{a}}\big|_{z=H,t} \tag{3-1-29}$$

式中　$T_{\mathrm{source}}$——热源项产生的温度，℃。

地层远边界处，地层温度不受井筒传热的影响，地层温度为原始地层温度：

$$\left.\frac{\partial T_{\mathrm{f}}(r,z,t)}{\partial r}\right|_{r\to\infty} = 0 \tag{3-1-30}$$

在地层和井眼的交界处，地层以导热方式通过井壁流入井眼的热量，与井壁在径向上通过热对流方式同环空钻井液交换的热量相等，即

$$\lambda_{\mathrm{f}}\left|\frac{\partial T_{\mathrm{f}}(r,z,t)}{\partial r}\right|_{r=r_{\mathrm{w}}} = h_{\mathrm{w}}\left[T_{\mathrm{f}}(r_{\mathrm{w}},z,t) - T_{\mathrm{a}}(z,t)\right] \tag{3-1-31}$$

**2. 水平井定解条件**

1）直井段的初边值条件

（1）初始条件。

在直井段，各传热单元的初始温度都假设与原始地层温度相等：

$$T_{\mathrm{p}}\big|_{z,t=0} = T_{\mathrm{d}}\big|_{z,t=0} = T_{\mathrm{a}}\big|_{z,t=0} = T_{\mathrm{f}}\big|_{r,z,t=0} = T_{\mathrm{s}} + G_{\mathrm{T}}z \tag{3-1-32}$$

（2）边界条件。

在井口（$z=0$）边界处，钻井液入口温度和钻井液出口温度都可通过井口仪器设备测量获得：

$$T_{\mathrm{p}}\big|_{z=0,t} = T_{\mathrm{in}} \tag{3-1-33}$$

$$T_{\mathrm{a}}\big|_{z=0,t} = T_{\mathrm{out}} \tag{3-1-34}$$

在造斜点（$z=H_{\mathrm{kop}}$）处，直井段末端的温度等于造斜段起始的温度：

$$T_{\mathrm{p}}\big|_{z=H_{\mathrm{kop}},t} = T_{\mathrm{p\_kop}} \tag{3-1-35}$$

$$T_{\mathrm{a}}\big|_{z=H_{\mathrm{kop}},t} = T_{\mathrm{a\_kop}} \tag{3-1-36}$$

式中　$T_{\mathrm{p\_kop}}$——造斜点处钻柱内钻井液温度，℃；

　　　$T_{\mathrm{a\_kop}}$——造斜点处环空内钻井液温度，℃。

2）造斜段的初边值条件

（1）初始条件。

在造斜井段，各单元初始温度与地层原始温度相同：

$$T_p\big|_{z,t=0} = T_d\big|_{z,t=0} = T_a\big|_{z,t=0} = T_f\big|_{r,z,t=0}$$
$$= T_s + G_T H_{kop} + G_T \frac{2(H_{end} - H_{kop})}{\pi} \sin\left(\frac{z - H_{kop}}{H_{end} - H_{kop}}\pi\right) \quad (3-1-37)$$

式中　$H_{kop}$——造斜点井深，m；

$H_{end}$——水平段开始时的井深，m。

（2）边界条件。

造斜段末端和水平段起始处的温度相同：

$$T_p\big|_{z=H_{end},t} = T_{p\_end} \quad (3-1-38)$$

$$T_a\big|_{z=H_{end},t} = T_{a\_end} \quad (3-1-39)$$

式中　$T_{p\_end}$——水平段起始处钻柱内钻井液温度，℃；

$T_{a\_end}$——水平段起始处环空内钻井液温度，℃。

3）水平段的初边值条件

（1）初始条件。

在水平段，各单元初始温度与地层原始温度相同：

$$T_p\big|_{z,t=0} = T_d\big|_{z,t=0} = T_a\big|_{z,t=0} = T_f\big|_{r,z,t=0} = T_s + G_T H_{kop} + G_T \frac{2(H_{end} - H_{kop})}{\pi} \quad (3-1-40)$$

（2）边界条件。

地层远边界处，地层温度不受井筒传热的影响，地层温度为原始地层温度：

$$\left.\frac{\partial T_f(r,z,t)}{\partial r}\right|_{r\to\infty} = 0 \quad (3-1-41)$$

在地层和井眼的交界处，地层以导热方式通过井壁流入井眼的热量，与井壁在径向上通过热对流方式同环空钻井液交换的热量相等，即

$$\lambda_f \left|\frac{\partial T_f(r,z,t)}{\partial r}\right|_{r=r_w} = h_w\left[T_f(r_w,z,t) - T_a(z,t)\right] \quad (3-1-42)$$

## 第二节 关井期间井筒瞬态温度场

### 一、数学模型

在关井期间，井筒内流体处于静止状态，井筒内摩擦生热 $Q_{fp}$、钻柱旋转产生热量 $Q_{rp}$、钻头破岩热 $Q_{bp}$ 及钻井液经过喷嘴产生热量 $Q_{np}$ 都消失，井下各传热介质仅通过导热发生热交换 $Q_z$ 和 $Q_r$。以裸眼井段为例，钻柱内流体、钻柱壁、环空流体及地层之间的热量交换如图 3-2-1 所示。根据关井期间井内各介质热量传递方式，可将井内多层介质的传热过程视为沿轴向和径向的二维传热，有时候为了简化对问题的研究，通常也可以将其传热过程仅视为沿径向一维传热。

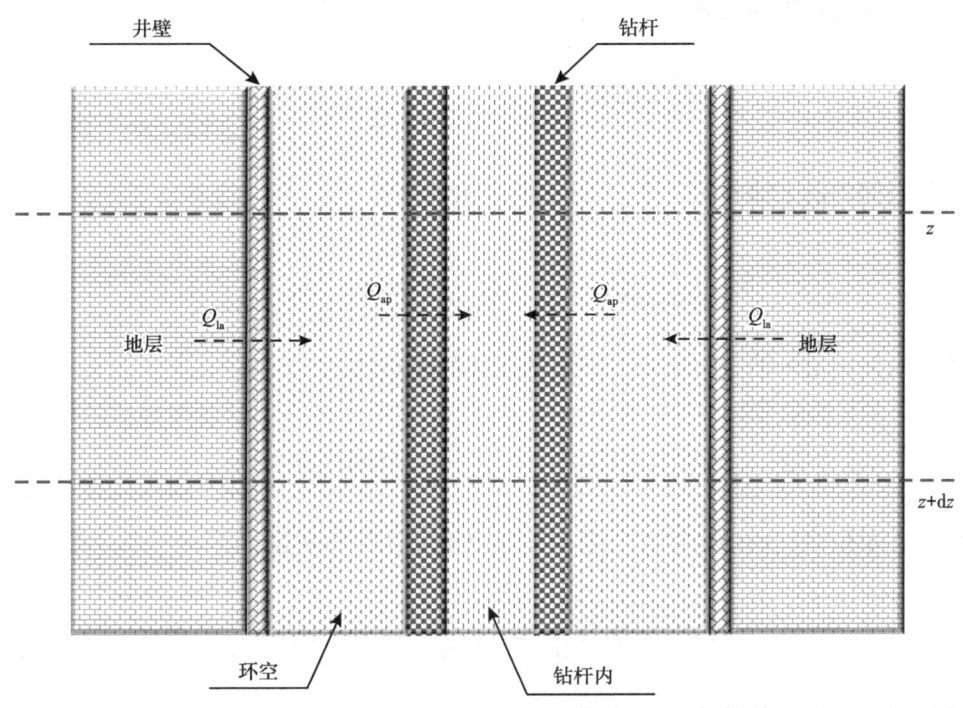

图 3-2-1 关井期间钻杆内流体—钻杆—环空流体—地层间热单元传递模型

在柱坐标系下选取一导热微元体，如图 3-2-2 所示。

在单位时间内沿 $r$ 轴方向、经 $r$ 表面导入的热量 $Q_r$ 为：

$$Q_r = -\lambda_i \left( \frac{\partial T_i}{\partial r} \right) r \mathrm{d}\varphi \mathrm{d}z \tag{3-2-1}$$

式中 $\lambda_i$——第 $i$ 层介质的导热系数，W/(m·℃)；

$T_i$——第 $i$ 层介质的温度，℃。

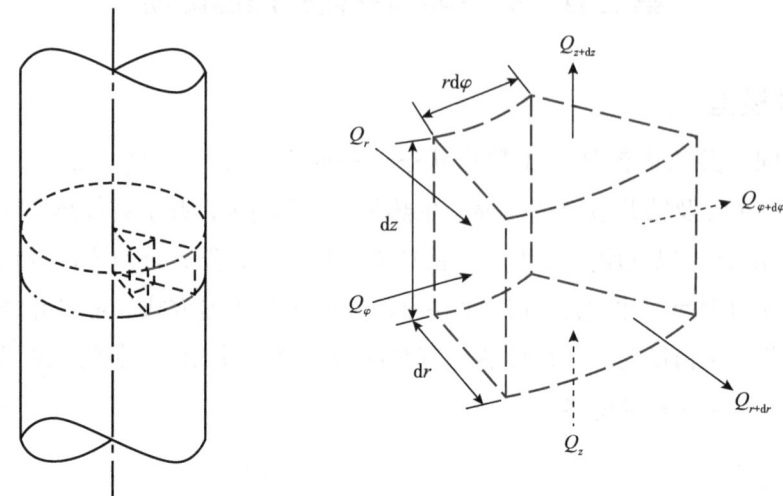

图 3-2-2 柱坐标系下导热微元体

在单位时间内沿 $r$ 轴方向、经 $r+dr$ 表面导出的热量 $Q_{r+dr}$ 为：

$$Q_{r+dr} = Q_r + \frac{\partial}{\partial r}\left[-\lambda_i\left(\frac{\partial T_i}{\partial r}\right)rd\varphi dz\right]dr \qquad (3-2-2)$$

在单位时间内沿 $r$ 轴方向导入与导出微元体的净热量：

$$Q_{r+dr} - Q_r = \frac{\partial}{\partial r}\left[-\lambda_i\left(\frac{\partial T_i}{\partial r}\right)rd\varphi dz\right]dr \qquad (3-2-3)$$

同理，在单位时间内沿 $z$ 轴方向导入与导出微元体的净热量：

$$Q_{z+dz} - Q_z = \frac{\partial}{\partial z}\left[-\lambda_i\left(\frac{\partial T_i}{\partial z}\right)rd\varphi dr\right]dz \qquad (3-2-4)$$

在单位时间内微元体热力学能增量 $dU$ 为：

$$dU = \rho_i c_i \frac{\partial T_i}{\partial t} rd\varphi drdz \qquad (3-2-5)$$

式中 $c_i$——第 $i$ 层介质的比热容，J/（kg·℃）；

$\rho_i$——第 $i$ 层介质的密度，kg/m³。

将式（3-2-2）至式（3-2-5）代入式（3-1-1）有：

$$\frac{\rho_i c_i}{\lambda_i}\frac{\partial T_i}{\partial t} = \frac{\partial^2 T_i}{\partial r^2} + \frac{1}{r}\frac{\partial T_i}{\partial r} + \frac{\partial^2 T_i}{\partial z^2} \qquad (3-2-6)$$

## 二、初始条件和边界条件

### 1. 初始条件

关井初始时刻各传热介质的温度为循环钻进结束时的温度，可通过对钻井循环期间的温度场模拟得到，则导热过程的初始条件可表示为：

$$T_{\text{shut}(i,j)}^{1} = T_{\text{cir}(i,j)}^{n} \quad (3\text{-}2\text{-}7)$$

式中 $T_{\text{shut}(i,j)}^{1}$ ——关井初始时刻第 $i$ 层介质的第 $j$ 节点的温度，℃；

$T_{\text{cir}(i,j)}^{n}$ ——循环结束时第 $i$ 层介质的第 $j$ 节点温度，℃。

热量从第 $i$ 层介质传递到第 $i+1$ 层介质时，交界面处传递的热量相等：

$$\lambda_i \frac{\partial T(r_i,z,t)}{\partial r_i} = \lambda_{i+1} \frac{\partial T(r_{i+1},z,t)}{\partial r_{i+1}} \quad (3\text{-}2\text{-}8)$$

### 2. 边界条件

地层远边界处，地层温度不受井筒传热的影响，地层温度为原始地层温度：

$$\left. \frac{\partial T_{\text{f}}(r,z,t)}{\partial r} \right|_{r \to \infty} = 0 \quad (3\text{-}2\text{-}9)$$

在井口处，各传热介质未与空气发生热交换：

$$\left. \frac{\partial T_i(r,z,t)}{\partial z} \right|_{z=0} = 0 \quad (3\text{-}2\text{-}10)$$

在井底处，各传热介质与下部地层不再发生热交换：

$$\left. \frac{\partial T_i(r,z,t)}{\partial z} \right|_{z=H} = 0 \quad (3\text{-}2\text{-}11)$$

## 第三节 对流换热关键参数

对流换热系数对井筒瞬态温度的分布影响较大，对流换热系数的经验计算公式如下：

$$h = \frac{Nu\lambda_1}{d} \quad (3\text{-}3\text{-}1)$$

式中 $h$ ——对流换热系数，W/（m²·℃）；

$Nu$ ——努塞尔数；

$d$——直径，m；

$\lambda_l$——钻井液导热系数，W/(m·℃)。

但对于幂律流体，采用式（3-3-2）来确定紊流中的对流换热系数：

$$h = \frac{St \cdot \lambda_l}{d} \quad (3-3-2)$$

式中　$St$——斯坦顿数。

通常，对流换热系数与努塞尔数 $Nu$ 紧密相关，并且圆管和环空下的努塞尔数 $Nu$ 计算表达式一般不同。努塞尔数 $Nu$ 表达式与流动形态相关，在单相流情况下流体会呈现层流、过渡流和紊流三种流动形态。

## 一、层流

层流状态下，Sieder 和 Tate[17] 提出了常壁面温度对流换热式：

$$Nu = 1.86 Re^{1/3} Pr_f^{1/3} \left(\frac{d_e}{l}\right)^{1/3} \left(\frac{\mu_f}{\mu_w}\right)^{0.14} \quad (3-3-3)$$

式中　$Pr_f$——平均温度 $T_f$ 下流体普朗特数；

$\mu_f$——平均温度 $T_f$ 下流体的动力黏度，N·s/m²；

$\mu_w$——壁面温度为 $T_w$ 下流体的动力黏度，N·s/m²；

$d_e$——当量直径，m；

$l$——管长，m。

当圆管较长时，$Re^{1/3} Pr_f^{1/3} \left(\frac{d_e}{l}\right)^{1/3} \left(\frac{\mu_f}{\mu_w}\right)^{0.14} \leqslant 2$，则努塞尔数 $Nu$ 可当作常数处理，有：

$$\begin{cases} Nu = 4.364, & q = c \\ Nu = 3.66, & T_w = c \end{cases} \quad (3-3-4)$$

式中：$c$ 为常数。

当热量 $q$ 为常数时大部分学者推荐努塞尔数 $Nu$ 取值 4.364，而少数学者在其温度场研究中其值采用 4.12；对于在壁面温度 $T_w$ 不变的情况下，努塞尔数 $Nu$ 值普遍采用 3.66[18-19]。同时，针对非牛顿流体中的幂律流体，Petersen[20] 等提出用流性指数 $n$ 对层流形态下的努塞尔数 $Nu$ 进行修正，有：

$$Nu = 4.364 \left(\frac{3n+1}{4n}\right)^{0.323} \quad (3-3-5)$$

对于幂律流体在层流状态下努塞尔数 $Nu$ 的计算，Marshall 提出了关系式[12]：

$$Nu = 3.65 + \frac{0.0668(d_e/l)}{1 + 0.04\left[(d_e/l)RePr_f\right]^{2/3}} \qquad (3-3-6)$$

## 二、紊流

圆管内强制对流情况下，不管是液体还是气体，当流体与壁面间具有中等以下温差时，努塞尔数 $Nu$ 有如下准则方程[21]：

$$Nu = 0.023Re^{0.8}Pr_f^n, Re > 1\times10^4, \ 0.7 \leqslant Pr_f \leqslant 160, \ l/d \geqslant 10 \qquad (3-3-7)$$

流体被加热时 $n=0.4$，流体被冷却时 $n=0.3$。当采用当量直径计算流体雷诺数 $Re$ 时，式（3-3-7）可用于环空中紊流状态下努塞尔数 $Nu$ 准则方程式[21]。并且流体与壁面之间温差变化较大时，流体物性参数有明显的变化，努塞尔数 $Nu$ 准则方程式也存在较大差异，则可采用如下关联式[17]：

$$Nu = 0.027Re^{0.8}Pr_f^{1/3}\left(\frac{\mu_f}{\mu_w}\right)^{0.14}, Re > 1\times10^4, 0.7 \leqslant Pr_f \leqslant 160, l/d \geqslant 10 \qquad (3-3-8)$$

式（3-3-8）考虑了流体物性参数变化对努塞尔数 $Nu$ 的影响，当壁面温度 $T_f$ 高于流体温度 $T_w$ 时，流体被加热，有 $(\mu_f/\mu_w)^{0.14} > 1$；反之，当流体被冷却时，$(\mu_f/\mu_w)^{0.14} < 1$。

针对完全发展的湍流（雷诺数 $Re > 10^4$），Petukhov[22] 于 1970 年提出了努塞尔数 $Nu$ 的准则方程：

$$Nu = \frac{(f/8)RePr_f}{1.07 + 12.7(f/8)^{0.5}\left(Pr_f^{2/3} - 1\right)}, \ 1\times10^4 < Re < 5\times10^6, 0.5 < Pr_f < 200 \qquad (3-3-9)$$

式中 $f$——摩擦系数。

为了能够使 Petukhov 表达式计算过渡流下的努塞尔数 $Nu$，Gnielinski[23] 对 Petukhov 的式子进行了修正，提出了如下表达式：

$$Nu = \frac{(f/8)(Re-1000)Pr_f}{1.07 + 12.7(f/8)^{0.5}\left(Pr_f^{2/3} - 1\right)}, \ 2300 < Re < 5\times10^6, 0.5 < Pr_f < 200 \qquad (3-3-10)$$

针对幂律流体，Marshall[12] 推荐采用 Lakshminarayanan 等建立的努塞尔数 $Nu$ 表达式：

$$Nu = 0.0107Re^{0.67}Pr_f^{0.33} \qquad (3-3-11)$$

## 三、过渡流

当圆管内流体雷诺数 $2300 < Re < 10^4$ 时，流体在圆管内呈过渡流状态。在这种流动状态下，流体流动特征介于层流和紊流之间，其换热规律复杂。因此，一部分学者采用与

紊流状态相同准则方程来近似计算努塞尔数 $Nu$；另一部分学者根据实验数据整理得到了如下经验公式：

$$Nu = 0.0214\left(Re^{0.87} - 280\right)Pr_f^{0.4}\left[1 + \left(\frac{d_e}{l}\right)^{\frac{2}{3}}\right]\left(\frac{Pr_f}{Pr_w}\right)^{0.11}, \quad (3-3-12)$$

$$1.5 < Pr_f < 500,\ 0.05 < Pr_f/Pr_w < 20,\ 2300 < Re < 1 \times 10^4$$

式中　$Pr_w$——壁面温度 $T_w$ 下流体普朗特数。

## 第四节　钻井过程热源项

### 一、钻头破碎岩石产生的热量

为了计算钻头破岩过程中与岩石摩擦产生的热量，Warrant[24] 基于对前人研究工作的总结，提出了能量平衡的概念并给出了相应的热量计算公式：

$$Q_{bit} = \frac{1}{J}(1-\beta)(\text{WOB}\cdot\text{ROP} + 2\pi\omega T) \quad (3-4-1)$$

式中　$Q_{bit}$——钻头处摩擦生热量，J；
　　　$J$——焦耳常数；
　　　$\beta$——钻头效率；
　　　WOB——钻压，kN；
　　　ROP——机械钻速，m/h；
　　　$\omega$——转速，r/min；
　　　$T$——钻头扭矩，N·m。

### 二、钻井液循环摩擦生热量

钻井液流经井下循环系统的不同部分时，由于各部分特点，会呈现不同的流动规律及摩阻压降。循环压耗主要包括三个部分：（1）钻柱内的黏性耗散；（2）钻头喷嘴处压耗；（3）环空内的黏性耗散。对钻井液在钻柱内和环空内流动过程中产生的循环压耗计算，国内外已发表的大量文献和出版的著作上均有详细阐述，这里不再赘述。对于钻头喷嘴压降公式有：

$$\Delta p_{bit} = \frac{\rho_L q_{rate}^2}{2C_e^2 A_e} \quad (3-4-2)$$

式中　$\Delta p_{\text{bit}}$——钻头喷嘴压降，Pa；

　　　$\rho_{\text{L}}$——流体密度，kg/m³；

　　　$q_{\text{rate}}$——钻井液排量，L/s；

　　　$C_{\text{e}}$——钻头喷嘴流量系数；

　　　$A_{\text{e}}$——钻头喷嘴面积，m²。

因此，在求得井下循环系统各部分的压降后，则可以采用式（3-4-3）来计算各部分产生的热源项：

$$Q = \frac{\Delta p q}{\rho_{\text{l}}} \qquad (3-4-3)$$

式中　$\Delta p$——压降，Pa。

## 第五节　模型离散与求解

通过求解上述井筒瞬态温度场控制微分方程，即可获得井筒瞬态温度剖面。但井筒瞬态温度场的数学模型过于复杂，尽管模型建立过程中做了一系列简化，同时也确定了初始条件和边界条件，但目前仍然无法得到控制方程的解析解，因此本节采用有限差分法进行求解。控制方程组的求解区域包括井筒和地层，将整个二维面区域在轴向和径向上进行离散化处理（图3-5-1），并且在每个网格的节点上建立差分方程。同时考虑到编程的方便，

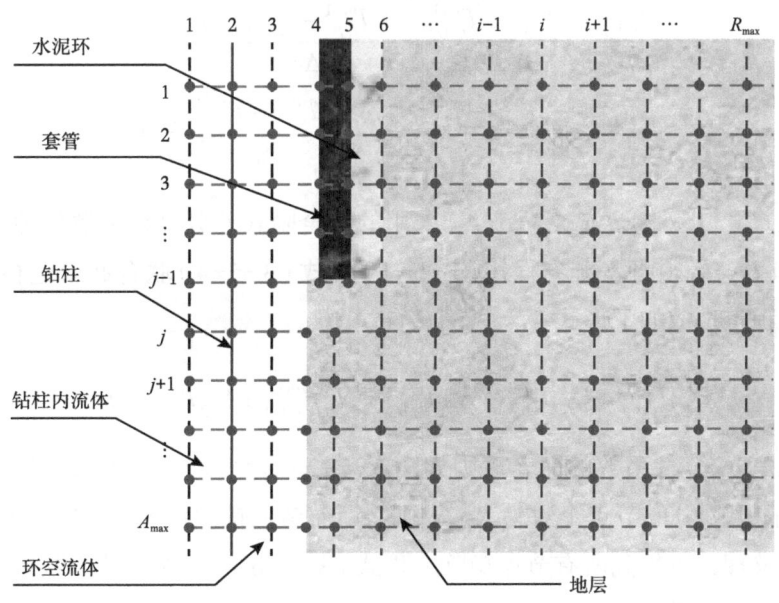

图 3-5-1　井筒—地层二维面区域网格划分

将 $T_p$、$T_d$ 和 $T_a$ 分别记为 $T_1$、$T_2$ 和 $T_3$，上下标符号 $n$、$i$ 和 $j$ 分别表示时间编号、径向网格编号和轴向网格编号。因此，井筒瞬态温度场控制微分方程组可表示为如下离散方程组。

钻柱内钻井液：

$$Q_p - \rho_l q c_l \frac{T_{1,j}^{n+1} - T_{1,j-1}^{n+1}}{\Delta z} - 2\pi r_{pi} h_{pi} \left( T_{1,j}^{n+1} - T_{2,j}^{n+1} \right) = \rho_l c_l \pi r_{pi}^2 \frac{T_{1,j}^{n+1} - T_{1,j}^{n}}{\Delta t} \quad (3\text{-}5\text{-}1)$$

钻柱壁：

$$\lambda_d \frac{T_{2,j+1}^{n+1} - 2T_{2,j}^{n+1} + T_{2,j-1}^{n+1}}{(\Delta z)^2} + \frac{2r_{po} h_{po}}{r_{po}^2 - r_{pi}^2} \left( T_{3,j}^{n+1} - T_{2,j}^{n+1} \right)$$

$$+ \frac{2r_{pi} h_{pi}}{r_{po}^2 - r_{pi}^2} \left( T_{1,j}^{n+1} - T_{2,j}^{n+1} \right) = \rho_d c_d \frac{T_{2,j}^{n+1} - T_{2,j}^{n}}{\Delta t} \quad (3\text{-}5\text{-}2)$$

环空内钻井液：

$$\rho_l q c_l \frac{T_{3,j}^{n+1} - T_{3,j-1}^{n+1}}{\Delta z} + 2\pi r_w U_w \left( T_{4,j}^{n+1} - T_{3,j}^{n+1} \right)$$

$$+ 2\pi r_{co} h_{co} \left( T_{2,j}^{n+1} - T_{3,j}^{n+1} \right) + Q_s = \rho_l c_l \pi \left( r_w^2 - r_{po}^2 \right) \frac{T_{3,j}^{n+1} - T_{3,j}^{n}}{\Delta t} \quad (3\text{-}5\text{-}3)$$

地层：

$$\frac{T_{i+1,j}^{n+1} - 2T_{i-1,j}^{n+1} + T_{i-1,j}^{n+1}}{(\Delta r)^2} + \frac{1}{r_i} \frac{T_{i,j}^{n+1} - T_{i,j-1}^{n+1}}{\Delta r}$$

$$+ \frac{T_{i,j+1}^{n+1} - 2T_{i,j}^{n+1} + T_{i,j-1}^{n+1}}{(\Delta z)^2} = \frac{\rho_f c_f}{\lambda_f} \frac{T_{i,j}^{n+1} - T_{i,j}^{n}}{\Delta t}, i \geq 4 \quad (3\text{-}5\text{-}4)$$

由于方程式（3-5-1）至式（3-5-4）采用的是全隐式差分进行离散处理，并不能直接求解 $T_p$、$T_d$ 和 $T_a$，必须将差分方程式（3-5-1）至式（3-5-4）联合起来进行求解。通常，将上述差分方程整理成如下形式：

$$W_{i,j} T_{i-1,j}^{n+1} + C_{i,j} T_{i,j}^{n+1} + E_{i,j} T_{i+1,j}^{n+1} + N_{i,j} T_{i,j-1}^{n+1} + S_{i,j} T_{i,j+1}^{n+1} = B_{i,j} \quad (3\text{-}5\text{-}5)$$

方程式（3-5-5）各系数的命名规则如图 3-5-2 所示。若井眼轴向上划分的节点个数为 $A_{max}$，在径向上划分的节点个数为 $R_{max}$，则将所有节点依次代入式（3-5-5）中，然后对所有节点进行整理，可得到所有节点矩阵方程式（3-5-6）。显然，该系数矩阵为五对角稀疏矩阵，采用追赶法进行求解。

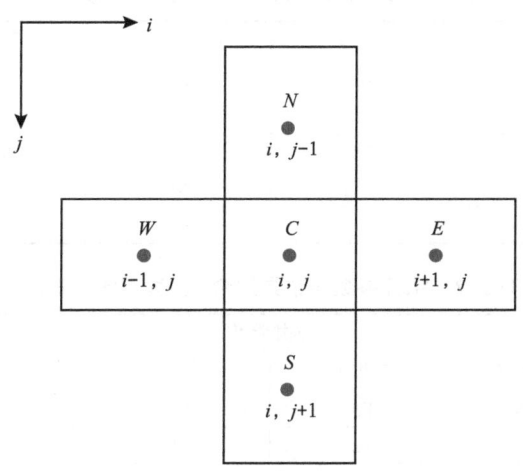

图 3-5-2　矩阵方程中各系数的命名规则

$$\begin{bmatrix} C & E & \cdots & S & & & & & & & \\ W & C & E & & S & & & & & & \\ \cdots & \cdots & \cdots & \cdots & \cdots & & & & & & \\ & W & C & E & & S & & & & & \\ & & W & C & E & & S & & & & \\ \cdots & & & & & & & \cdots & & & \\ & N & \cdots & & W & C & E & & & & \\ & & N & \cdots & & W & C & E & & & \\ & & & \cdots & \cdots & \cdots & \cdots & \cdots & & & \\ & & & & N & \cdots & & W & C & E & \\ & & & & & N & \cdots & & W & C \end{bmatrix}_{A_{\max}R_{\max} \times A_{\max}R_{\max}} \begin{bmatrix} T_{1,1}^{n+1} \\ T_{2,1}^{n+1} \\ \cdots \\ T_{i-1,j}^{n+1} \\ T_{i,j}^{n+1} \\ \cdots \\ T_{i^*,j^*}^{n+1} \\ T_{i^*+1,j^*}^{n+1} \\ \cdots \\ T_{A_{\max}-1,R_{\max}}^{n+1} \\ T_{A_{\max},R_{\max}}^{n+1} \end{bmatrix} = \begin{bmatrix} B_{1,1} \\ B_{2,1} \\ \cdots \\ B_{i-1,1} \\ B_{i,j} \\ \cdots \\ B_{i^*,j^*} \\ B_{i^*+1,j^*} \\ \cdots \\ B_{A_{\max}-1,R_{\max}} \\ B_{A_{\max},R_{\max}} \end{bmatrix} \quad (3\text{-}5\text{-}6)$$

## 第六节　模型验证

由于目前缺乏可用的新疆顺南和顺北区块深层高温高压深井实测井底循环温度的现场数据，因此本节以深层页岩气水平井 YH3-8 井的实测井底循环温度数据对井筒瞬态温度场模型进行验证。YH3-8 水平井是一口深层页岩气水平井，该井采用四开井身结构，实钻井身结构数据见表 3-6-1。在水平井段 5352~5718 m 钻井过程中采用的钻井参数及钻具组合见表 3-6-2。

表 3-6-1　YH3-8 水平井井身结构数据

| 开次 | 井眼尺寸 / mm | 井深 / m | 套管尺寸 / mm | 套管下深 / m | 水泥返深 / m |
|---|---|---|---|---|---|
| 一开 | 660.4 | 54 | 508.0 | 53.85 | 0 |
| 二开 | 444.5 | 1285 | 339.7 | 1282.96 | 0 |
| 三开 | 311.2 | 3242 | 244.5 | 3239.18 | 0 |
| 四开 | 215.9 | — | — | — | — |

表 3-6-2　钻井参数和钻具组合（井段 5352~5718 m）

| 钻井参数 | | | | | |
|---|---|---|---|---|---|
| 钻井液密度 / g/cm³ | 塑性黏度 / mPa·s | 动切力 / Pa | 排量 / L/s | 钻压 / kN | 转速 / r/min |
| 2.3 | 67 | 12 | 28 | 80 | 35 |
| 钻具组合 | | | | | |
| $\phi$215.9 mm 钻头 +$\phi$127 mm 无磁钻铤 ×9.05 m+$\phi$127 mm 加重钻杆 ×28.17 m+$\phi$127 mm 加重钻杆 ×46.66 m+$\phi$127 mm 钻杆 ×2442.46 m+$\phi$139 mm 加重钻杆 ×244.84 m+$\phi$127 mm 钻杆 ×1417.07 m+$\phi$139 mm 钻杆 | | | | | |

该区地面温度为 25 ℃，地温梯度 3.1 ℃/100 m，相关介质的热物性参数见表 3-6-3。

在四开正常钻进过程中，对井深 5375~5717 m 水平井段的井底流体循环温度进行了实时测量，同时也测量了井口钻井液入口温度，其温度随井深的变化如图 3-6-1 所示。

表 3-6-3　传热介质的热物性参数 [11-12, 25]

| 介质 | 密度 /（g/cm³） | 比热容 /[J/（kg·℃）] | 导热系数 /[W/（m·℃）] |
|---|---|---|---|
| 岩石 | 2.64 | 837 | 2.25 |
| 管柱 | 7.80 | 400 | 43.75 |
| 钻井液 | 2.14 | 1600 | 0.75 |

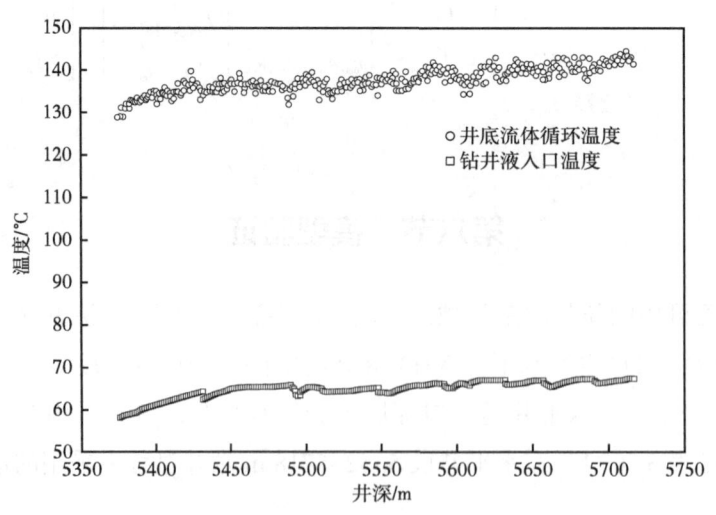

图 3-6-1　钻井液入口温度与井底流体循环温度（5375~5717 m）

从图 3-6-1 可以看出，随着井深不断增加，实测井底流体循环温度存在一定的上下波动现象，但整体上来讲，井底流体循环温度随着井深的增加而增加。这主要是因为实际钻井过程中，井下复杂情况的干扰及实钻井眼轨迹的不确定性等因素造成了温度上下波动。采用本书所建立的水平井井筒瞬态温度场模型，根据图 3-6-1 中已有的实测钻井液入口温度，并结合表 3-6-1 至表 3-6-3 基本数据，预测井底流体循环温度，其预测温度与实测温度值如图 3-6-2 所示。

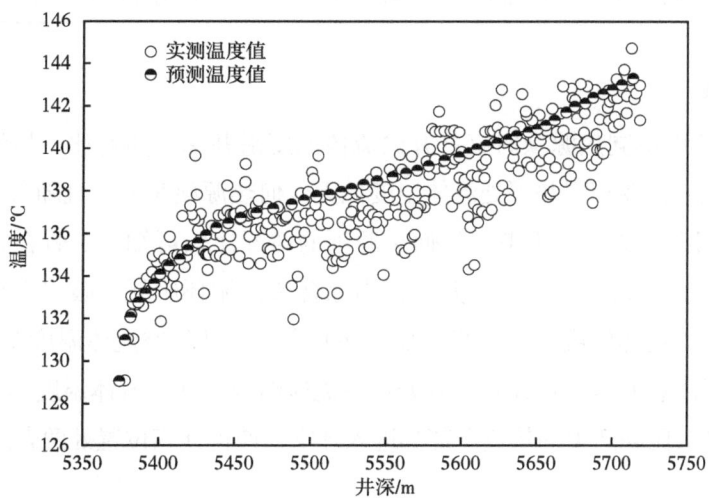

图 3-6-2　实测与预测井底流体循环温度对比（5375~5717 m）

## 第七节　超深直井井筒温度场敏感性因素分析

本节以新疆顺南构造某直井 SN-×× 为例，对直井瞬态温度场分布规律进行模拟分析。SN-×× 井实钻井身结构数据见表 3-7-1。在四开钻井过程中采用的钻井参数及钻具组合见表 3-7-2。该区地表温度为 15 ℃，地温梯度 2.4 ℃/100 m，传热介质的热物性参数见表 3-6-3。

表 3-7-1　SN-×× 直井井身结构数据

| 开次 | 井眼尺寸 /mm | 井深 /m | 套管尺寸 /mm | 套管下深 /m |
| --- | --- | --- | --- | --- |
| 一开 | 660.4 | 300.0 | 508.0 | 300.00 |
| 二开 | 444.5 | 3700.0 | 339.7 | 3698.02 |
| 三开 | 311.1 | 6300.0 | 244.5 | 6299.53 |
| 四开 | 215.9 | 6940.0 | 177.8 | 6093.00~6939.00 |
| 五开 | 149.2 | 7209.8 | — | — |

表 3-7-2　四开钻井参数和钻具组合

| | 钻井参数 | | | | | |
|---|---|---|---|---|---|---|
| 四开 | 钻井液密度 / g/cm³ | 塑性黏度 / mPa·s | 动切力 / Pa | 排量 / L/s | 钻压 / kN | 转速 / r/min |
| | 1.18~1.59 | 24 | 8 | 20~30 | 40 | 60 |
| | 钻具组合 | | | | | |
| | $\phi$215.9 mm PDC 钻头 +$\phi$158.7 mm 钻铤 ×9 根 +$\phi$127 mm 加重钻杆 ×5 柱 +$\phi$127 mm 钻杆 +$\phi$139.7 mm 钻杆 | | | | | |

## 一、热源项

图 3-7-1 是考虑不同热源项时直井井筒流体温度沿井深分布对比。显然，当考虑钻杆和环空内循环压耗时，在相同井深处流体温度比无任何热源项时大，且随着井深的增加，两者之间的差异越明显。通过与不考虑任何热源项的情况比较可知，二者在井底位置处环空流体温度差值为 2.3 ℃（图 3-7-1）。并且，当综合考虑循环压耗、破岩生热，以及钻头压耗时，在相同井深处流体温度会进一步增加，在井底位置处环空流体温度差值可达到 5.8 ℃（图 3-7-2）。值得注意的是，在井底位置处钻柱流体温度与环空流体温度不相等，这是因为假设破岩生热和钻头压耗产生的热量全部都进入环空，使得井底位置处两者温度不一样。

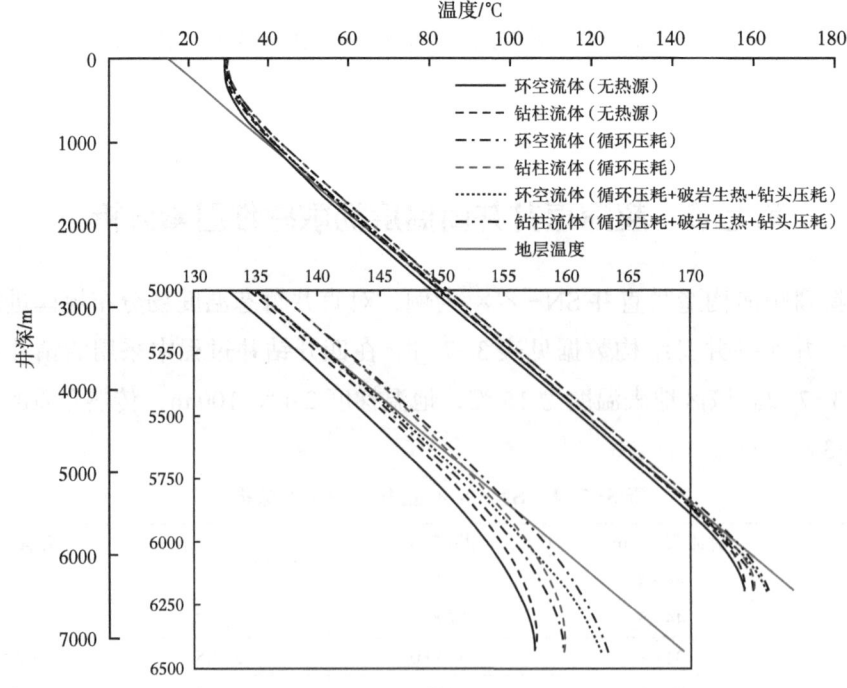

图 3-7-1　考虑不同热源项时直井井筒流体温度沿井深分布对比

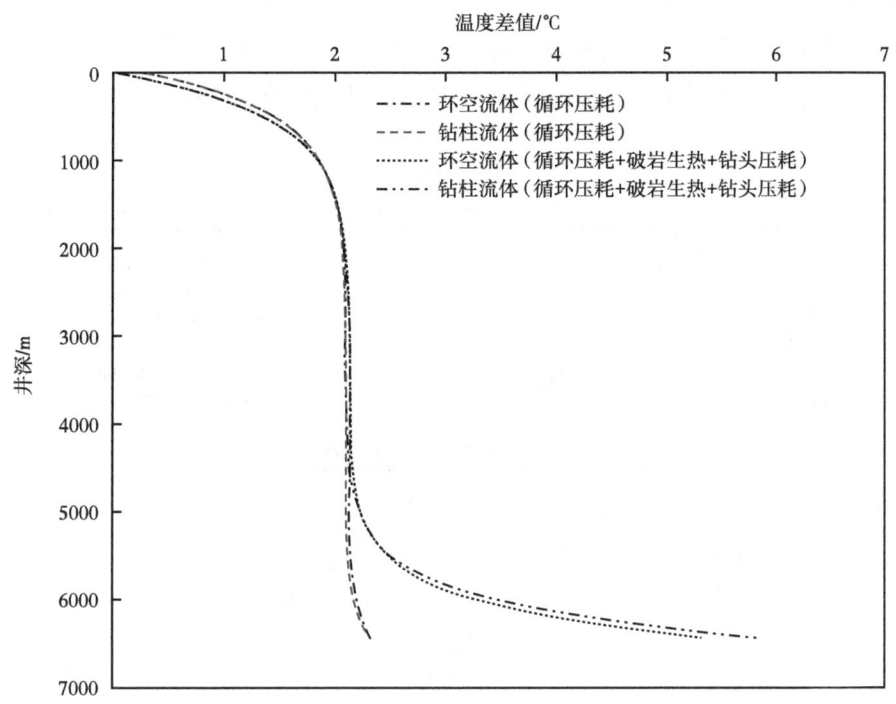

图 3-7-2　考虑不同热源项时直井井筒流体温度差值沿井深分布对比

## 二、循环时间

图 3-7-3 是不同循环时间下直井环空流体温度沿井深的分布,随着循环时间的不断增加,环空流体温度逐渐偏离原始地层温度,且上部井段和下部井段同一井深位置处环空流体温度变化呈现相反趋势。在初始时刻,近井壁温度未受扰动,仍为原始地层温度。当钻井液在井下循环流动时,下部地层温度高,钻井液通过对流传热方式不断从近井壁吸收热量,使得初始阶段下部井段环空流体温度与原始地层温度偏离程度较小,但同时也降低了近井壁温度;并且随着钻井液对近井壁持续冷却作用,下部井段近井壁温度逐渐偏离原始地层温度,使得单位时间内从近井壁传递给环空钻井液热量减少,从而下部井段同一井深位置处环空流体温度减小。另外,下部井段环空流体上返至井口过程中,其携带热量会持续不断加热上部井段环空流体。因此,随着循环时间的增加,上部井段同一井深位置处环空流体温度增加。

应当注意的是,当循环时间为 10 h 后,环空流体温度基本趋于稳定。不同循环时间下井底位置处地层温度分布如图 3-7-4 所示,井底位置处不同径向距离下地层温度随循环时间的变化如图 3-7-5 所示。显然,地层温度随循环时间的增加而降低,在循环时间 10 h 内近井壁温度从 174.3 ℃下降到 160.7 ℃,该温度与井底位置处环空流体温度几乎相等(图 3-7-3),

这是由于地层被环空流体连续冷却所致。因此，环空流体与地层之间的热交换较弱，使得环空流体温度在循环 10 h 后几乎保持不变。此外，地层温度的变化通常发生在井眼附近（0~10 m）。这意味着热量不能有效地从高温地层（未受扰动的地层）传递到近井壁。

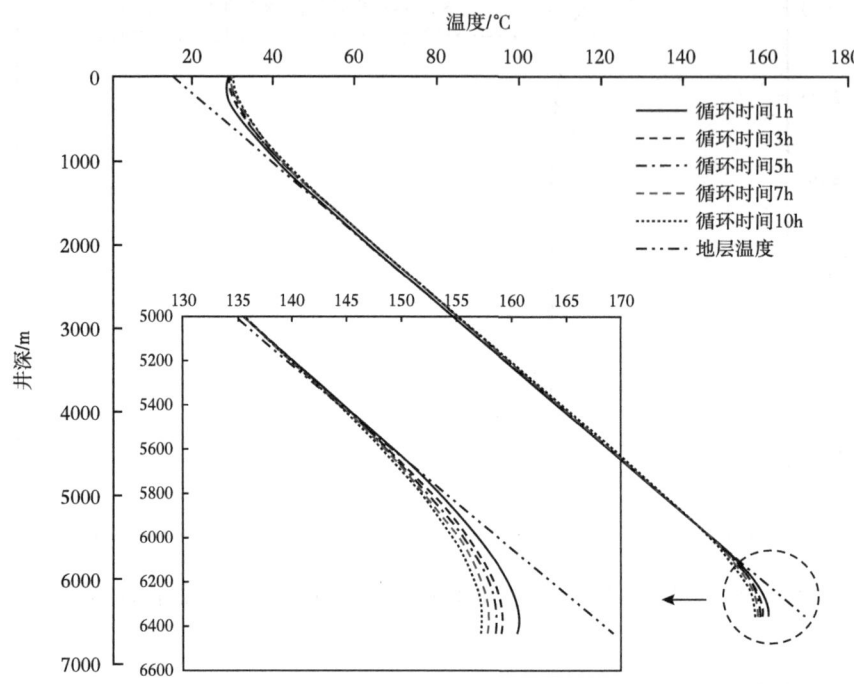

图 3-7-3　不同循环时间下直井环空流体温度沿井深的分布

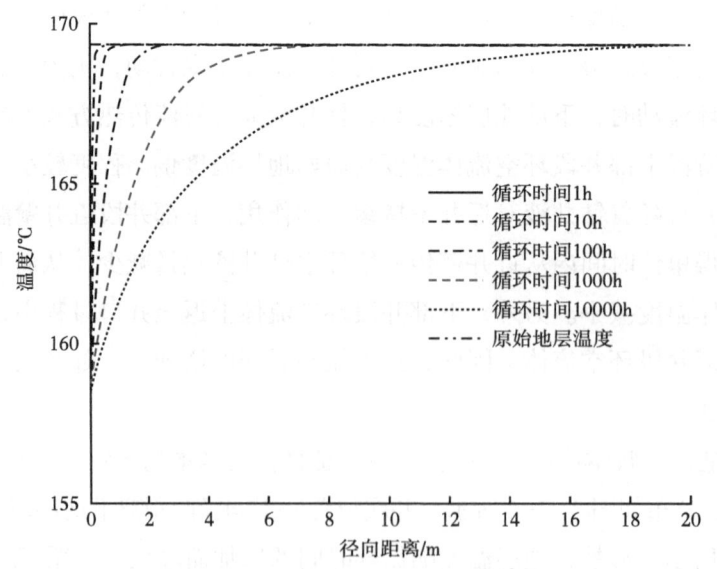

图 3-7-4　不同循环时间下井底位置处地层温度分布

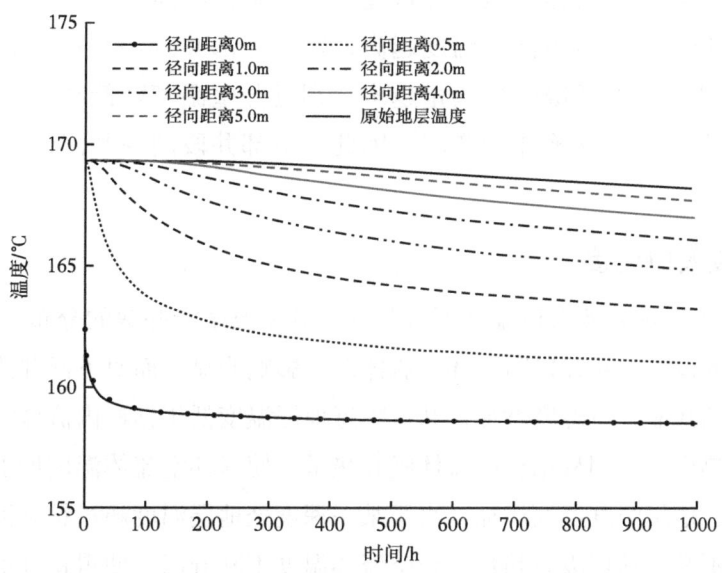

图 3-7-5　井底位置处不同径向距离下地层温度随循环时间的变化

## 三、循环排量

图 3-7-6 是不同钻井液循环排量下直井环空流体温度沿井深的分布。从图 3-7-6 可以看出，钻井液循环排量与循环时间对环空流体温度沿井深的分布具有相同的影响规律。

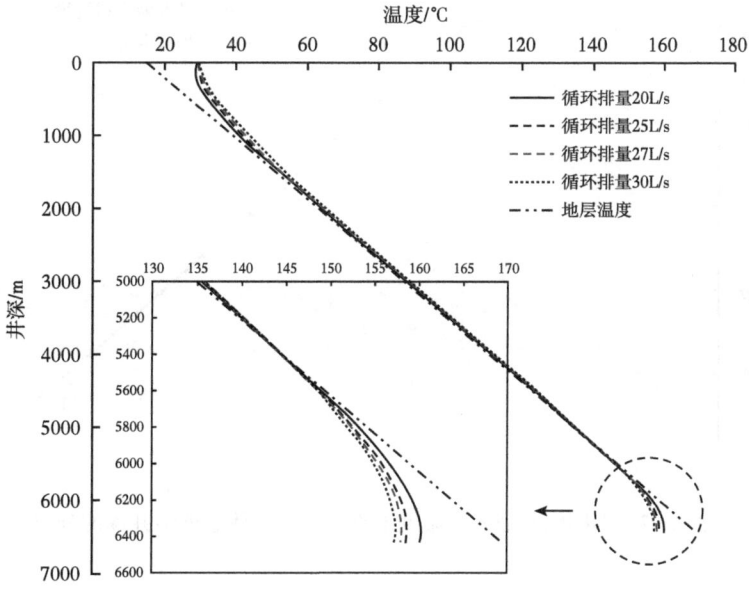

图 3-7-6　不同钻井液循环排量下直井环空流体温度沿井深的分布

排量越大,下部井段环空流体上返至井口过程中,单位时间内携带热量会越多,则上部井段同一井深位置处环空内流体温度越高;对于下部井段环空钻井液,单位时间内通过对流换热方式从近井壁吸收的热量越多,则近井壁温度降低越大,使得下部井段环空钻井液与近井壁间热交换作用变弱,因此,下部井段同一井深位置处环空流体温度越低。

### 四、钻井液入口温度

图 3-7-7 是不同钻井液入口温度下直井环空流体温度沿井深的分布。从图 3-7-7 可以看出,钻井液入口温度对井口附近环空流体温度影响明显,而对下部井段环空流体温度影响甚微。随着钻井液入口温度增加,井口附近地层温度低于钻杆内流体温度,则井口附近环空流体通过热交换作用从钻杆内流体吸收热量,使得环空流体温度增加;且钻井液沿钻杆下行过程中,地层温度逐渐增加,直至某一深度处地层温度超过钻井液入口温度,从而环空内流体将不断从地层吸收热量,环空流体温度不断升高,使得钻井液入口温度对下部井段环空流体温度几乎无影响。

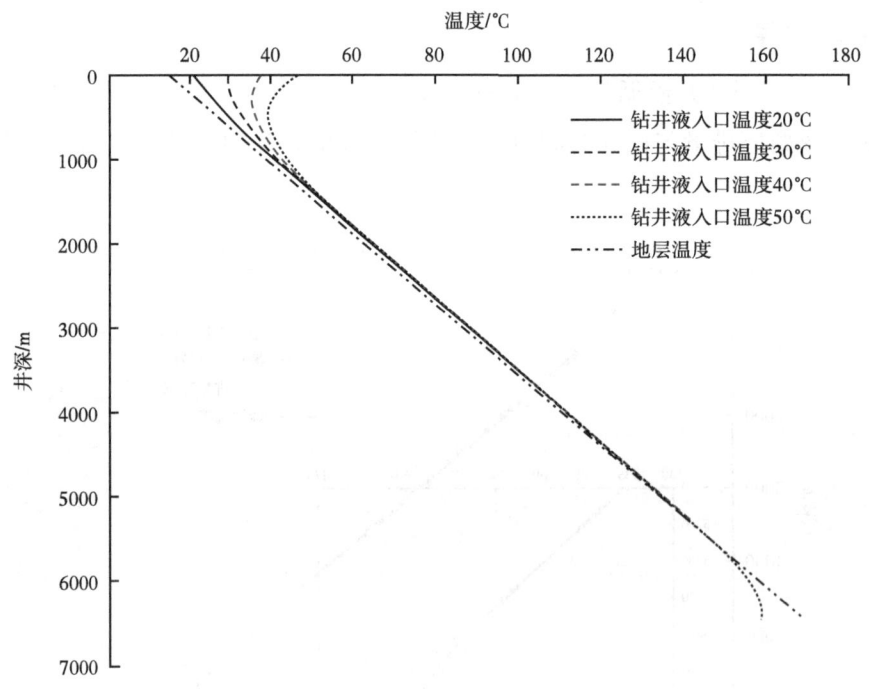

图 3-7-7 不同钻井液入口温度下直井环空流体温度沿井深的分布

### 五、钻井液导热系数

图 3-7-8 是不同钻井液导热系数下直井环空流体温度沿井深的分布。从图 3-7-8 可

以看出，随着钻井液导热系数的增加，上部井段和下部井段同一井深位置处环空流体温度变化呈现相反趋势，上部井段环空流体温度降低，下部井段环空流体温度增加。钻井液导热系数越大，钻井液热传导的能量就越大，对于下部井段，单位时间内通过热传导方式从近井壁吸收的热量越多，环空流体温度越高；对于上部井段，单位时间内从环空流体获取的热量越多，环空流体温度越低。

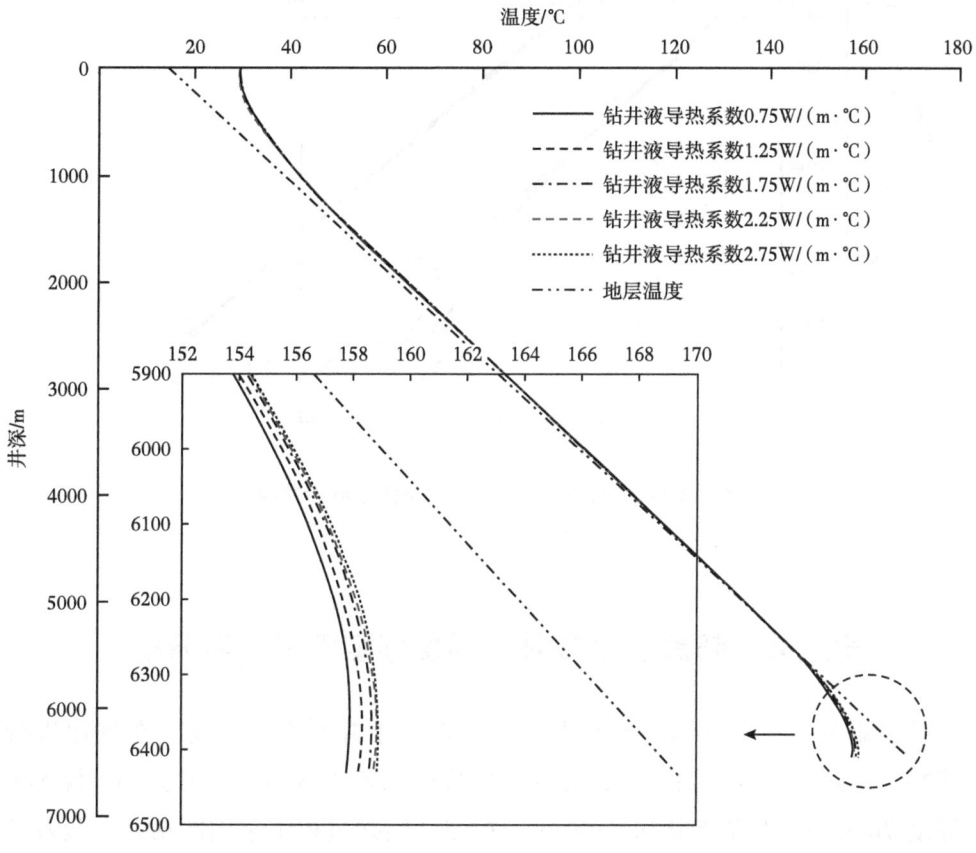

图 3-7-8　不同钻井液导热系数下直井环空流体温度沿井深的分布

## 六、关井时间

图 3-7-9 是不同关井时间下直井环空流体温度沿井深的分布。从图 3-7-9 可以看出，随着关井时间的增加，环空流体温度逐渐接近原始地层温度，环空流体温度在下部井段和上部井段变化趋势相反。结合图 3-7-3 可知，在循环钻进结束时上部井段环空流体温度高于地层温度，而下部井段环空流体温度低于地层温度。因此，在关井期间，上部井段环空流体的热量通过套管及水泥环等介质不断向地层扩散，下部井段环空流体不断从地层吸收热量，导致环空流体温度接近外界环境温度。

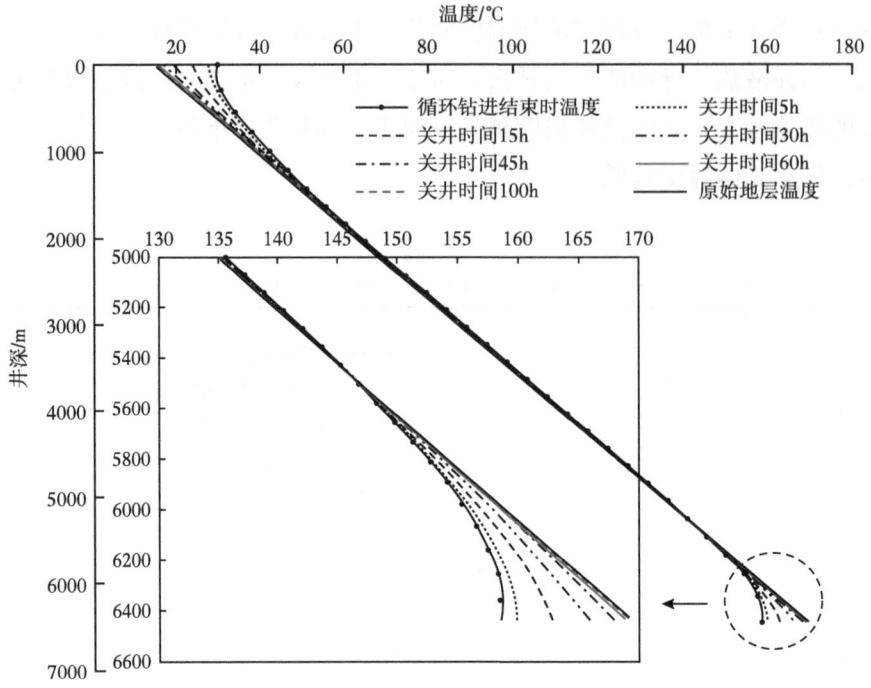

图 3-7-9　不同关井时间下直井环空流体温度沿井深的分布

## 第八节　超深水平井井筒温度场敏感性因素分析

本节以新疆某水平井 SHB-×× 井为例，对水平井瞬态温度场分布规律进行模拟分析。该井采用四开井身结构，实钻井身结构数据见表 3-8-1，该井完钻井深 8600 m，造斜点深度 7000 m，A 靶点井深 7600 m。在四开钻井过程中采用的钻井参数及钻具组合见表 3-8-2。该区地表温度为 15 ℃，地温梯度 2.3 ℃/100 m，传热介质的热物性参数见表 3-6-3。

表 3-8-1　SHB-×× 水平井井身结构数据

| 开次 | 井眼尺寸 /mm | 井深 /m | 套管尺寸 /mm | 套管下深 /m |
| --- | --- | --- | --- | --- |
| 一开 | 444.5 | 997 | 339.7 | 996.26 |
| 二开 | 311.2 | 6000 | 244.5 | 6000.00 |
| 三开 | 215.9 | 6950 | 177.8 | 6950.00 |
| 四开 | 149.2 | 8600 | | |

表 3-8-2 钻井参数和钻具组合

| 钻井参数 | | | | | |
| --- | --- | --- | --- | --- | --- |
| 钻井液密度 / g/cm³ | 塑性黏度 / mPa·s | 动切力 / Pa | 排量 / L/s | 钻压 / kN | 转速 / r/min |
| 1.4 | 30 | 9 | 13~16 | 80 | 30~60 |
| 钻具组合 | | | | | |
| $\phi$149.2 mm PDC（M1355）+$\phi$120 mm 螺杆（1.5°）+$\phi$88.9 mm 钻杆 ×120 根 +$\phi$88.9 mm 加重钻杆 ×55 根 +$\phi$88.9 mm 钻杆 +$\phi$127 mm 钻杆 ×318 根 +$\phi$139.7 mm 钻杆 | | | | | |

## 一、热源项

图 3-8-1 是考虑不同热源项时水平井井筒流体温度沿井深分布对比。显然，当考虑钻杆和环空内循环压耗时，在相同井深处流体温度比无任何热源项时大，且随着井深的增加，两者之间的差异越明显。如与不考虑任何热源项的情况比较，在井底位置处环空流体温度差值为 2.6 ℃（图 3-8-2）。并且，当综合考虑循环压耗、破岩生热及钻头压耗时，在相同井深处流体温度会进一步增加，在井底位置处环空流体温度差值可达到 4.5 ℃（图 3-8-2）。值得注意的是，在井底位置处钻柱流体温度与环空流体温度不相等，这是因为假设破岩生热和钻头压耗产生的热量全部都进入环空，使得井底位置处两者温度不一样。

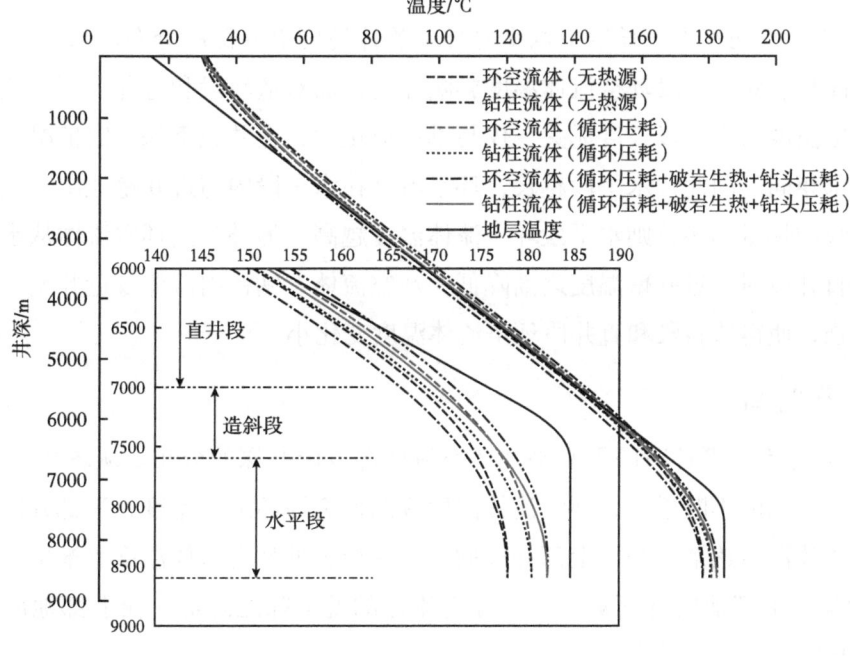

图 3-8-1 考虑不同热源项时水平井井筒流体温度沿井深分布对比

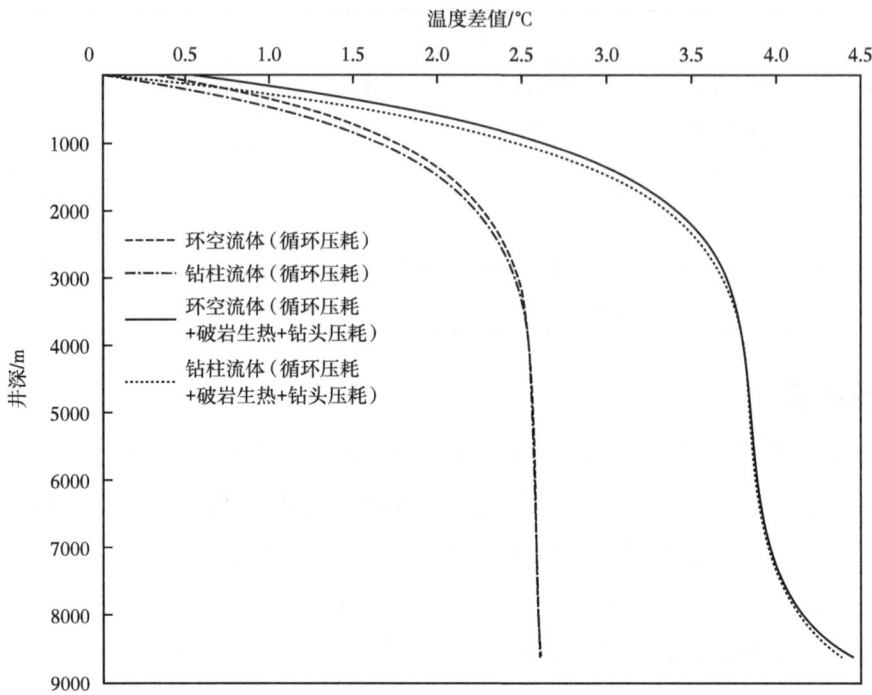

图 3-8-2　考虑不同热源项时水平井井筒流体温度差值沿井深分布对比

## 二、水平段长度

图 3-8-3 是不同水平段长度下水平井环空流体温度沿井深的分布。从图 3-8-3 可以看出，水平段长度对水平段环空流体温度影响显著，而对造斜段和直井段环空流体温度影响较小。地层温度与水平段长度无关，仅与垂深成正比，在井眼垂深一定情况下，水平段近井壁温度都相同。因此，水平段越长，环空流体在水平段内与近井壁地层对流换热时间越长，其吸收的热量越多，则水平段环空流体温度越高。另外，当环空流体从水平段上返至造斜段和直井段时，近井壁温度逐渐降低，环空流体、钻柱内流体及近井壁三者间的热交换作用增强，使得造斜段和直井段环空流体温度变化小。

## 三、循环时间

图 3-8-4 是不同循环时间下水平井环空流体温度沿井深的分布。从图 3-8-4 可以看出，随着循环时间的不断增加，环空流体温度逐渐偏离原始地层温度，下部井段同一井深位置处环空流体温度逐渐减小，上部井段同一井深位置处环空流体温度逐渐增大。随着循环时间的增加，下部地层逐渐被冷却，环空流体的温度随之降低，而上部地层逐渐被加热，环空流体的温度随之升高。

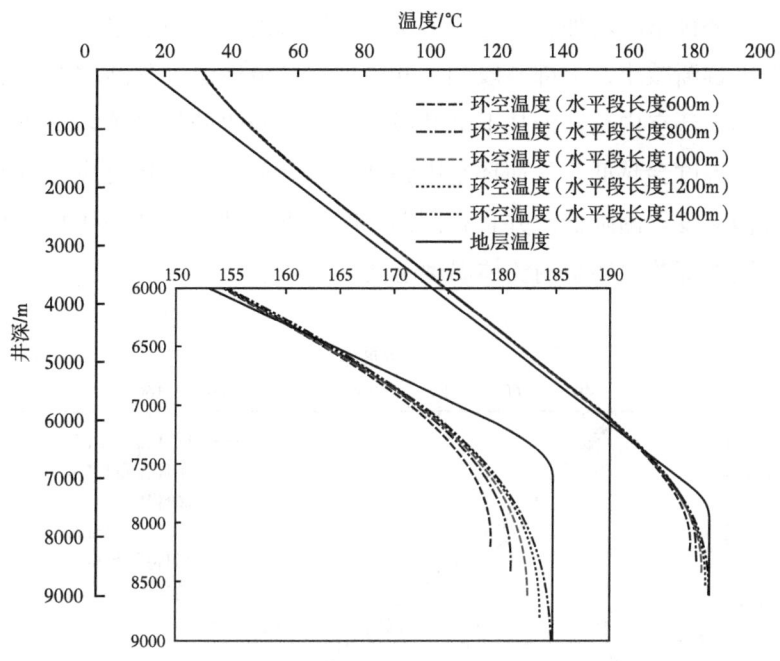

图 3-8-3　不同水平段长度下水平井环空流体温度沿井深的分布

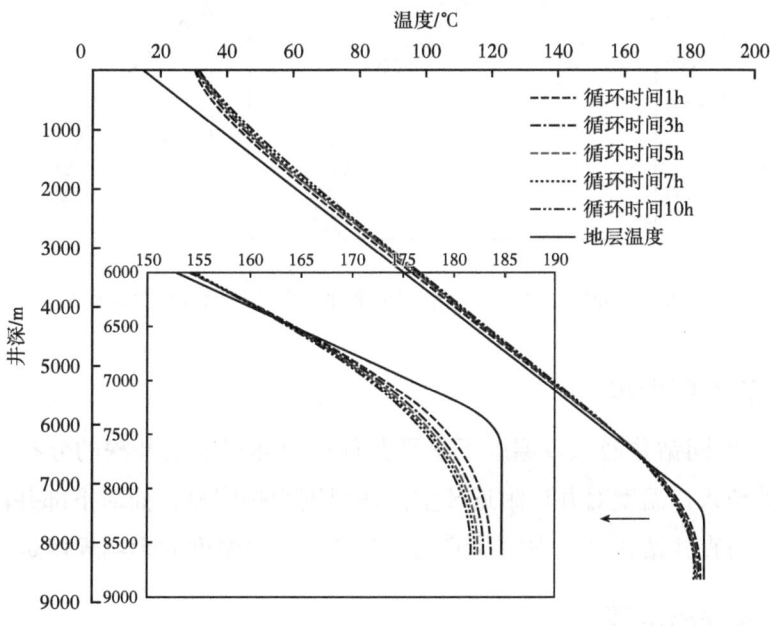

图 3-8-4　不同循环时间下水平井环空流体温度沿井深的分布

## 四、循环排量

图 3-8-5 是不同钻井液循环排量下水平井环空流体温度沿井深的分布。从图 3-8-5

可以看出，随着循环排量的增加，环空流体温度逐渐偏离原始地层温度，下部井段同一井深处环空流体温度逐渐减小，上部井段同一井深处环空流体温度逐渐增加。钻井液排量越大，相同循环时间下环空内钻井液从下部井段所在地层吸收的热量越多，则相应井深处近井壁地层被冷却后温度会越低，从而环空内钻井液与井壁之间的热交换作用越弱，则下部井段环空内钻井液温度逐渐降低。并且相同循环时间下钻井液从井底往井口上返过程中携带的热量越多，则上部井段环空内流体温度越高。

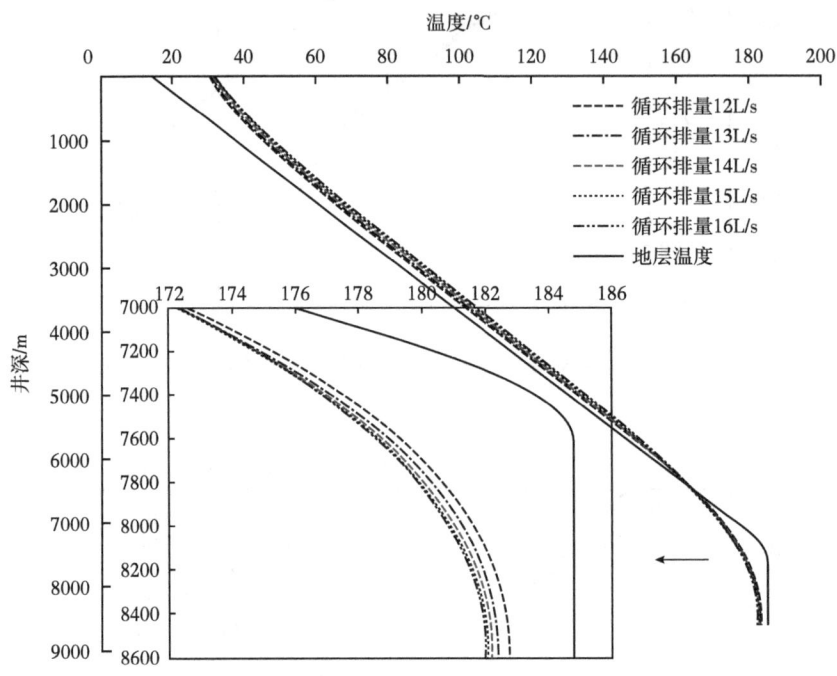

图 3-8-5　不同钻井液循环排量下水平井环空流体温度沿井深的分布

## 五、钻井液入口温度

图 3-8-6 是不同钻井液入口温度下水平井环空流体温度沿井深的分布。从图 3-8-6 可以看出，钻井液入口温度对井口附近环空流体温度影响明显，而对下部井段环空流体温度影响甚微。这与直井钻井过程中钻井液入口温度对井筒温度的影响规律是一致的。

## 六、钻井液导热系数

图 3-8-7 是不同钻井液导热系数下水平井环空流体温度沿井深的分布。从图 3-8-7 可以看出，随着钻井液导热系数的增加，上部井段和下部井段同一井深位置处环空流体温度变化呈现相反趋势，上部井段环空流体温度降低，下部井段环空流体温度增加。这与直井钻井过程中钻井液导热系数对井筒温度的影响规律是一致的。

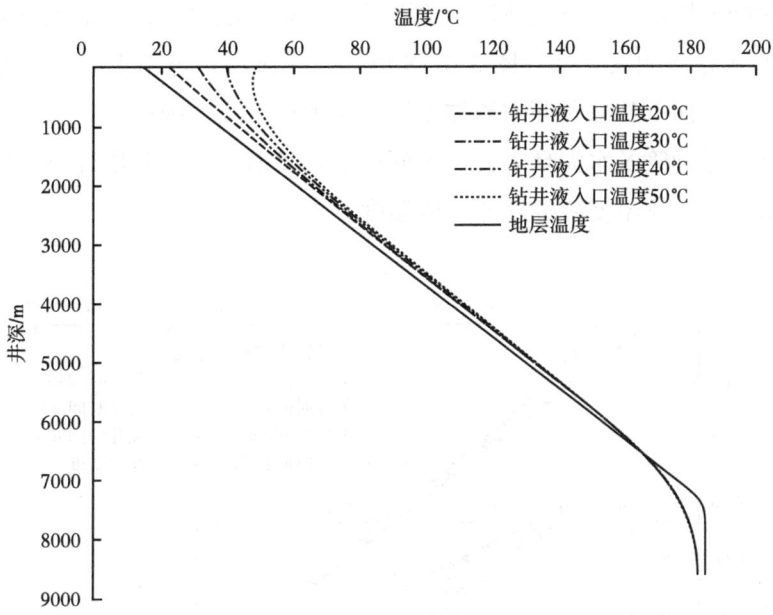

图 3-8-6　不同钻井液入口温度下水平井环空流体温度沿井深的分布

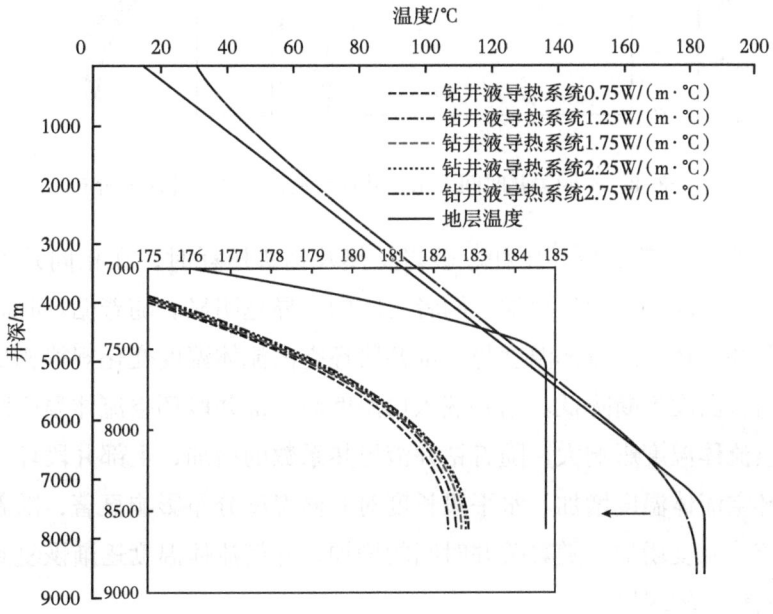

图 3-8-7　不同钻井液导热系数下水平井环空流体温度沿井深的分布

## 七、关井时间

图 3-8-8 是不同关井时间下水平井环空流体温度沿井深的分布。从图 3-8-8 可以看

出，随着关井时间的增加，环空流体温度逐渐接近原始地层温度，环空流体温度在下部井段和上部井段变化趋势相反。结合图 3-8-8 可知，在循环钻进结束时上部井段环空流体温度高于地层温度，而下部井段环空流体温度低于地层温度。因此，在关井期间，上部井段环空流体热量通过套管及水泥环等介质不断向地层扩散，下部井段环空流体不断从地层吸收热量，导致环空流体温度接近外界环境温度。

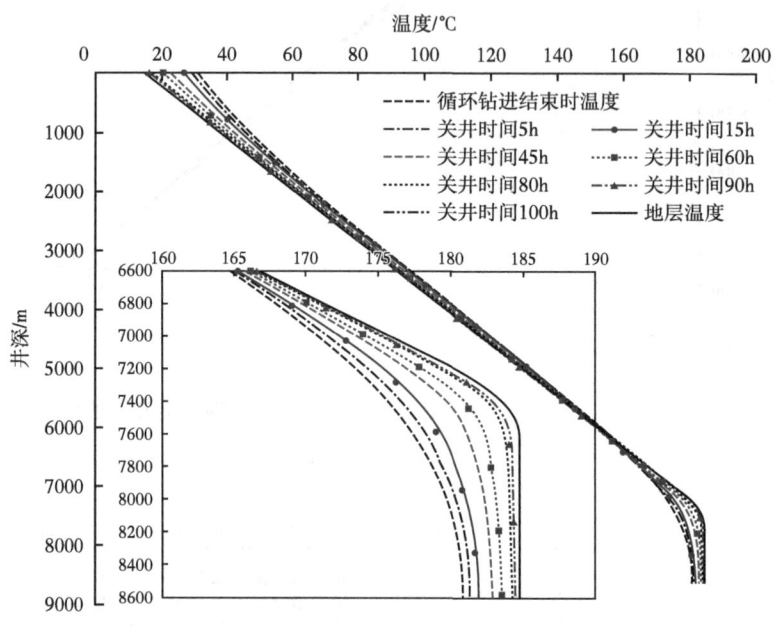

图 3-8-8　不同关井时间下水平井环空流体温度沿井深的分布

总而言之，当综合考虑循环压耗、破岩生热及钻头压耗时，在相同井深处流体温度比无热源项时大，且随着井深的增加，两者之间的差异越明显。随着循环时间和钻井液排量的增加，上部井段环空内流体温度与下部井段环空内流体温度变化规律相反，前者温度不断升高，而后者温度不断降低。钻井液入口温度对下部井段环空流体温度影响甚微，而对井口附近环空流体温度影响大。随着钻井液导热系数的增加，上部井段环空流体温度降低，下部井段环空流体温度增加。水平段长度对井筒温度分布影响显著，随着水平段长度的增加，环空流体温度增加。随着关井时间的增加，井筒流体温度逐渐恢复到原始地层温度，但恢复时间较长较缓慢。

# 第四章 超深复杂井钻井溢流期间环空瞬态多相流动规律特征

气侵是钻井作业时普遍发生的现象，如果控制不当会引发诸多事故。国外学者对气侵发生后环空多相流模型的研究始于 20 世纪 60 年代，先后建立并发展了适合于不同流动型态的均相流模型、分相流模型及漂移模型。与国外研究相比，国内对气侵发生后环空多相流动规律的研究工作起步相对较晚，最早可追溯到至 20 世纪 80 年代，在借鉴国外模型的理论方法和研究思路基础上，国内学者不断完善和丰富了环空瞬态多相流动模型。目前，井筒压力控制预测的研究工作重心主要集中在完善环空瞬态多相流动控制模型方面，但环空瞬态多相流模型仍存在一些不足：（1）并未考虑井筒压力—地层溢流耦合作用，仅将地层的气侵速率视为恒定不变；（2）未考虑气体在钻井液中的溶解对环空瞬态多相流动行为的影响。

## 第一节 超深复杂井溢流期间环空瞬态多相流动模型

### 一、物理模型

在钻井过程中，通常环空为单相流动。然而，钻井过程中井下情况复杂多变，当钻遇异常高压储层时，由于井筒压力小于地层压力，地层气体会侵入井筒，环空由单相流形成气液两相流。当气液两相流前缘经井底环空不断向井口运移时，由于井筒温度和压力变化，上升过程中气体体积会不断膨胀，导致井底压力降低，这使得井底负压差增加，进而导致气侵速率增加。气侵速率越高，井底压力降低得越多，进一步会使得气侵速率增加，从而形成"恶性"循环。另外，当侵入气体组分存在酸性气体或者采用油基钻井液钻井时，气体会溶解在钻井液中，使得地层气体侵入井筒后不仅存在自由气，而且还存在溶解气。并且采用油基钻井液钻井时，由于油基钻井液溶解度较高，在一定温度和压力条件下，侵入气体可以完全溶解在油基钻井液中，使得环空中下部也为单相流。随着环空流体上返，温度和压力降低，溶解气逐渐从油基钻井液中析出，以自由气形式存在，导致环空上部形成复杂的气液两相流（图 4-1-1）。

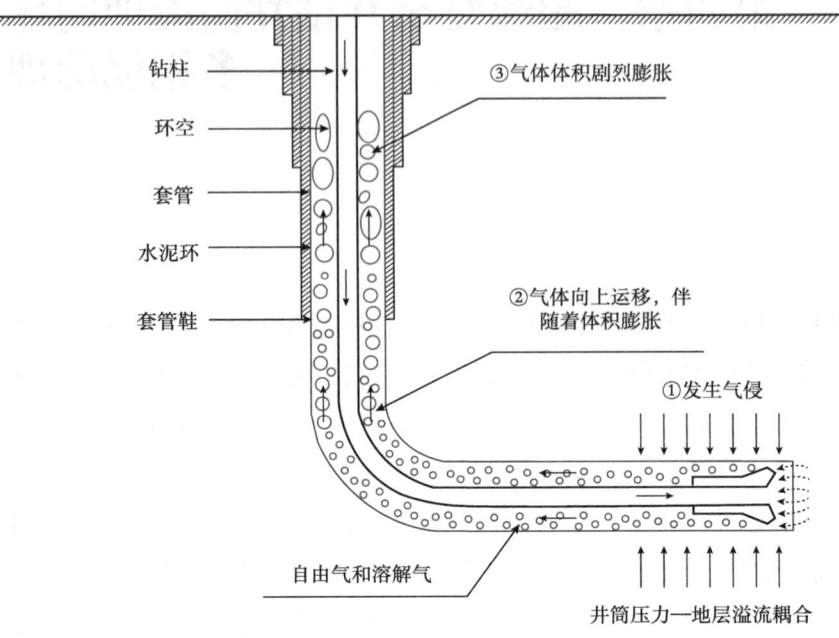

图 4-1-1　水平井钻井过程中气侵环空流动物理模型

## 二、模型基本假设

（1）气体在水基钻井液中的溶解度忽略不计；

（2）气、液两相在井筒中沿轴线方向做一维非定常流动；

（3）在井筒同一过流断面上，气、液两相具有相同的温度和压力；

（4）在井筒过流断面的任一位置，气、液两相各自所特有的热物性参数和流动参数均相同；

（5）不考虑气体在油基钻井液中的溶解或析出的时间，假设其过程为瞬态；

（6）钻井液为单一液相，即不考虑钻屑颗粒的影响。

## 三、环空瞬态多相流动模型

气侵发生后，环空内流体的流动从简单的单相流动变为复杂的气液两相流动，但其流动规律仍可采用流体力学基本方程进行描述。通常，流体动力学基本方程的研究方法包括积分法和微分法，两种方法可以相互转化。本书采用微分法，考虑井筒压力—地层溢流耦合作用及气体溶解度的影响，分别推导其连续性方程和动量方程。

### 1. 连续性方程

在气侵期间，地层气体侵入井筒，且侵入井筒中的气体会随着井筒过流断面上温度和压力的变化,不断在钻井液中溶解和析出。因此,以产层段为例,取一段长为 $dz$ 的微元控制体,如图 4-1-2 所示。

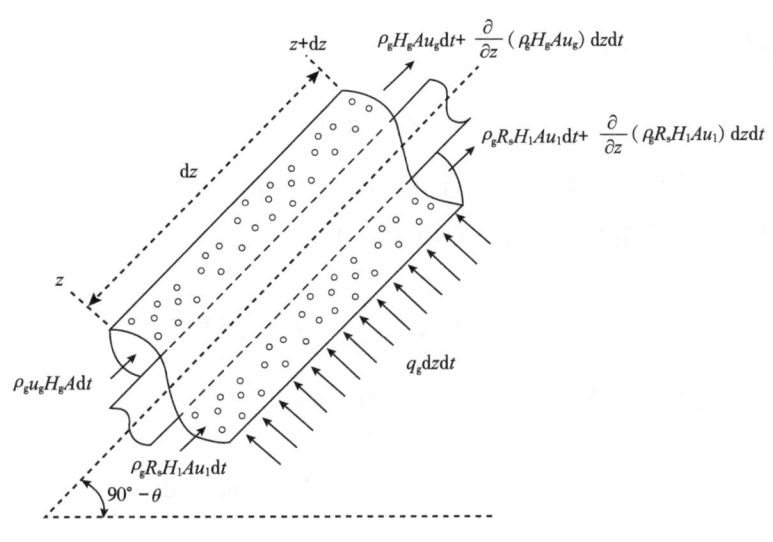

图 4-1-2 质量守恒微元控制体物理模型

由图 4-1-2 可知,对于垂直于轴线的两个面,假设下端面气相速度为 $u_g$、环空截面积为 $A$、气相密度为 $\rho_g$ 及截面含气率为 $H_g$。根据流量公式,$dt$ 时间内从下端面流入段长 $dz$ 控制体的自由气质量 $m_{f\_in}$ 为:

$$m_{f\_in} = \rho_g u_g H_g A dt \tag{4-1-1}$$

式中 $\rho_g$——气体密度,$kg/m^3$;

$u_g$——气相真实速度,$m/s$;

$H_g$——气体截面含气率;

$A$——环空截面积,$m^2$。

$dt$ 时间内从上端面流出段长 $dz$ 控制体的自由气质量 $m_{f\_out}$ 为:

$$m_{f\_out} = \rho_g H_g A u_g dt + \frac{\partial}{\partial z}\left(\rho_g H_g A u_g\right) dz dt \tag{4-1-2}$$

$dt$ 时间内从下端面流入段长 $dz$ 控制体的溶解气质量 $m_{s\_in}$ 为:

$$m_{s\_in} = \rho_g R_s H_l A u_l dt \tag{4-1-3}$$

式中 $R_s$——气体溶解度,$m^3/m^3$;

$u_l$——液相速度,$m/s$;

$H_l$——持液率。

d$t$ 时间内从上端面流出段长 d$z$ 控制体的溶解气质量 $m_{s\_out}$ 为：

$$m_{s\_out} = \rho_g R_s H_1 A u_1 dt + \frac{\partial}{\partial z}(\rho_g R_s H_1 A u_1) dz dt \tag{4-1-4}$$

d$t$ 时间内地层产出气质量为：

$$m_{pro} = q_g dz dt \tag{4-1-5}$$

式中 $q_g$——单位时间单位厚度地层产气的质量，kg/(m·s)。

d$t$ 时间内从控制体流出的自由气体总质量为 $\Delta m_f$：

$$\Delta m_f = m_{f\_out} - m_{f\_in} = \frac{\partial}{\partial z}(\rho_g H_g A u_g) dz dt \tag{4-1-6}$$

d$t$ 时间内从控制体流出的溶解气体总质量为 $\Delta m_s$：

$$\Delta m_s = m_{s\_out} - m_{s\_in} = \frac{\partial}{\partial z}(\rho_g R_s H_1 A u_1) dz dt \tag{4-1-7}$$

d$t$ 时间内控制体内自由气和溶解气质量的增加可表示为：

$$\Delta m = \frac{\partial}{\partial t}(\rho_g H_g A) dz dt + \frac{\partial}{\partial t}(\rho_g R_s H_1 A) dz dt \tag{4-1-8}$$

环空内流体在流动过程遵守质量守恒定律，有：

流入流出微元体的净质量 + 微元体生成的质量 = 微元体质量的增量 (4-1-9)

将式（4-1-5）至式（4-1-8）代入式（4-1-9）有：

$$\frac{\partial}{\partial t}(\rho_g H_g A + \rho_g R_s H_1 A) + \frac{\partial}{\partial z}(\rho_g H_g A u_g + \rho_g R_s H_1 A u_1) = q_g \tag{4-1-10}$$

同理，非产层段气相连续性方程为：

$$\frac{\partial}{\partial t}(\rho_g H_g A + \rho_g R_s H_1 A) + \frac{\partial}{\partial z}(\rho_g H_g A u_g + \rho_g R_s H_1 A u_1) = 0 \tag{4-1-11}$$

液相连续方程的推导与气相连续方程推导类似，但根据模型假设可知，侵入井筒的地层流体仅为气体。因此，液相连续性方程为：

$$\frac{\partial}{\partial t}(\rho_1 H_1 A) + \frac{\partial}{\partial z}(\rho_1 H_1 A u_1) = 0 \tag{4-1-12}$$

式中 $\rho_1$——液相密度，kg/m³。

## 2. 动量守恒方程

动量方程的建立与前面连续性方程推导一样，仍取一段长为 d$z$ 的微元体，如图 4-1-3 所示。

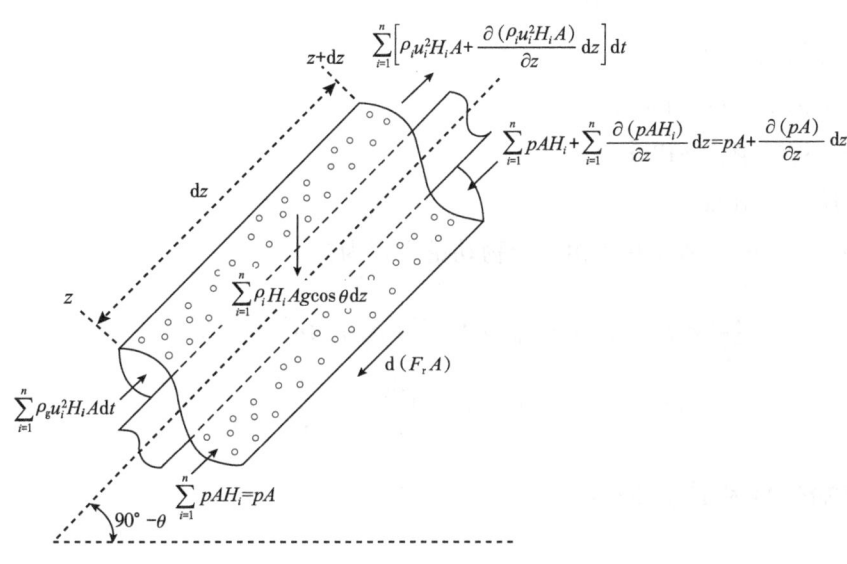

图 4-1-3 动量守恒微元控制体物理模型

由图 4-1-3 可知，d$t$ 时间内从下端面流入控制体的动量为 $\sum_{i=1}^{n}\rho_i u_i^2 H_i A \mathrm{d}t$；d$t$ 时间内从上端面流出控制体的动量为 $\sum_{i=1}^{n}\left[\rho_i u_i^2 H_i A + \frac{\partial(\rho_i u_i^2 H_i A)}{\partial z}\mathrm{d}z\right]\mathrm{d}t$；作用于微元体的质量力为 $\sum_{i=1}^{n}\rho_i H_i A g\cos\theta \mathrm{d}z$；作用于微元体上的壁面摩擦力为 $\mathrm{d}(F_r A)$；作用于微元体上端面和下端面的力分别为 $pA$ 和 $pA + \frac{\partial}{\partial z}(pA)\mathrm{d}z$。

流体在流动过程遵守动量守恒定律，有：

$$\left\{\begin{array}{l}\text{作用在控制体中}\\\text{流体的合外力}\end{array}\right\} = \left\{\begin{array}{l}\text{控制体内流体动量}\\\text{对时间的变化率}\end{array}\right\} + \left\{\begin{array}{l}\text{动量通量通过控制体}\\\text{控制面的净变化量}\end{array}\right\} \quad (4\text{-}1\text{-}13)$$

作用在控制体上的合外力为 $-\frac{\partial(pA)}{\partial z}\mathrm{d}z - \mathrm{d}(F_r A) - \sum_{i=1}^{n}\rho_i H_i A g\cos\theta \mathrm{d}z$，控制体动量对时间的变化率为 $\sum_{i=1}^{n}\frac{\partial(\rho_i H_i u_i A)}{\partial t}\mathrm{d}t\mathrm{d}z$，动量通量通过控制体控制面的净变化量为 $\sum_{i=1}^{n}\left[\rho_i u_i^2 H_i A + \frac{\partial(\rho_i u_i^2 H_i A)}{\partial z}\mathrm{d}z\right]\mathrm{d}t$，将各表达式代入式（4-1-13）有：

$$\left[-\frac{\partial(pA)}{\partial z}\mathrm{d}z - \mathrm{d}(F_r A) - \sum_{i=1}^{n}\rho_i H_i Ag\cos\theta \mathrm{d}z\right]\mathrm{d}t$$
$$= \sum_{i=1}^{n}\frac{\partial(\rho_i H_i u_i A)}{\partial t}\mathrm{d}z\mathrm{d}t + \sum_{i=1}^{n}\frac{\partial(\rho_i u_i^2 H_i A)}{\partial z}\mathrm{d}z\mathrm{d}t \qquad (4\text{-}1\text{-}14)$$

式中　$\theta$——井斜角，(°)；

　　　$g$——重力加速度，m/s²；

　　　$F_r$——环空摩阻，MPa；

　　　$p$——压力，MPa。

整理式 (4-1-14)，则气液两相混合物动量方程为：

$$\frac{\partial}{\partial t}\left(\rho_g H_g A u_g + \rho_l H_l A u_l\right) + \frac{\partial}{\partial z}\left(\rho_g H_g A u_g^2 + \rho_l H_l A u_l^2\right) \\ + \left(\rho_g H_g + \rho_l H_l\right)Ag\cos\theta + A\frac{\mathrm{d}p}{\mathrm{d}z} + A\frac{\mathrm{d}F_r}{\mathrm{d}z} = 0 \qquad (4\text{-}1\text{-}15)$$

## 四、初始条件和边界条件

### 1. 初始条件

在气侵发生前，井筒中的流动为单相流，则环空任一位置处的压力、液相速度、气相速度、混相速度、截面含气率，以及持液率等参数都可以确定，有：

$$\begin{cases} p(h,0) = \rho_l gh + \sum F_r(h) \\ u_g(h,0) = 0, u_l(h,0) = Q_{\mathrm{mud}}/A \\ u_{sg}(h,0) = 0, u_{sl}(h,0) = Q_{\mathrm{mud}}/A \\ u_m(h,0) = u_{sg}(h,0) + u_{sl}(h,0) \\ H_g(h,0) = 0, H_l(h,0) = 1 \end{cases} \qquad (4\text{-}1\text{-}16)$$

式中　$h$——井筒中任一位置处井深，m；

　　　$F_r$——从井口到井深 $h$ 处的单相流环空摩阻，MPa；

　　　$Q_{\mathrm{mud}}$——钻井液排量，L/s；

　　　$u_{sg}$——气相折算速度，m/s；

　　　$u_{sl}$——液相折算速度，m/s；

　　　$u_m$——气液混相速度，m/s。

### 2. 边界条件

在钻井过程中，井口敞开，其压力等于大气压；且发生气侵后，气侵量和溶解度大小已知，因此液相速度、气相速度、混相速度、截面含气率及持液率等参数都可以确定，有：

$$\begin{cases} p(0,t) = 0.101 \\ Q_g(h,t) = \dfrac{q_{sc}}{86400} - \dfrac{R_s(h,t)\Delta V}{\Delta t}, \quad \dfrac{q_{sc}}{86400} > \dfrac{R_s(h,t)\Delta V}{\Delta t} \\ Q_g(h,t) = 0, \quad \dfrac{q_{sc}}{86400\rho_g} \leqslant \dfrac{R_s(h,t)\Delta V}{\Delta t} \\ u_{sg}(h,t) = Q_g/A, u_{sl}(h,t) = Q_{mud}/A \\ u_g(h,t) = u_{sg}(h,t)/H_g, u_l(h,t) = u_{sl}(h,t)/H_g \\ u_m(h,t) = u_g(h,t) + u_l(h,t) \end{cases}$$ （4-1-17）

式中　$Q_g$——单位时间侵入井筒的气体溶解后剩余的自由气量，m³/s；

　　　$q_{sc}$——气井产量，m³/d；

　　　$h$——井深，m。

## 第二节　辅助方程

### 一、井筒气侵量计算模型

#### 1. 直井气体侵入模型

采用气体稳定渗流的二项式方程来描述直井气侵量[24]：

$$p_e^2 - p_{wf}^2 = \dfrac{1.291\times10^{-3}\overline{T}\overline{Z}\mu_g}{Kh}\left(\ln\dfrac{0.472r_e}{r_w} + S\right)q_{sc} + \dfrac{2.282\times10^{-21}\beta r_g \overline{ZT}}{r_w h^2}q_{sc}^2 \quad （4-2-1）$$

式中　$p_e$——地层压力，MPa；

　　　$p_{wf}$——井底压力，MPa；

　　　$\overline{T}$——气藏平均温度，℃；

　　　$\mu_g$——气体黏度，mPa·s；

　　　$\overline{Z}$——平均压缩系数；

　　　$K$——有效渗透率，mD；

　　　$h$——有效厚度，m；

　　　$r_e$——供给边界半径，m；

　　　$r_w$——井底半径，m；

　　　$r_g$——气体相对密度；

　　　$S$——表皮系数；

　　　$\beta$——速度系数。

## 2. 水平井气体侵入模型

对于水平气井产能计算，本书采用修正的 Joshi 水平气井二项式产能公式[25]：

$$p_e^2 - p_{wf}^2 = Aq_{sc} + Bq_{sc}^2 \quad (4-2-2)$$

其中：

$$A = \frac{12.7\mu_g}{\beta' K_h h}\left[\ln\frac{a+\sqrt{a^2-(L/2)^2}}{L/2} + \frac{\beta' h}{L}\ln\frac{2\beta'(h^2/4+\delta^2)}{hr_w}\right]$$

$$B = \frac{2.81\times10^{-13} r_g Z\beta T}{L^2}\left(\frac{1}{r_w} - \frac{2\pi}{h}\right)$$

$$\beta' = \sqrt{K_h/K_v}$$

$$a = \frac{L}{2}\sqrt{0.5+\sqrt{0.25+(2r_{eh}/L)^4}}$$

$$r_{eh} = \frac{L}{2} + r_e$$

式中 $K_h$——水平渗透率，mD；

$K_v$——垂直渗透率，mD；

$L$——水平段长度，m；

$\beta'$——各向异性比；

$q_{sc}$——标准状态下产量，m³/d；

$a$——椭圆长轴，m；

$A$——层流项系数；

$B$——紊流项系数；

$\delta$——偏心距，m；

$r_{eh}$——拟圆形驱动半径，m。

## 二、两相流流态判别方程

### 1. 铅直气液两相管流

1）泡状流

在较小或者中等流量下，流动型态通常为泡状流。Hasan 和 Kabir[26-28] 给出了气液折算速度表达式：

$$u_g = \frac{u_{sg}}{H_g} = 1.2u_m + u_{0\infty} \quad (4-2-3)$$

由于 $u_m=u_{sg}+u_{sl}$ 和 $u_{sg}=u_g H_g$，代入式（4-2-3）有：

$$u_{sg}=\frac{1.2u_{sl}H_g+u_{0\infty}H_g}{1-1.2H_g} \qquad (4-2-4)$$

大部分学者通过研究发现，对于铅直圆管和环空，其空隙率 $H_g$ 在 0.25~0.3 之间时，泡状流转变成段塞流，Hasan 和 Kabir 取空隙率 $H_g=0.25$，则式（4-2-4）转化为：

$$u_{sg}<0.429u_{sl}+0.357u_{0\infty}, \quad u_{0\infty}<u_T \qquad (4-2-5)$$

其中：

$$\begin{cases} u_{0\infty}=1.53\left[\dfrac{g(\rho_l-\rho_g)\sigma}{\rho_l^2}\right]^{0.25} \\ u_T=0.35\sqrt{\dfrac{gD(\rho_l-\rho_g)}{\rho_l}} \end{cases} \qquad (4-2-6)$$

式中　$\sigma$——修正系数。

然而，当流量较大时，Hasan 和 Kabir 认为流动型态为泡状流时不仅空隙率 $H_g<0.52$，且要满足如下泰特尔关系式：

$$u_m^{1.2}>5.88D^{0.48}\left[\frac{g(\rho_l-\rho_g)}{\rho_l}\right]^{0.5}\left(\frac{\sigma}{\rho_l}\right)^{0.6}\left(\frac{\rho_m}{\mu_l}\right)^{0.08} \qquad (4-2-7)$$

2）段塞流

Gill 等[29]根据实验数据得到了流型图，并于 1969 年给出了段塞流向搅动流转变的界限判别准则式：

$$\begin{cases} \rho_g u_{sg}^2<25.41g(\rho_l u_{sl}^2)-38.9, & \rho_l u_{sl}^2 \geqslant 74.4 \\ \rho_g u_{sg}^2<0.0051(\rho_l u_{sl}^2)^{1.7}, & \rho_l u_{sl}^2<74.4 \end{cases} \qquad (4-2-8)$$

Hasan 和 Kabir 在 Gill 等建立的判别准则式的基础上，结合式（4-2-8），对 Gill 等建立的判别准则式进行了修正：

$$\begin{cases} u_{sg}\geqslant 0.429u_{sl}+0.357u_{0\infty} \\ \rho_g u_{sg}^2<25.41\lg(\rho_l u_{sl}^2)-38.9, & \rho_l u_{sl}^2\geqslant 74.4 \\ \rho_g u_{sg}^2<0.0051(\rho_l u_{sl}^2)^{1.7}, & \rho_l u_{sl}^2<74.4 \end{cases} \qquad (4-2-9)$$

3）搅动流

研究发现液滴保持悬浮状态是形成段塞流的关键因素，Hasan 和 Kabir 在 Taitel—

Dukler 研究成果的基础上，给出了使液滴保持悬浮状态所需的最低速度：

$$u_{sg} = 3.1\left[\frac{\sigma g(\rho_l - \rho_g)}{\rho_g^2}\right]^{0.25} \quad (4\text{-}2\text{-}10)$$

因此，搅动流的判别准则式为：

$$\begin{cases} u_{sg} < 3.1\left[\dfrac{\sigma g(\rho_l - \rho_g)}{\rho_g^2}\right]^{0.25} \\ \rho_g u_{sg}^2 > 25.4\lg(\rho_l u_{sl}^2) - 38.9, \ \rho_l u_{sl}^2 \geq 74.4 \\ \rho_g u_{sg}^2 < 0.0051(\rho_l u_{sl}^2)^{1.7}, \ \rho_l u_{sl}^2 < 74.4 \end{cases} \quad (4\text{-}2\text{-}11)$$

4）环状流

环状流判别准则式为：

$$u_{sg} > 3.1\left[\frac{\sigma g(\rho_l - \rho_g)}{\rho_g^2}\right]^{0.25} \quad (4\text{-}2\text{-}12)$$

## 2. 水平气液两相管流

1）分层流转变为间歇流

对于分层流转变为间歇流，Xiao 等[30]采用了 Taitel-Dukler 提出的判别准则，即

$$u_g > \left(1 - \frac{h_l}{D}\right)\left[\frac{gA_g(\rho_l - \rho_g)}{\rho_g \dfrac{dA_l}{dh_l}}\right]^{0.5} \quad (4\text{-}2\text{-}13)$$

2）分层流转变为环状流

Taitel-Dukler[31]认为分层流转变为环状流在满足式（4-2-13）基础上，还应该使得 $\dfrac{h_l}{D} < 0.5$，但之后 Barnea 修正了这一判别式，即

$$\begin{cases} u_g > \left(1 - \dfrac{h_l}{D}\right)\left[\dfrac{gA_g(\rho_l - \rho_g)}{\rho_g \dfrac{dA_l}{dh_l}}\right]^{0.5} \\ \dfrac{h_l}{D} < 0.35 \end{cases} \quad (4\text{-}2\text{-}14)$$

3）间歇流转变为分散泡状流

Xiao 等通过研究发现，当液体的紊流脉动强度远大于浮力作用时，间歇流就会形成分散的泡状流，其判别准则式为：

$$u_1 > \left[\frac{4A_g g\cos\theta}{S_i f_1}\left(1-\frac{\rho_g}{\rho_1}\right)\right]^{0.5} \tag{4-2-15}$$

4）层状流转变为波状流

Xiao 等仍沿用 Taitel–Dukler 提出的判别准则式：

$$u_g > \left[\frac{4\mu_1(\rho_1-\rho_g)g\cos\theta}{s\rho_1\rho_g u_1}\left(1-\frac{\rho_g}{\rho_1}\right)\right]^{0.5} \tag{4-2-16}$$

对于掩蔽系数 $s$ 的取值，Xiao 等采用 $s=0.06$，Taitel–Dukler 则使用 $s=0.01$。

### 3. 倾斜气液两相管流

Kaya 等[32]采用了 Taitel–Dukler 的划分方法，将倾斜气液两相管流中的流动型态分为 5 种类型。同时，Kaya 等给出了流动型态之间转变的判别准则式。

1）泡状流转变为段塞流

$$u_{sg} = 0.333 u_{sl} + 0.3825\left[\frac{g\sigma(\rho_1-\rho_g)}{\rho_1^2}\right]^{0.25}\sqrt{\sin\theta} \tag{4-2-17}$$

2）泡状流转变为分散泡状流

Taitel–Dukler 给出了维持泡状流下气泡稳定时的最大直径：

$$d_{\max} = \left[4.15\left(\frac{u_{sg}}{u_m}\right)^{0.5}+0.725\right]\left(\frac{\sigma}{\rho_1}\right)^{0.6}\left(\frac{2f_m}{D}\rho_m u_m^2\right)^{-0.4} \tag{4-2-18}$$

但直径 $d_{\max}$ 小于临界气泡直径 $d_{cri}$ 时，泡状流就转变为分散泡状流，式（4-2-19）给出了临界气泡直径 $d_{cri}$ 的表达式：

$$d_{cri} = 2\left[\frac{0.4\sigma}{(\rho_1-\rho_g)g}\right]^{0.5} \tag{4-2-19}$$

Barnea[33] 通过对比分析不同直径之间的关系，对 Taitel–Dukler 提出的临界气泡直径 $d_{cri}$ 进行了修正，有：

$$d_{cri} = \frac{3}{8}\frac{\rho_1}{\rho_1-\rho_g}\frac{f_m u_m^2}{g\cos\theta} \tag{4-2-20}$$

3）分散泡状流转变为段塞流

随着空隙率不断增加，当其值达到 0.52 时，分散泡状流逐渐转变为段塞流，即

$$u_{sg} = 1.083 u_{sl} \qquad (4\text{-}2\text{-}21)$$

4）段塞流转变为搅动流

Tengesdal[34] 基于漂移流动方法，引入了段塞单元的总体空隙率 $\varphi_{slug}$：

$$\varphi_{slug} = \frac{u_{sg}}{1.2 u_m + u_0} \qquad (4\text{-}2\text{-}22)$$

其中泰勒气泡的上升速度 $u_0$ 采用 Bendiksen 给出的计算式[35]：

$$u_0 = (0.35 \sin\theta + 0.54 \cos\theta) \left[ \frac{g(\rho_l - \rho_g)}{\rho_l} \right]^{0.5} \qquad (4\text{-}2\text{-}23)$$

Owen 等[36] 基于大量实验现象和对实验数据分析后，发现总体空隙率 $\varphi_{slug}=0.78$ 时，段塞流转变为搅动流：

$$u_{sg} = 12.19(1.2 u_{sl} + u_0) \qquad (4\text{-}2\text{-}24)$$

5）搅动流转变为环状流

$$Y_m \geqslant \frac{2 - 1.5 H_{lf}}{H_{lf}^3 (1 - 1.5 H_{lf})} X_m^2 \qquad (4\text{-}2\text{-}25)$$

液膜持液率 $H_{lf}$ 为液膜所占过流断面的份额，可用无量纲液膜厚度 $\tilde{\delta}$ 表示为：

$$H_{lf} = 4\tilde{\delta}(1 - \tilde{\delta}) \qquad (4\text{-}2\text{-}26)$$

无量纲液膜厚度 $\tilde{\delta}$ 可由动量方程求得：

$$Y_m - \frac{Z}{4\tilde{\delta}(1-\tilde{\delta})\left[1 - 4\tilde{\delta}(1-\tilde{\delta})\right]^{2.5}} + \frac{X_m^2}{\left[4\tilde{\delta}(1-\tilde{\delta})\right]^3} = 0 \qquad (4\text{-}2\text{-}27)$$

其中，修正的 Lockhart–Martinelli 参数 $X_m$ 和 $Y_m$ 分别为[37]：

$$X_m = \sqrt{(1-FE)^2 \frac{f_f (dp/dL)_{sl}}{f_{sl} (dp/dL)_{sc}}} \qquad (4\text{-}2\text{-}28)$$

$$Y_m = \frac{g \sin\theta (\rho_l - \rho_g)}{(dp/dL)_{sc}} \qquad (4\text{-}2\text{-}29)$$

液膜和气芯的折算摩阻压力梯度分别为：

$$\left(\frac{\mathrm{d}p}{\mathrm{d}L}\right)_{\mathrm{sl}} = f_{\mathrm{sl}} \rho_{\mathrm{l}} \frac{u_{\mathrm{sl}}^2}{2D} \quad (4-2-30)$$

$$\left(\frac{\mathrm{d}p}{\mathrm{d}L}\right)_{\mathrm{sc}} = f_{\mathrm{sc}} \rho_{\mathrm{c}} \frac{u_{\mathrm{sc}}^2}{2D} \quad (4-2-31)$$

6）环状流转变为段塞流

$$\left(H_{\mathrm{lf}} + H'_{\mathrm{lc}} \frac{A_{\mathrm{c}}}{A}\right) > 0.12 \quad (4-2-32)$$

### 三、气液两相漂移流动模型

对于建立的连续性方程和动量方程，通常采用漂移模型来确定气液两相间速度的关系，使得控制方程组封闭，进而求得截面含气率。对于漂移模型，有如下关系式：

$$u_{\mathrm{g}} = C_{\mathrm{o}} u_{\mathrm{m}} + u_{\mathrm{gm}} \quad (4-2-33)$$

然而，对于实际的气液两相流分布系数 $C_{\mathrm{o}}$ 和气相漂移速度的加权平均值 $u_{\mathrm{gm}}$ 一般通过经验公式求得。Hasan 等给出了直井环空气液两相流不同流动型态下其分布系数 $C_{\mathrm{o}}$ 和气相速度 $u_{\mathrm{g}}$ 的表达式。

环空泡状流：

$$\begin{cases} u_{\mathrm{g}} = C_{\mathrm{o}} u_{\mathrm{m}} + u_{0\infty} \\ u_{0\infty} = 1.53 \left[\dfrac{g\sigma(\rho_{\mathrm{l}} - \rho_{\mathrm{g}})}{\rho_{\mathrm{l}}^2}\right]^{0.25} \\ C_{\mathrm{o}} = 1.2 + 0.371 \dfrac{D_{\mathrm{out}}}{D_{\mathrm{in}}} \end{cases} \quad (4-2-34)$$

环空段塞流：

$$\begin{cases} u_{\mathrm{g}} = C_{\mathrm{o}} u_{\mathrm{m}} + u_{\mathrm{T}} \\ u_{\mathrm{T}} = \left(0.3 + 0.22 \dfrac{D_{\mathrm{out}}}{D_{\mathrm{in}}}\right) \left[\dfrac{g(D_{\mathrm{out}} - D_{\mathrm{in}})(\rho_{\mathrm{l}} - \rho_{\mathrm{g}})}{\rho_{\mathrm{l}}}\right]^{0.5} \\ C_{\mathrm{o}} = 1.2 + 0.9 \dfrac{D_{\mathrm{out}}}{D_{\mathrm{in}}} \end{cases} \quad (4-2-35)$$

环空搅动流：

$$\begin{cases} u_g = C_o u_m + u_T \\ u_T = \left(0.3 + 0.22\dfrac{D_{out}}{D_{in}}\right)\left[\dfrac{g(D_{out} - D_{in})(\rho_l - \rho_g)}{\rho_l}\right]^{0.5} \\ C_o = 1 \end{cases} \quad (4\text{-}2\text{-}36)$$

式中　$D_{out}$——出口水力直径，m；

　　　$D_{in}$——入口水力直径，m。

针对水平井气液两相流中的泡状流和段塞流，Hasan[38]和 Wallis[39]提出了如下关系式：

$$u_{gm}(\alpha) = Z(\alpha) u_{gm}(0) \quad (4\text{-}2\text{-}37)$$

式中　$Z(\alpha)$——井斜影响系数。

值得注意的是，在泡状流情况下井斜影响系数$Z(\alpha)=\cos\alpha$，而对于段塞流井斜影响系数$Z(\alpha)=\sqrt{\cos\alpha}(1+\sin\alpha)^{1.2}$。

### 四、环空摩阻计算

#### 1. 环空单相流摩阻

环空摩阻是影响井筒压力分布的一个重要因素，而单相流摩阻与流体的流动型态、流变模式和流变参数等密切相关。通常，现场广泛应用的钻井液多数属于宾汉流体和幂律流体，本书采用樊洪海建立的不同流变模式下摩阻计算模型[40]。

1）宾汉流体

当宾汉流体处于层流状态时，单位长度的环空压耗表达式为：

$$\left(\dfrac{dp}{dz}\right)_{fr} = 2f_{abh}\dfrac{1}{D_{hy}}\rho u^2 = \dfrac{48\mu_p u}{D_{hy}^2} + \dfrac{6\tau_o}{D_{hy}} \quad (4\text{-}2\text{-}38)$$

2）幂律流体

当幂律流体处于层流状态时，单位长度的环空压耗表达式为：

$$\left(\dfrac{dp}{dz}\right)_{fr} = 2f_{apl}\dfrac{\rho u^2}{D_{hy}} = \dfrac{4k}{D_{hy}}\left(\dfrac{2n+1}{3n}\dfrac{12u}{D_{hy}}\right)^n \quad (4\text{-}2\text{-}39)$$

但当宾汉流体和幂律流体处于紊流状态下，其环空摩阻计算都采用式（4-2-40）进行计算：

$$\left(\frac{\mathrm{d}p}{\mathrm{d}z}\right)_{\mathrm{fr}} = 2f_{\mathrm{a}}\frac{\rho u^2}{D_{\mathrm{hy}}} \qquad (4-2-40)$$

对于环空范宁摩阻系数 $f_{\mathrm{a}}$ 的求解，采用 Reed-Pilehvari 提出的公式[41]：

$$\frac{1}{\sqrt{f_{\mathrm{a}}}} = -4\lg\left[\frac{0.27\Delta}{D_{\mathrm{hy}}} + 1.26^{n'-1.2}Re_{\mathrm{g}}^{0.75-n'}f_{\mathrm{a}}^{\left(1-\frac{n'}{2}\right)(0.75-n')}\right] \qquad (4-2-41)$$

式中　$Re_{\mathrm{g}}$——广义雷诺数；

　　　$n'$——广义流性指数；

　　　$\Delta$——绝对粗糙度，m。

**2. 环空多相流摩阻**

泡状流、段塞流和搅动流三种流动型态下的摩阻压降表达式类似，有：

$$\begin{cases}\left(\dfrac{\mathrm{d}p}{\mathrm{d}z}\right)_{\mathrm{fr}} = \dfrac{2f_{\mathrm{m}}u_{\mathrm{m}}^2\rho_{\mathrm{m}}}{D_{\mathrm{hy}}}, \text{泡状流}\\[2mm] \left(\dfrac{\mathrm{d}p}{\mathrm{d}z}\right)_{\mathrm{fr}} = \dfrac{2f_{\mathrm{m}}u_{\mathrm{m}}^2\rho_{\mathrm{m}}}{D_{\mathrm{hy}}}(1-H_{\mathrm{g}}), \text{段塞流}\\[2mm] \left(\dfrac{\mathrm{d}p}{\mathrm{d}z}\right)_{\mathrm{fr}} = \dfrac{2f_{\mathrm{m}}u_{\mathrm{m}}^2\rho_{\mathrm{m}}}{D_{\mathrm{hy}}}(1-H_{\mathrm{g}}), \text{搅动流}\end{cases} \qquad (4-2-42)$$

式中　$f_{\mathrm{m}}$——气液两相混合物的范宁摩阻系数；

　　　$\rho_{\mathrm{m}}$——气液两相混合物的密度，kg/m³。

气液两相混合物的范宁摩阻系数 $f_{\mathrm{m}}$ 的计算采用式（4-2-43）[42]：

$$\begin{cases}\dfrac{1}{\sqrt{f_{\mathrm{m}}}} = -4\lg\left(\dfrac{1}{3.7065}\dfrac{\varepsilon}{D_{\mathrm{hy}}} - \dfrac{5.0452\lg A}{Re_{\mathrm{m}}}\right)\\[2mm] A = \dfrac{1}{2.8257}\left(\dfrac{\varepsilon}{D_{\mathrm{hy}}}\right)^{1.11098} + \left(\dfrac{7.149}{Re_{\mathrm{m}}}\right)^{0.8981}\\[2mm] Re_{\mathrm{m}} = \dfrac{u_{\mathrm{m}}\rho_{\mathrm{m}}D_{\mathrm{hy}}}{\mu_{\mathrm{m}}}\end{cases} \qquad (4-2-43)$$

式中　$\varepsilon$——相对粗糙度；

　　　$\mu_{\mathrm{m}}$——气液两相混合物的黏度，Pa·s；

　　　$Re_{\mathrm{m}}$——气液两相混合物的雷诺数。

对于气液两相混合物的速度 $u_{\mathrm{m}}$、混合物的密度 $\rho_{\mathrm{m}}$，以及混合物的黏度 $\mu_{\mathrm{m}}$，采用公

式（4-2-44）进行计算：

$$\begin{cases} u_m = u_g H_g + u_l(1 - H_g) \\ \rho_m = \rho_g H_g + \rho_l(1 - H_g) \\ \mu_m = \mu_g H_g + \mu_l(1 - H_g) \end{cases} \quad (4\text{-}2\text{-}44)$$

对于环状流，单位长度摩阻压降的表达式有：

$$\left(\frac{dp}{dz}\right)_{fr} = \frac{2 f_c u_g^2 \rho_c}{D_{hy}} \quad (4\text{-}2\text{-}45)$$

式中 $\rho_c$——相管子中央核心部分的液体密度，kg/m³；

$f_c$——相气体沿液膜粗糙面流过时的摩阻系数。

引入中间变量 $FE$ 来表示总液量中携入气体的液体量所占的份额，进而求取核心部分的流体密度 $\rho_c$。同时，Wallis[43] 通过研究发现，当液相雷诺数 $Re_l > 3000$ 时，$FE$ 可用函数关系式表达。$u_{sgc}$ 定义如下：

$$u_{sgc} = \frac{u_{sg} \mu_g}{\sigma} \left(\frac{\rho_g}{\rho_l}\right)^{0.5} \quad (4\text{-}2\text{-}46)$$

式中 $\mu_g$——气相黏度，Pa·s。

其中 $FE$ 与 $u_{sgc}$ 之间有如下的关系式：

$$\begin{cases} FE = 0.0055(10^4 \times u_{sgc})^{2.86}, & 10^4 u_{sgc} < 4 \\ FE = 0.857 \lg(10^4 \times u_{sgc}) - 0.2, & 10^4 u_{sgc} > 4 \end{cases} \quad (4\text{-}2\text{-}47)$$

因此，核心部分的液体密度 $\rho_c$ 可采用式（4-2-48）进行计算：

$$\rho_c = \frac{u_{sg} \rho_g + FE u_{sl} \rho_l}{u_{sg} + FE u_{sl}} \quad (4\text{-}2\text{-}48)$$

对于摩阻系数 $f_c$ 的求取，Wallis 给出了相关式：

$$f_c = f_g[1 + 75(1 - H_g)] = \frac{0.079[1 + 75(1 - H_g)]}{Re_g^{0.25}} \quad (4\text{-}2\text{-}49)$$

其中，气相雷诺数 $Re_g$ 有：

$$Re_g = \frac{\rho_g u_g d}{\mu_l} \quad (4-2-50)$$

Lockhart-Martinelli[37] 给出了计算 $H_g$ 的相关表达式：

$$H_g = \left(1 + X^{0.8}\right)^{-0.378} \quad (4-2-51)$$

式中　$X$——Lockhart-Martinelli 参数。

在紊流状态下，$X$ 可采用式（4-2-52）进行计算：

$$X = \left(\frac{1-x}{x}\right)^{0.9} \left(\frac{\rho_g}{\rho_l}\right)^{0.5} \left(\frac{\mu_l}{\mu_g}\right)^{0.1} \quad (4-2-52)$$

## 五、溶解度计算

在一定的温度和压力条件下，气体会溶解在油基钻井液和水基钻井液中。O'Bryan[22] 给出了一部分气体在水中和油中溶解度计算模型，具体公式如下：

### 1. 二氧化碳和烃类在水中的溶解度

1）二氧化碳

$$R_{\text{sw\_CO}_2} = 0.1778\left(A_1 + B_1 p + C_1 p^2 + D_1 p^3\right)\alpha_1 \quad (4-2-53)$$

其中：

$$A_1 = 67.65 - 1.41T + 7.39 \times 10^{-3} T^2$$
$$B_1 = 0.15 - 6.96 \times 10^{-4} T + 8.1 \times 10^{-7} T^2$$
$$C_1 = -2.74 \times 10^{-5} - 3.79 \times 10^{-8} T + 1.66 \times 10^{-9} T^2$$
$$D_1 = 1.54 \times 10^{-9} + 6.53 \times 10^{-12} T - 1.17 \times 10^{-13} T^2$$

式中　$R_{\text{sw\_CO}_2}$——二氧化碳在水中的溶解度，$m^3/m^3$；

$p$——压力，MPa；

$T$——温度，℃；

$\alpha_1$——盐度校正系数，$\alpha_1 = 0.92 - 0.0299 \times$ 含盐量。

2）烃类

$$R_{\text{sw\_CH}} = 0.1778\left[A + B\left(32 + \frac{9}{5}T\right) + C\left(32 + \frac{9}{5}T\right)^2\right]\alpha_2 \quad (4-2-54)$$

其中：

$$A_2 = 5.5601 + 1.23p - 6.4 \times 10^{-3} p^2$$

$$B_2 = -0.03484 - 5.8 \times 10^{-3} p$$

$$C_2 = 6.0 \times 10^{-5} + 2.19 \times 10^{-5} p$$

式中 $R_{sw\_CH}$——烃类在水中的溶解度，$m^3/m^3$；

$\alpha_2$——盐度校正系数，$\alpha_2 = e^{[-0.06 + 6.69 \times 10^{-5}(32+1.8T)] \times 固相含量}$。

对于甲烷在水基钻井液中的溶解度，本书在模型中采用第二章实验得到的结果。

3）硫化氢在水中的溶解度

目前，硫化氢在水中溶解度计算模型较多，大多数模型都是基于特定粒子相互作用理论建立起来的热力学模型。本书采用段振豪等[23]建立的溶解度模型，其溶解度模型所涉及的相关参数值和推导过程，在文献中已详细说明，本书不再赘述，仅列出具体求解公式如下：

$$\ln \gamma_i = \ln y_i p - \frac{\mu_i^{l(0)}}{RT} + \ln \varphi - \sum_c 2\lambda_{i-c} m_c - \sum_a 2\lambda_{i-a} m_a - \sum_c \sum_a \zeta_{i-c-a} m_c m_a \quad (4-2-55)$$

式中 $\gamma_i$——活度系数；

$y_i$——气相组分；

$\mu_i^l$——液相化学位；

$\varphi$——逸度系数；

$m$——溶解度，mol/kg；

$\lambda$——二元相互作用参数；

$\zeta$——三元相互作用参数；

$c$——阳离子；

$a$——阴离子。

$\lambda$、$\zeta$ 及 $\frac{\mu_i^{l(0)}}{RT}$ 都是温度和压力的函数，$\lambda$、$\zeta$ 及 $\frac{\mu_i^{l(0)}}{RT}$ 的参数方程为：

$$\text{Par}_{H_2S}(T, p) = c_1 + c_2 T + \frac{c_3}{T} + c_4 T^2 + \frac{c_5}{680-T} + c_6 p + \frac{c_7 p}{680-T} + \frac{c_8 p^2}{T} \quad (4-2-56)$$

**2. 气体在油基钻井液中的溶解度**

对于乙烷和二氧化碳在油中的溶解度，O'Bryan[22]给出了一个统一的经验公式：

$$R_{so\_s} = 0.1778 \left[ \frac{145.0326 p}{a(32+1.8T)^b} + c \right]^n \quad (4-2-57)$$

式中 $R_{so\_s}$——气体在油中溶解度，$m^3/m^3$；

$a, b, c, n$——相关经验常数，其值见表4-2-1。

表 4-2-1　$a$、$b$、$c$、$n$ 经验常数 [22]

| 气体种类 | $a$ | $b$ | $c$ | $n$ |
|---|---|---|---|---|
| $CO_2$ | 0.059 | 0.7134 | $0.3352e^{(1.4112+10.1p-0.07983T)}$ | 1.0 |
| $C_2H_6$ | 0.033 | 0.8041 | 0 | $0.8878\gamma_o^{0.7521}$ |

对于甲烷在油基钻井液中的溶解度，本书在模型中采用第二章实验得到的结果。

### 3. 多组分体系溶解度

当发生气侵后，侵入井筒的气体不再是单组分气体，而是同时含有甲烷、硫化氢，以及二氧化碳等气体的多组分体系，通常计算单一组分的溶解度然后按照每一组分所占的体积分数进行加权求和，如下：

$$R_{sw} = f_{CH_2}R_{sw\_CH_4} + f_{H_2S}R_{sw\_H_2S} + f_{CO_2}R_{sw\_CO_2} \quad (4-2-58)$$

$$R_{so} = f_{CH_2}R_{so\_CH_4} + f_{H_2S}R_{so\_H_2S} + f_{CO_2}R_{so\_CO_2} \quad (4-2-59)$$

## 六、硫化氢及二氧化碳超临界态相行为

Thomas Andrews 发现超临界态 $H_2S$、$CO_2$ 现象距今已有一个多世纪。随着超临界态 $H_2S$、$CO_2$ 技术的发展，世界范围内关注超临界态 $H_2S$、$CO_2$ 技术的研究者日益增多。超临界态流体具有特殊的相态特征，具有黏度小、扩散系数大、密度大、流动性好、良好的溶解度和传质特性，并且在临界点附近对温度和压力尤为敏感，具体参数见表 4-2-2。

表 4-2-2　流体的气态、液态和超临界态的性质比较

| 性质 | 气态 | 超临界态 | 液态 |
|---|---|---|---|
| 密度 / (g/cm³) | (0.6~2.0)×10⁻³ | 0.2~0.5 | 0.6~1.6 |
| 黏度 / (mPa·s) | 0.01~0.03 | 0.01~0.03 | 0.20~3.00 |
| 扩散系数 / (cm²/s) | 0.1~0.4 | $0.7\times10^{-3}$ | (0.2~2.0)×10⁻⁵ |

注：气态环境为 101.325 kPa、15~30 ℃；液态环境为 15~30 ℃。

表 4-2-2 是流体的气态、液态和超临界态的性质的比较，从表中可以看出，超临界态 $H_2S$、$CO_2$ 具有一些独特的物理化学性质，既具有气体的特性，也具有液体的特性。超临界态的自扩散系数、黏度接近于气体，具有近似于气体的流动行为，这将提高超临界态 $H_2S$、$CO_2$ 的运动速度和分离过程的传质速率。超临界态 $H_2S$、$CO_2$ 的密度约为液体的三分之一，为气体的数百倍。这使得它具有类似液体的溶解能力，而且这种溶解能力随着温度和压力的变化而变化。

超临界态流体是指处于临界温度和临界压力以上的流体。$H_2S$、$CO_2$ 的临界温度和临

界压力见表 4-2-3。图 4-2-1 为 $H_2S$、$CO_2$ 超临界状态判据示意图，图 4-2-2 为 $CO_2$ 状态转变示意图。从图 4-2-2 中可以看出，当井筒温度、压力大于其临界温度、压力时，则处于超临界态。含超临界流体的天然气从井底向井口流动过程中，随着温度、压力的降低，从超临界态转化为气态，体积发生急剧变化，影响环空流动形态，其流动形态较为复杂。

表 4-2-3  硫化氢和二氧化碳的临界温度和临界压力

| 物质 | 临界压力 /MPa | 临界温度 /℃ | 临界密度 /（g/cm³） |
|---|---|---|---|
| $CO_2$ | 7.38 | 31.05 | 0.4330 |
| $H_2S$ | 9.00 | 100.45 | 0.3681 |

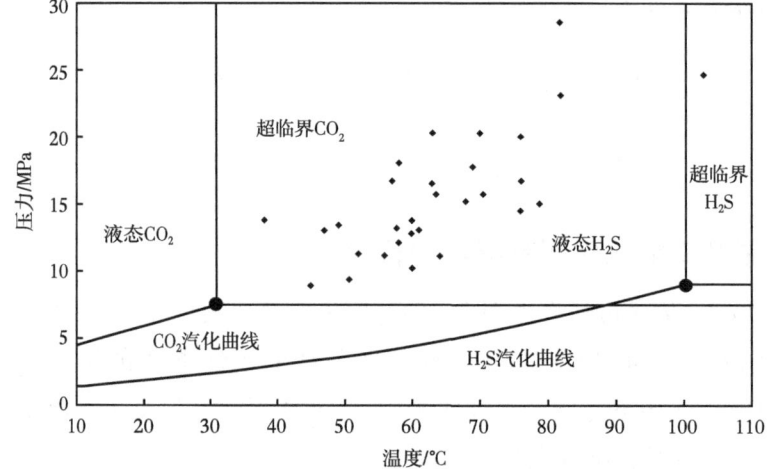

图 4-2-1  二氧化碳、硫化氢超临界状态图

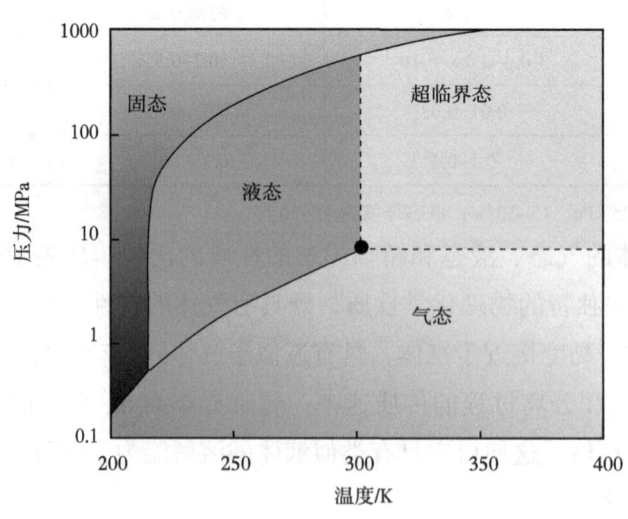

图 4-2-2  超临界二氧化碳相图

根据超临界流体的相态特征，推荐选择 PR（Peng-Robinson）状态方程。在该法中，对于气相、液相校正采用同一个状态方程进行描述，不需要涉及标准态，仅仅从少量的气液平衡数据就可以描述压力、温度和组成范围内的相平衡，同样适用于超临界态体系及含有超临界态组分的混合体系。通过相平衡计算所得到的 P-T 相图，可以判断流体的相态的变化。

二氧化碳、甲烷的偏差因子与温度、压力的关系如图 4-2-3 所示。从图 4-2-3 中可以看出，二氧化碳和甲烷的偏差因子差异较大。

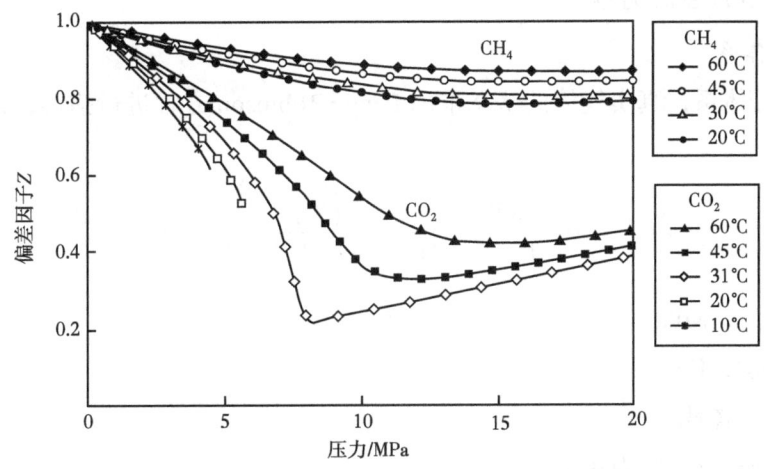

图 4-2-3　二氧化碳、甲烷偏差因子比较

硫化氢、甲烷的偏差因子与压力、温度的关系如图 4-2-4 所示。由图 4-2-4 可知，硫化氢在临界点附近具有和二氧化碳一样的性质，偏差因子的趋势与二氧化碳相同，硫化氢

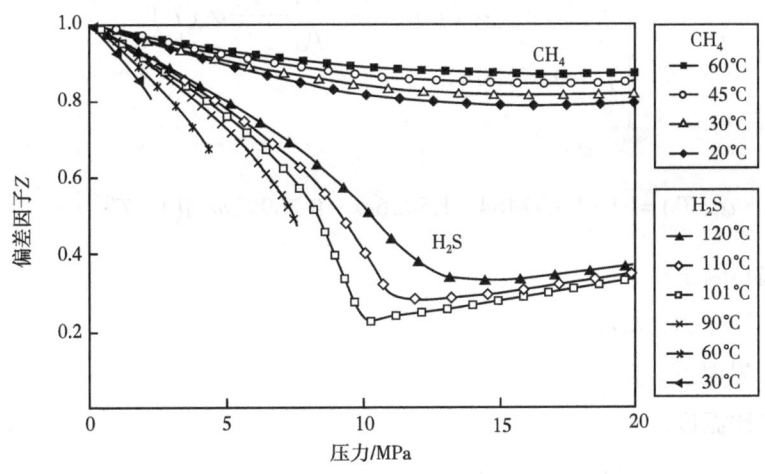

图 4-2-4　硫化氢、甲烷偏差因子比较

的偏差因子与二氧化碳相比，偏差因子最小值向右移动，这是因为硫化氢的临界压力比二氧化碳临界压力大的缘故。硫化氢的偏差因子低于甲烷的偏差因子，其中甲烷的偏差因子变化幅度小（$Z=0.7\sim1.0$），说明硫化氢偏离理想气体的程度大，具有高度压缩性。低于硫化氢的临界温度 $T_c=100.4\ ℃$时，随着压力逐渐增大，处于气态的硫化氢液化，所以硫化氢的偏差因子曲线中断，中断点相应温度所对应的压力即为硫化氢的饱和蒸汽压。

### 七、气体物性方程

1.Peng-Robinson 方程

1）纯组分体系

对于纯组分体系，真实气体的状态采用 Peng-Robinson 方程进行描述，该方程的形式是[44]：

$$p = \frac{RT}{V-b} - \frac{a(T)}{V(V+b)+b(V-b)} \quad (4\text{-}2\text{-}60)$$

式中　$p$——压力，MPa；

　　　$T$——温度，K；

　　　$V$——分子体积，$m^3$；

　　　$a(T)$——分子引力系数；

　　　$b$——分子斥力系数；

　　　$R$——摩尔气体常数，取 8.314 J/(mol·K)。

对于与温度相关的分子引力系数 $a(T)$ 及分子斥力系数 $b$ 采用式（4-2-61）进行计算：

$$\begin{cases} a_i(T) = a_{ci}\alpha_i(T) = \dfrac{0.45724R^2T_{ci}^2}{p_{ci}}\alpha_i(T) \\ b_i = \dfrac{0.07780RT_{ci}}{p_{ci}} \end{cases} \quad (4\text{-}2\text{-}61)$$

$$\alpha_i(T) = \left[1 + \left(0.37464 + 1.5426\omega_i - 0.26992\omega_i^2\right)\left(1-T_{ri}^{0.5}\right)\right]^2 \quad (4\text{-}2\text{-}62)$$

式中　$\omega$——偏心因子；

　　　$p_c$——临界压力，MPa；

　　　$T_c$——临界温度，K；

　　　$T_r$——对比温度。

引入中间参数 $A = \dfrac{a(T)p}{(RT)^2}$ 及 $B = \dfrac{bp}{RT}$，可将式（4-2-60）转化为对应的 $Z$ 三次方程：

$$Z^3 + (B-1)Z^2 + (A-3B^2-2B)Z - (AB-B^2-B^3) = 0 \qquad (4\text{-}2\text{-}63)$$

2）多组分体系

对于多组分体系，Peng-Robinson 方程的形式如下：

$$P = \frac{RT}{V-b_\mathrm{m}} - \frac{a_\mathrm{m}(T)}{V(V+b_\mathrm{m})+b_\mathrm{m}(V-b_\mathrm{m})} \qquad (4\text{-}2\text{-}64)$$

其中 $a_\mathrm{m}(T)$ 和 $b_\mathrm{m}$ 仍采用 Soave-Redlich-Kwong 方程中的混合规则进行求解[45]：

$$\begin{cases} a_\mathrm{m}(T) = \sum_{i=1}^{n}\sum_{j=1}^{n} x_i x_j \left(a_{ci}a_{cj}\alpha_{ci}\alpha_{cj}\right)^{0.5}(1-k_{ij}) \\ b_\mathrm{m} = \sum_{i=1}^{n} x_i b_i \end{cases} \qquad (4\text{-}2\text{-}65)$$

式中　$k_{ij}$——二元交换系数。

引入中间参数 $A_\mathrm{m} = \dfrac{a_\mathrm{m}(T)p}{(RT)^2}$ 及 $B_\mathrm{m} = \dfrac{b_\mathrm{m}p}{RT}$，可将式（4-2-64）转化为对应的 $Z$ 三次方程：

$$Z_\mathrm{m}^3 + (B_\mathrm{m}-1)Z_\mathrm{m}^2 + (A_\mathrm{m}-3B_\mathrm{m}^2-2B_\mathrm{m})Z_\mathrm{m} - (A_\mathrm{m}B_\mathrm{m}-B_\mathrm{m}^2-B_\mathrm{m}^3) = 0 \qquad (4\text{-}2\text{-}66)$$

**2. 天然气黏度**

对于天然气黏度，采用 Dempsey 给出的计算公式[46]：

$$\ln\left(\frac{\mu_\mathrm{g}T_\mathrm{pr}}{\mu_\mathrm{gl}}\right) = A_0 + A_1 p_\mathrm{pr} + A_2 p_\mathrm{pr}^2 + A_3 p_\mathrm{pr}^3 + T_\mathrm{pr}\left(A_4 + A_5 p_\mathrm{pr} + A_6 p_\mathrm{pr}^2 + A_7 p_\mathrm{pr}^3\right)$$
$$+ T_\mathrm{pr}^2\left(A_8 + A_9 p_\mathrm{pr} + A_{10} p_\mathrm{pr}^2 + A_{11} p_\mathrm{pr}^3\right) + T_\mathrm{pr}^3\left(A_{12} + A_{13} p_\mathrm{pr} + A_{14} p_\mathrm{pr}^2 + A_{15} p_\mathrm{pr}^3\right) \qquad (4\text{-}2\text{-}67)$$

其中，$\mu_\mathrm{gl} = (1.709\times10^{-5} - 2.062\times10^{-6}\gamma_\mathrm{g})(1.8T+32) + 8.188\times10^{-3} - 6.15\times10^{-3}\lg\gamma_\mathrm{g}$。

式中　$\mu_\mathrm{gl}$——在大气压和任意温度下的天然气黏度，mPa·s；

　　　$\mu_\mathrm{g}$——天然气黏度，mPa·s；

　　　$A_0 \sim A_{15}$——系数，其值见表 4-2-4。

表 4-2-4　式（4-2-67）中相关参数取值

| 系数 | 值 | 系数 | 值 | 系数 | 值 |
| --- | --- | --- | --- | --- | --- |
| $A_0$ | -2.4621182 | $A_5$ | -3.49803305 | $A_{10}$ | -0.149144925 |
| $A_1$ | 2.97054714 | $A_6$ | -3.49803305 | $A_{11}$ | 0.00441015512 |
| $A_2$ | -0.286264054 | $A_7$ | -0.0104432413 | $A_{12}$ | 0.0839387178 |

续表

| 系数 | 值 | 系数 | 值 | 系数 | 值 |
| --- | --- | --- | --- | --- | --- |
| $A_3$ | 0.00805420522 | $A_8$ | −0.793385684 | $A_{13}$ | −0.186408846 |
| $A_4$ | 2.80860949 | $A_9$ | 1.39643306 | $A_{14}$ | 0.0203367881 |
| $A_{15}$ | −0.000609579263 | | | | |

### 3. 油基钻井液黏度

气侵发生后，气体溶解在油基钻井液中会影响钻井液黏度。但气体溶解在钻井液后其黏度的计算仍未有相关数学模型，本书采用 Beggs 和 Robinson 于 1975 年给出的原油黏度的计算公式[47]。

对于没有溶解气的油基钻井液，其黏度计算表达式为：

$$\mu_{on} = \left(10^x - 1\right)/1000 \qquad (4\text{-}2\text{-}68)$$

$$x = 10^{3.0324 - 0.02023 \times (141.5/S_1 - 131.5)} \left[\left(1.8T - 459.67\right)^{-1.163}\right] \qquad (4\text{-}2\text{-}69)$$

如果流体压力小于其泡点压力，溶解有气体的钻井液黏度为：

$$\mu_o = 10.715 \times (5.6146R_s + 100)^{-0.515} \mu_{on}^{5.44(5.6146R_s + 150)^{-0.338}} \qquad (4\text{-}2\text{-}70)$$

若流体压力大于其泡点压力，则采用 Vasquez 和 Beggs 给出的溶解有气体的未饱和钻井液的黏度计算式[48]：

$$\mu'_o = \mu_{ob} \left(\frac{p}{p_b}\right)^{0.2628 p^{1.187} e^{-11.513 - 1.3024 \times 10^{-5} p}} \qquad (4\text{-}2\text{-}71)$$

### 4. 水基钻井液黏度

对于水基钻井液黏度计算，采用 Minton 和 Bern[49] 建立的计算模型，有：

$$\mu(T, p) = \mu_0 \exp\left[\alpha(T - T_0) + \beta(p - p_0)\right] \qquad (4\text{-}2\text{-}72)$$

式中　$T_0$——初始温度，℃；

$p_0$——初始压力，MPa；

$\mu_0$——钻井液初始表观黏度，mPa·s；

$\alpha, \beta$——与温度和压力相关的经验系数。

### 5. 表面张力

1) 原油—天然气表面张力

原油—天然气表面张力采用孙宝江和陈家琅等学者推荐的公式[50]：

$$\sigma_{\mathrm{og}}=\left[42.4-0.047(1.8T+32)-0.267\left(\frac{141.5-131.5\gamma_{\mathrm{o}}}{\gamma_{\mathrm{o}}}\right)\right]\mathrm{e}^{-0.0001015p} \quad (4-2-73)$$

式中 $\sigma_{\mathrm{og}}$——原油—天然气表面张力，N/m；

$\gamma_{\mathrm{o}}$——原油相对密度。

2）水—天然气表面张力

水—天然气表面张力的计算公式[50]：

$$\sigma_{\mathrm{wg}}=\frac{248-1.8T}{206}\left(76\mathrm{e}^{-0.0003625p}-52.5+0.00087p\right)+52.5-0.00087p \quad (4-2-74)$$

式中 $\sigma_{\mathrm{wg}}$——水—天然气表面张力，N/m。

对于油基钻井液或者水基钻井液，在求解油、水混合物与天然气的表面张力时，孙宝江推荐采用如下计算式[50]：

$$\sigma=\sigma_{\mathrm{og}}(1-f_{\mathrm{w}})+\sigma_{\mathrm{wg}}f_{\mathrm{w}} \quad (4-2-75)$$

式中 $\sigma$——油、水混合物与天然气的表面张力，N/m；

$f_{\mathrm{w}}$——油、水混合物的体积含水率。

### 6. 液相密度

钻井液密度是影响井筒压力的决定性因素。气体在钻井液中的溶解和析出都会使得钻井液密度发生改变，从而引起井筒压力发生变化。在井下一定温度和压力条件下，钻井液体积系数为：

$$B_{\mathrm{l}}=\frac{V}{V_{\mathrm{sc}}}=1+f_{\mathrm{o}}(B_{\mathrm{o}}-1) \quad (4-2-76)$$

式中 $B_{\mathrm{l}}$——钻井液体积系数；

$V$——井下一定温度和压力条件下溶解有气体的钻井液体积，m³；

$V_{\mathrm{sc}}$——地面脱气钻井液体积，m³；

$B_{\mathrm{o}}$——油相体积系数；

$f_{\mathrm{o}}$——地面钻井液中油相体积系数。

根据质量守恒有：

$$\rho_{\mathrm{lg}}V=\rho_{\mathrm{g\_sc}}V_{\mathrm{sc}}R_{\mathrm{s}}+\rho_{\mathrm{l\_sc}}V_{\mathrm{sc}} \quad (4-2-77)$$

式中 $\rho_{\mathrm{lg}}$——溶解有气体的钻井液密度，kg/m³；

$\rho_{\mathrm{g\_sc}}$——地面气体密度，kg/m³；

$\rho_{l\_sc}$——地面钻井液密度，kg/m³。

因此，气体溶解在钻井液后其密度的计算公式如下：

$$\rho_{lg} = \frac{\rho_{g\_sc}R_s + \rho_{l\_sc}}{B_l} \quad (4-2-78)$$

## 第三节 模型数值化求解

### 一、定解域网格划分

通常，研究者将研究井筒多相流过程中的时间域和空间域称为定解域。不同的工况对应着不同的时间域和空间域，如研究溢流发展规律，一般将时间域定义为气体从进入井筒再上返到井口的时间，而空间域为钻柱与井眼形成的环形空间；若研究压井工况，当采用司钻法压井时其时间域包括原钻井液循环排出环空气侵钻井液时间，以及重钻井液替换原钻井液时间，对应的空间域是整个井下循环通道。因此，明确了求解问题的时间域和空间域后，首先需要对定解域进行网格划分（图4-3-1）。

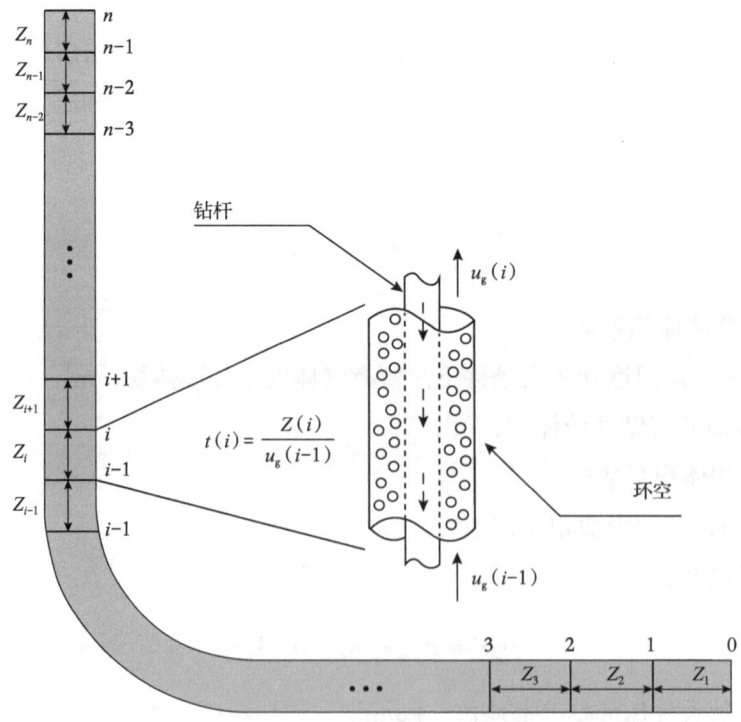

图4-3-1 定解域网格划分示意图

1. 空间域网格划分

气侵发生后，气体从井底往井口上返过程中，其速度是不断发生变化的。在环空的下部，气体速度较慢，而运移到环空中上部，气体速度明显增加，尤其在井口附近，气体速度迅速增加。采用均匀网格步长对整个空间域进行划分时，如果步长较大，在满足下部井段计算精度的时候，上部井段计算误差较大，甚至出现发散现象；若步长较小，使得计算时间太长。因此，在空间域网格划分的过程中，采用变空间步长进行网格划分。将空间步长的网格序号从井底向井口依次取为 0，1，2，3，…，$n$，第一个网格长度为 $Z(0)$，最后一个网格长度为 $Z(n)$，则中间任一网格长度为：

$$Z(i) = Z(i-1) \times \left[\frac{Z(n)}{Z(0)}\right]^{\frac{1}{n-1}}, i \geqslant 1 \tag{4-3-1}$$

式中 $Z(i)$——任一空间步长，m。

2. 时间域网格划分

在对时间域网格划分时，一般将环空中气体从上一个单元格运移到下一个单元格的时间记为其时间步长，采用式（4-3-2）计算：

$$t(i) = \frac{Z(i)}{u_g(i-1)} \tag{4-3-2}$$

式中 $t(i)$——任一时间步长，s；

$u_g(i-1)$——气体运移速度，m/s。

## 二、差分方程

通常，采用有限差分法对井筒一维瞬态环空多相流动控制方程进行离散求解，有限差分法可分为两种方法：（1）显式差分；（2）隐式差分。显式差分形式简单，易于求解，但必须满足柯朗数 Courant < 1 才能保证求解方法的稳定性；隐式差分法虽构造复杂，但无条件收敛。因此，本书采用 Preissmann 加权四点隐式差分格式对控制方程组进行离散。

Preissmann 隐式差分分别在空间上和时间上的一阶导数的差分形式如下[51]：

$$\frac{\partial F}{\partial t} = (1-\beta)\frac{F_j^{n+1} - F_j^n}{\Delta t} + \beta \frac{F_{j+1}^{n+1} - F_{j+1}^n}{\Delta t} \tag{4-3-3}$$

$$\frac{\partial F}{\partial z} = (1-\theta)\frac{F_{j+1}^n - F_j^n}{\Delta z} + \theta \frac{F_{j+1}^{n+1} - F_j^{n+1}}{\Delta z} \tag{4-3-4}$$

$$F = (1-\theta)\frac{F_{j+1}^n + F_j^n}{2} + \theta\frac{F_{j+1}^{n+1} + F_j^{n+1}}{2} \qquad (4\text{-}3\text{-}5)$$

式中 $\beta, \theta$——加权因子，取值范围 $0 \leqslant \beta, \theta \leqslant 1$。

通常，加权因子 $\beta$ 和 $\theta$ 取值为 0.5 或者 1。当其取值都为 0.5 时，相应的差分格式转换为盒格式；若加权因子 $\beta$ 和 $\theta$ 都取值为 1 时，则演变为全隐式差分格式。本书将时间方向上的加权因子 $\beta$ 取为 0.5，将空间方向上加权因子 $\theta$ 取为 1，则 Preissmann 差分格式形式变为：

$$\frac{\partial F}{\partial t} = 0.5\frac{F_j^{n+1} - F_j^n}{\Delta t} + 0.5\frac{F_{j+1}^{n+1} - F_{j+1}^n}{\Delta t} \qquad (4\text{-}3\text{-}6)$$

$$\frac{\partial F}{\partial z} = \frac{F_{j+1}^{n+1} - F_j^{n+1}}{\Delta z} \qquad (4\text{-}3\text{-}7)$$

$$F = \frac{F_{j+1}^{n+1} + F_j^{n+1}}{2} \qquad (4\text{-}3\text{-}8)$$

因此，将连续性方程和混合动量方程采用式（4-3-6）至式（4-3-8）的差分格式依次离散偏微分项，即可建立相应的差分方程：

产层段气相连续性方程：

$$\begin{aligned}
&\left(\rho_g H_g u_g A + \rho_g R_s H_l u_l A\right)_{j+1}^{n+1} - \left(\rho_g H_g u_g A + \rho_g R_s H_l u_l A\right)_j^{n+1} \\
&= \frac{\Delta z}{2\Delta t}\Big[\left(\rho_g H_g A + \rho_g R_s H_l A\right)_j^n + \left(\rho_g H_g A + \rho_g R_s H_l A\right)_{j+1}^n \\
&\quad - \left(\rho_g H_g A + \rho_g R_s H_l A\right)_j^{n+1} - \left(\rho_g H_g A + \rho_g R_s H_l A\right)_{j+1}^{n+1}\Big] \\
&\quad + \frac{\Delta z}{2}\Big[\left(q_g\right)_j^{n+1} + \left(q_g\right)_{j+1}^{n+1}\Big]
\end{aligned} \qquad (4\text{-}3\text{-}9)$$

非产层段气相连续性方程：

$$\begin{aligned}
&\left(\rho_g H_g u_g A + \rho_g R_s H_l u_l A\right)_{j+1}^{n+1} - \left(\rho_g H_g u_g A + \rho_g R_s H_l u_l A\right)_j^{n+1} \\
&= \frac{\Delta z}{2\Delta t}\Big[\left(\rho_g H_g A + \rho_g R_s H_l A\right)_j^n + \left(\rho_g H_g A + \rho_g R_s H_l A\right)_{j+1}^n \\
&\quad - \left(\rho_g H_g A + \rho_g R_s H_l A\right)_j^{n+1} - \left(\rho_g H_g A + \rho_g R_s H_l A\right)_{j+1}^{n+1}\Big]
\end{aligned} \qquad (4\text{-}3\text{-}10)$$

液相连续性方程：

$$(\rho_1 H_1 u_1 A)_{j+1}^{n+1} - (\rho_1 H_1 u_1 A)_j^{n+1} = \frac{\Delta z}{2\Delta t}\Big[(\rho_1 H_1 A)_j^n + (\rho_1 H_1 A)_{j+1}^n \\ - (\rho_1 H_1 A)_j^{n+1} - (\rho_1 H_1 A)_{j+1}^{n+1}\Big]$$

（4-3-11）

混相动量守恒方程：

$$(pA)_{j+1}^{n+1} - (pA)_j^{n+1} = \Big[(\rho_g H_g u_g^2 A + \rho_1 H_1 u_1^2 A)_j^{n+1} - (\rho_g H_g u_g^2 A + \rho_1 H_1 u_1^2 A)_{j+1}^{n+1}\Big] \\ + \frac{\Delta z}{2\Delta t}\Big[(\rho_g H_g u_g A + \rho_1 H_1 u_1 A)_j^n + (\rho_g H_g u_g A + \rho_1 H_1 u_1 A)_{j+1}^n \\ - (\rho_g H_g u_g A + \rho_1 H_1 u_1 A)_j^{n+1} - (\rho_g H_g u_g A + \rho_1 H_1 u_1 A)_{j+1}^{n+1}\Big] \\ - \frac{\Delta z}{2}\Big[(\rho_g H_g Ag\cos\theta + \rho_1 H_1 Ag\cos\theta)_j^{n+1} + (\rho_g H_g Ag\cos\theta + \rho_1 H_1 Ag\cos\theta)_{j+1}^{n+1}\Big] \\ - \frac{\Delta z}{2}\Bigg[\left(A\left|\frac{\mathrm{d}p}{\mathrm{d}z}\right|_{\mathrm{fr}}\right)_j^{n+1} + \left(A\left|\frac{\mathrm{d}F_\mathrm{r}}{\mathrm{d}z}\right|\right)_{j+1}^{n+1}\Bigg]$$

（4-3-12）

### 三、模型求解

对于 Preissmann 隐式差分得到的一系列差分方程。$F_j^n$ 表示 $n$ 时刻节点 $j$ 上的流动参数，$F_{j+1}^n$ 表示 $n$ 时刻节点 $j+1$ 上的流动参数，$F_j^{n+1}$ 表示 $n+1$ 时刻节点 $j$ 上的流动参数，$F_{j+1}^{n+1}$ 表示 $n+1$ 时刻节点 $j+1$ 上的流动参数。可以发现要求解的未知流动参数不仅包括第 $n$ 个时间层上的已知流动参数，还包括第 $n+1$ 个时间层上的多个未知流动参数。因此，通常采用迭代法对这一系列差分方程组进行求解。

（1）初始 $n$ 时刻气体未侵入井筒，环空为单相流动，结合温度场和边界条件，计算各节点的流动参数和物性参数。

（2）估算 $n+1$ 时刻节点 1 上的压力为 $p_1^{n+1}$，用式（4-1-25）和式（4-1-26）及式（4-1-18）至式（4-1-22）分别计算气侵量和溶解度。

（3）判断 $n+1$ 时刻节点 1 上的气体是否全部溶解于钻井液中，如果气体未能全部溶解在钻井液中，则根据环空中自由气计算节点 1 上的各相速度、截面含气率及持液率；否则，仍按照单相流计算井筒各节点流动参数。

（4）假设 $n+1$ 时刻节点 2 上的压力为 $p_2^{n+1}$，根据气体物性方程计算气体各物性参数，并计算该节点溶解度。

（5）假设 $n+1$ 时刻节点 2 上的截面含气率为 $H_{g(2)}^{n+1}$，根据连续性方程求出该节点处折算速度 $u_{\mathrm{sg}(2)}^{n+1}$ 和 $u_{\mathrm{sl}(2)}^{n+1}$，并代入漂移模型求出截面含气率 $\left(H_{g(2)}^{n+1}\right)^*$。

（6）若 $\left|H_{g(2)}^{n+1} - \left(H_{g(2)}^{n+1}\right)^*\right| < \varepsilon$，满足精度要求，则继续进行下一步计算，否则重复步骤

(5)，直至满足收敛精度。

（7）将上面步骤计算得到的各物性参数和流动参数代入混相动量守恒方程中，计算 $\left(p_2^{n+1}\right)^*$。

（8）若 $\left|p_2^{n+1}-\left(p_2^{n+1}\right)^*\right|<\varepsilon$，满足精度要求，则开始从节点 2 一直往井口节点 $M$ 计算，否则重复步骤（4），直至满足收敛精度。

（9）当计算到井口节点 $M$ 时，求得井口压力 $p_m^{n+1}$；若 $\left|p_m^{n+1}-0.101\right|<\varepsilon$，满足精度要求，则 $n+1$ 时刻计算得到的所有节点参数都满足要求，否则重复步骤（2），直至满足收敛精度。

（10）以当前 $n+1$ 时刻为井筒各流动参数和物性参数为初始条件，重复步骤（2）~（9），开始 $n+2$ 时刻计算，直至模拟工况结束。

## 第四节　超深直井溢流发展规律

本节仍以新疆顺南气田某超深直井 SN-×× 井为例，对直井溢流发展规律进行研究，其基本参数在第三章中已详细说明。在 $\phi$215.9 mm 井眼中，采用钻井液密度 1.18 g/cm³ 和钻井液排量 25L/s 钻进。钻至井深 6430 m 处发生气侵，且储层厚度 3 m、储层渗透率 30 mD，以及初始井底负压差为 3 MPa。以刚开始气侵为起始点，模拟计算了井底压力、井底气侵速度、钻井液池增量、井口返出排量随气侵时间的变化关系；同时，当气液两相流前缘到达井口时，计算了截面含气率、气液混相速度及气液混相密度沿井深的分布。

### 一、井筒压力—地层溢流耦合对井筒流动特征影响

目前，已有研究成果表明在开展溢流发展规律研究时仅仅只是将气侵量当作某一定值进行模拟计算，并没有考虑井筒压力—地层溢流耦合的相互作用。为了能够对比分析井筒压力—地层溢流耦合作用对溢流发展影响，在其余基础参数相同情况下，模拟计算了两种情况下相关参数变化。

#### 1. 气侵速率

气侵速率随气侵时间的变化对比如图 4-4-1 所示。当考虑井筒压力—地层溢流耦合作用时，气侵速率不是一定值，随着气侵时间的增加呈指数增加。这是因为在气侵初始阶段，地层压力和井底压力之间压差较小，使得气侵速率小于给定的气侵速率值，但随着气体从井底不断运移至井口过程中，气体不断膨胀，降低了静液柱压力，井底压力会

降低，使得井底负压差进一步增加，气侵速率随着井底负压差增加而增加。当负压差增大到某一值后，气侵速率超过给定的气侵速率值，并且随着溢流过程发展，气侵速率会越来越大。

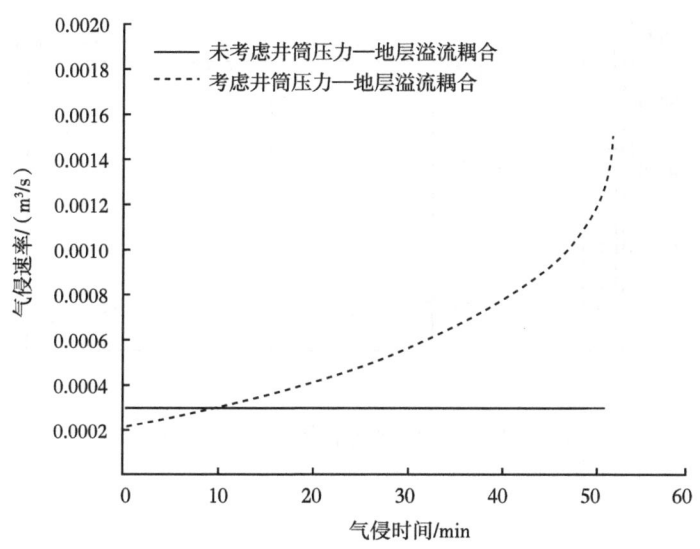

图 4-4-1  气侵速率随气侵时间的变化对比

## 2. 截面含气率

截面含气率沿井深分布对比如图 4-4-2 所示。截面含气率始终大于 0，即环空各截面均存在自由气体。然而，在恒定气侵速率情况下，截面含气率随着井深的增加而减小，上部井段位置处截面含气率变化明显，下部井段截面含气率变化小，这是因为气侵速率恒定时，气体从井底向井口上返过程中，气体体积不断膨胀，使得截面含气率增加，尤其当气体运移到井口附近，温度和压力降低使得气体体积急剧膨胀，截面含气率迅速增加，但在下部井段，由于气体周围环境的井筒静液柱压力大，使得气体膨胀受限，导致截面含气率增加不明显。当考虑井筒压力—地层溢流耦合作用时，不难发现气体运移至井口时，在中下部井段，随着井深的增加，截面含气率增加，即下部井段截面含气率大于井筒中部位置处的截面含气率；而上部井段，越接近井口，截面含气率越大，且上部井段截面含气率远大于下部井段截面含气率。这是因为气侵初始阶段，气侵速率较小，但气体随着钻井液经井底环空持续不断地循环上返，运移至井口附近上部井段时，气体体积急剧膨胀，使得井口附近上部井段截面含气率迅速增加。另外，随着井底负压差增加，气侵速率增加，且已运移到中部井段气体由于周围环境液柱压力大，体积膨胀较小，从而下部井段截面含气率高于中部井段截面含气率。

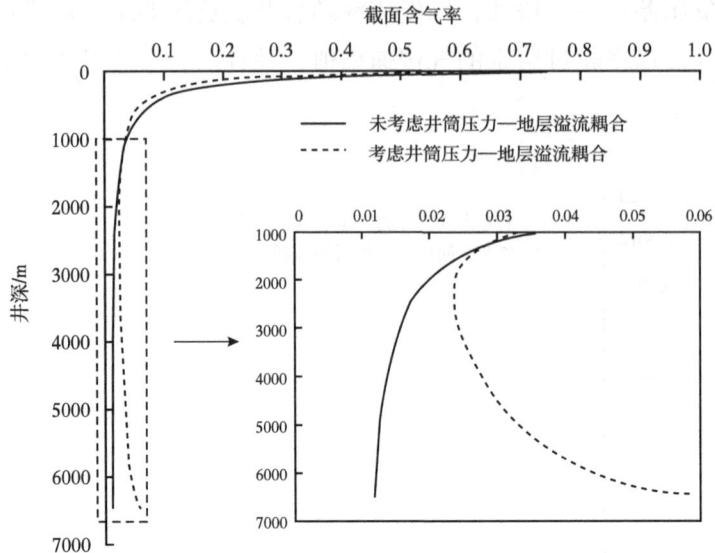

图 4-4-2 截面含气率沿井深分布对比

### 3. 井底压力

井底压力随气侵时间的变化对比如图 4-4-3 所示。在气侵的初始阶段,二者所计算的井底压力的变化规律基本相似。但不难发现两种情况下的井底压力之差随着气侵时间的增加其变化规律先增加后减小,并且在气侵初始阶段,井底压力之差小于零。原因在于,在气侵初始阶段,给定的气侵速率高于根据气侵量模型所计算的气侵速率,使得前者的井底压力会降低更多。随后,由两个模型计算出的井底压力之差大于零,且随着气侵时间的增加其压差增加。这是因为气体在环空内向上运移过程中体积发生膨胀,气液混相密度降低,导致环空内流体的静液柱压力降低,则井底负压差增加,这又使得气侵速率增加(图 4-4-1)。气侵速率越高,井底压力降低得越多,并且进一步增加气侵速率,从而形成"恶性"循环。但是,在气侵的最后阶段,两个结果之间的差异减小了。这是因为给定的初始气侵速率高于气侵量模型所计算的初始气侵速率(图 4-4-1),这意味着有更多的地层气进入井筒,一旦它运移到井口附近,气体体积膨胀量将更大,使得井底压力将降低更多。

### 4. 井筒压力

井筒压力沿井深分布对比如图 4-4-4 所示。当井深大于 5000 m 时,在相同井深位置处给定气侵速率下的井筒压力要大于考虑耦合作用时的井筒压力,如果井深小于 5000 m 时,则情况与此相反。这是因为井筒压力沿井深的分布与截面含气率沿井深分布密切相关,由图 4-4-1 可知,当气侵时间小于 10 min 时,给定的气侵速率始终大于考虑耦合作用下的气侵速率,则在这段时间内从地层进入环空的气体更多,并且当这部分气体运移至井口附近的上部井段时，由于气体体积迅速膨胀，相同井深处截面含气率比考虑耦合作用下的截面含气率大（图 4-4-4），相同井深处气液混相密度更小；而气侵时间超过 10 min 后，给定的气侵速率始终小于考虑耦合作用下的气侵速率，使得下部井段相同井深处截面含气率比考虑耦合作用下的截面含气率小（图 4-4-2），气液混相密度也减小更多。但由于井筒压力大小取决于气液混相密度和垂深，所以使得二者井筒压力沿井深分布出现交替现象。

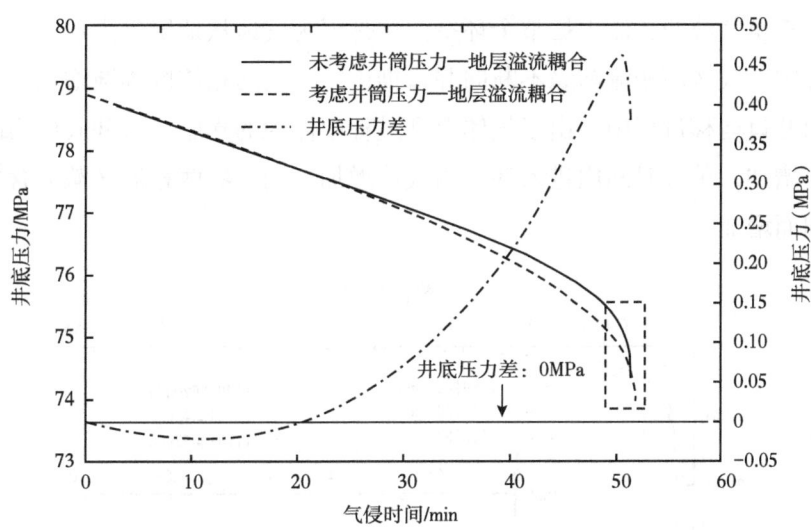

图 4-4-3 井底压力随气侵时间的变化对比

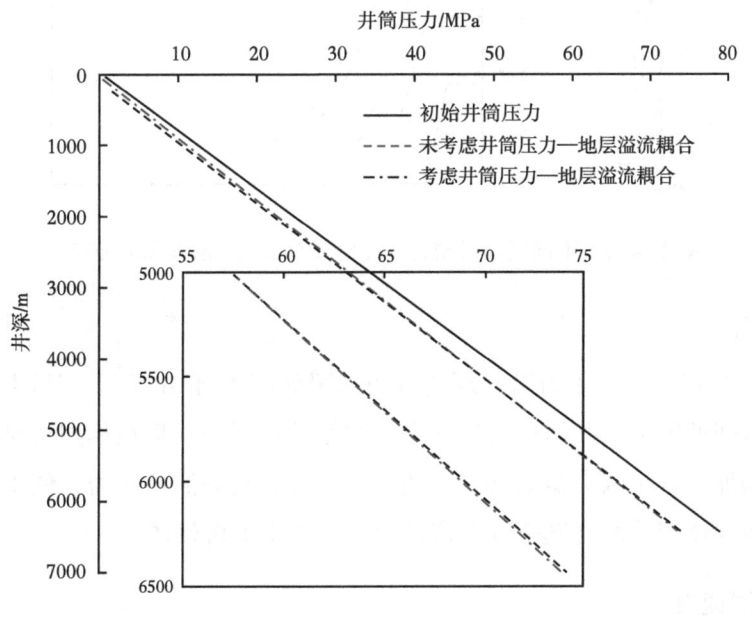

图 4-4-4 井筒压力沿井深分布对比

## 二、超深直井井筒流动参数变化规律

### 1. 截面含气率

不同气侵时刻直井井筒截面含气率沿井深的分布情况如图 4-4-5 所示。不同气侵时刻，井筒截面含气率沿井深的分布差异较大，在气液两相流区相同井深处截面含气率随着气侵时间的增加而增加，单相流动区截面含气率始终为 0，但单相流区随着气侵时间的增加逐渐减小，直至气液两相流占据整个环空。这是因为气体从地层进入环空后，从井底经环空上返过程中，气液两相流前缘不断向井口推进，气液两相流区逐渐增加。当气液两相流前缘不断向井口运移过程中，由于气体上升过程中体积的膨胀导致井底压力降低，从而使得气侵速率增加，单位时间内进入环空内气体增加，则气液两相流区截面含气率随着气侵时间的增加而增加。

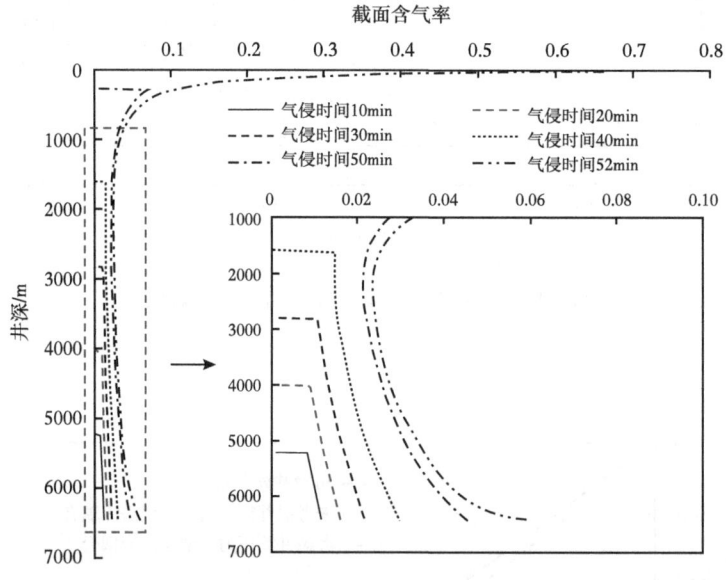

图 4-4-5　不同气侵时刻直井井筒截面含气率沿井深的分布

### 2. 井筒压力

不同气侵时刻直井井筒压力沿井深的分布情况如图 4-4-6 所示。从图 4-4-6 可以看出，随着气侵时间的增加，井筒压力逐渐偏离初始井筒压力，且在相同的时间间隔内井筒压力偏离程度增加。这是因为截面含气率的大小直接影响静液柱压力，使得不同时刻井筒压力沿井深分布规律与截面含气率分布密切相关，这里不再赘述。

### 3. 气液混相速度

不同气侵时刻直井气液混相速度沿井深的分布情况如图 4-4-7 所示。不同气侵时刻，气液混相速度沿井深的分布差异较大,其分布规律与截面含气率相同。在气液两相流区气液混相速度随着气侵时间的增加而增加,而在单相流动区气液混相速度保持不变。这是因为在单相流动区并没有被气体污染,截面含气率为0,气液混相速度为单相液相速度。而在气液两相区,井筒截面被一部分气体所占据,且截面含气率越大,气液折算速度越大,尽管液相折算速度会减小,但其减小幅度小于气液折算速度增加幅度。同时,可以发现气液混相速度在井深6300 m和1470 m处都发生了突变,这是因为由于套管尺寸和钻具组合变化,使得环空截面积发生改变,在相同循环排量下,环空截面积减小使得液相速度增加。

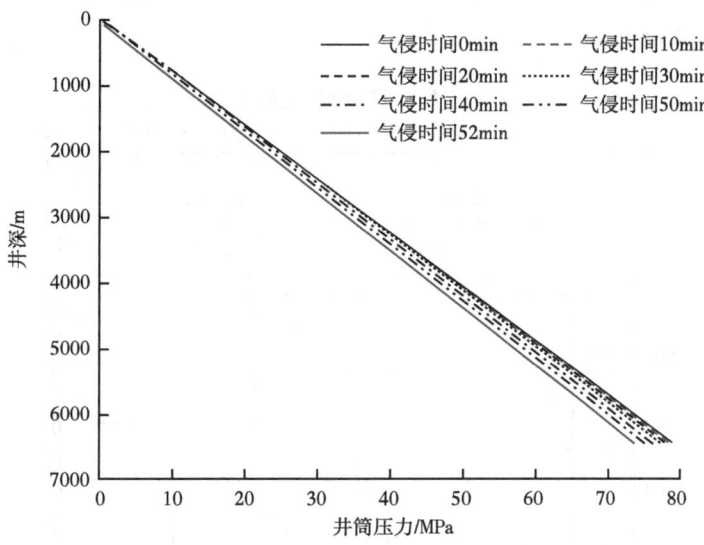

图4-4-6 不同气侵时刻直井井筒压力沿井深的分布

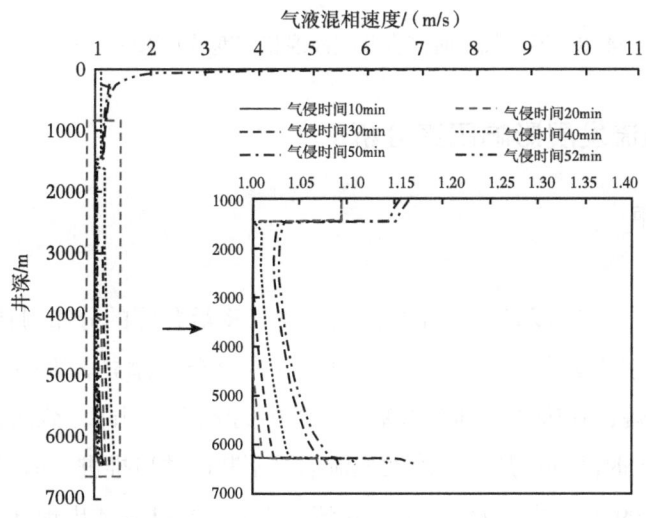

图4-4-7 不同气侵时刻直井气液混相速度沿井深的分布

### 4. 气液混相密度

不同气侵时刻直井气液混相密度沿井深的分布情况如图 4-4-8 所示。从图 4-4-8 可以看出，不同气侵时刻，气液混相速度沿井深的分布差异较大，其分布规律与截面含气率相反。在气液两相流区，气液混相密度随着气侵时间的增加而减小，而在单相流动区，气液混相密度保持不变。这是因为在单相流动区钻井液并没有被气体污染，截面含气率为 0，气液混相密度仍为原钻井液密度。而在气液两相区，井筒截面被一部分气体所占据，气液混相密度与截面含气率密切相关，则井筒某一位置处截面含气率越大，气体所占比例越多，气液混相密度就越小。

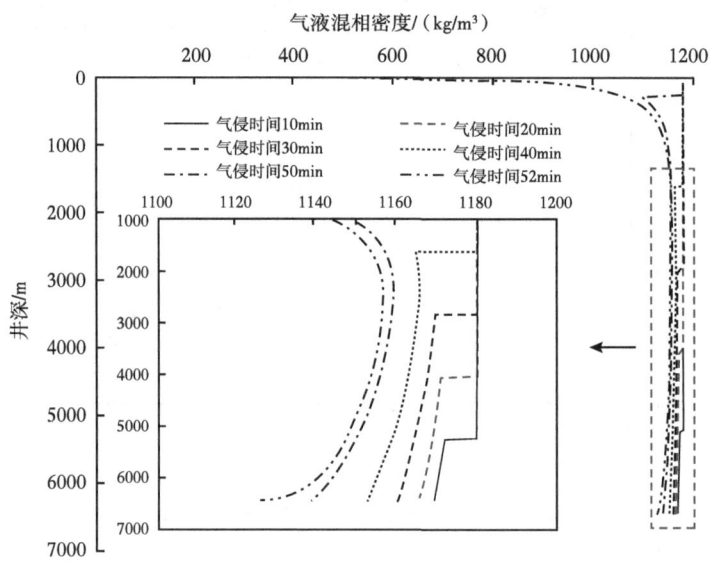

图 4-4-8　不同气侵时刻直井气液混相密度沿井深的分布

## 三、超深直井溢流发展影响因素分析

### 1. 气体溶解度影响

#### 1）截面含气率

不同钻井液体系下不同气侵时刻直井井筒截面含气率沿井深的分布对比如图 4-4-9 所示。水基钻井液和油基钻井液钻井时截面含气率沿井深分布规律显著不同。对于水基钻井液，侵入气体全部为甲烷，并未考虑其在水基钻井液中的溶解。因此，截面含气率沿井深分布都大于 0，且随着气侵时间的增加，气液两相流前缘不断向井口推进。但对于油基钻井液，不难发现气侵时间小于 99 min 时，环空仅为单相流，之后上部井段才出现气液两相流动。这是因为气侵初始阶段，气侵速率小，而井筒中下部静液柱压力和温度高，气体在油基钻井液中的溶解度高，导致从地层进入环空的气体全部溶解在油基钻井液中；但随着环空流体往井口上返，在距离井口某一深度位置时，由于对应深度处的井筒压力降低，使得甲烷在油基钻井液中的溶解度降低，溶解气开始从钻井液中逸出，成为自由气，井筒中出现气液两相流。

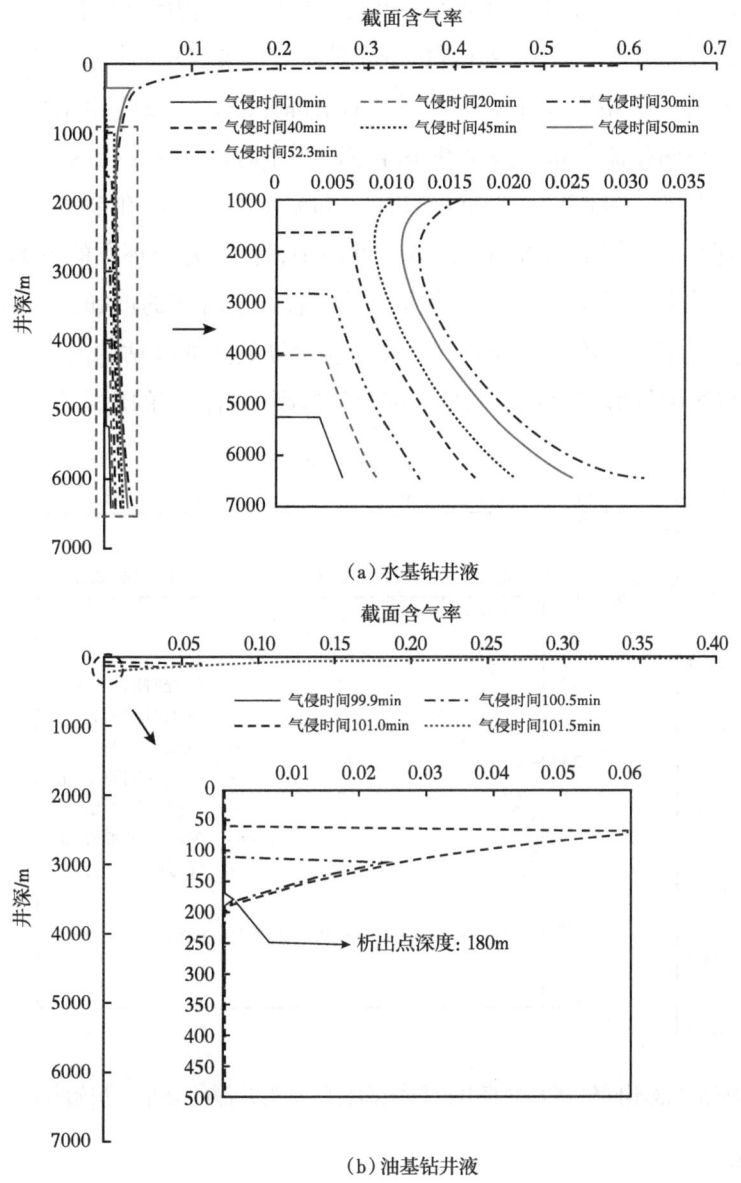

图 4-4-9　油基钻井液和水基钻井液不同气侵时刻直井井筒截面含气率沿井深的分布对比
（初始井底压差 2.0 MPa）

当初始井底负压差从 2.0 MPa 增加到 3.0 MPa 时，不同气侵时刻直井井筒截面含气率沿井深的分布情况如图 4-4-10 所示。显然，不难发现与井底负压差为 2.0 MPa 时相比，溶解气析出点位置提前 210 m。这是因为井底负压差增加，单位时间内更多气体进入井筒，溶解在油基钻井液中气体会降低钻井液密度，使得静液柱压力减小，溶解气越多，静液柱压力降低越多，且气体在油基钻井液中的溶解度随着压力的降低而降低。因此，当溶解有自由气的钻井液上返时，溶解气逸出点的位置将提前。并且，当初始井底负压差为 6.0 MPa 时，不同气侵时刻直井井筒截面含气率沿井深的分布情况如图 4-4-11 所示。不难发现，当气侵时间小于 69.0 min 时，单相流存在于井眼环空的下部井段，气液两相流存在于井眼环空上部井段。之后，气液两相流分布于整个井眼环空，气体运移和膨胀行为与水基钻井液类似。这是因为气侵初始阶段，井筒中下部静液柱压力和温度高，气体在油基钻井液中的溶解度高，从地层进入环空的气体全部溶解在油基钻井液中，使得井眼环空的下部井段为单相流；但该情况下初始井底负压差大，气侵速率大，且随着气侵时间的增加，气侵速率呈指数增加，当气侵速率超过某一阈值后，导致与之相对应深度处的油基钻井液无法完全溶解气体，使得一部分气体以溶解气形式存在，而另一部分气体则以自由气的形式存在。

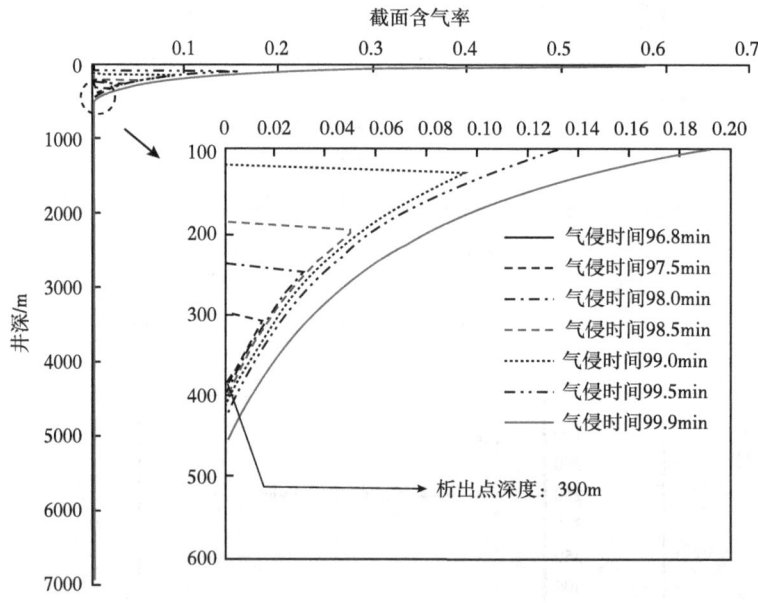

图 4-4-10　油基钻井液不同气侵时刻直井井筒截面含气率沿井深的分布（初始井底压差 3.0 MPa）

2）井底压力

不同钻井液体系下直井井底压力随气侵时间的变化对比如图 4-4-12 所示。采用油基钻井液进行钻井施工时，在溶解气逸出之前，井底压力都没有明显下降。在这种情况下，侵入井筒的地层气体全部溶解于油基钻井液中，使得钻井液密度轻微降低，导致井底压力下降幅度相对较小；且溶解气逸出位置离井口较近，自由气体体积膨胀相比于中下部井段要快，使得井底压力下降幅度增加。对于水基钻井液，由于未考虑气体溶解，气体在运移至井口过程中,环空中始终存在气液两相流,气体体积不断膨胀,井底压力下降快且下降幅度更大。不难发现,当气体经井底环空运移至井口时,水基钻井液中的井底压力从78.9 MPa降低到75.9 MPa,而对于油基钻井液,井底压力从78.9 MPa下降到77.58 MPa。且对于油基钻井液,由于气侵初期自由气全部溶解在钻井液中,气液混相速度较小,使得气体到达井口的时间延长。

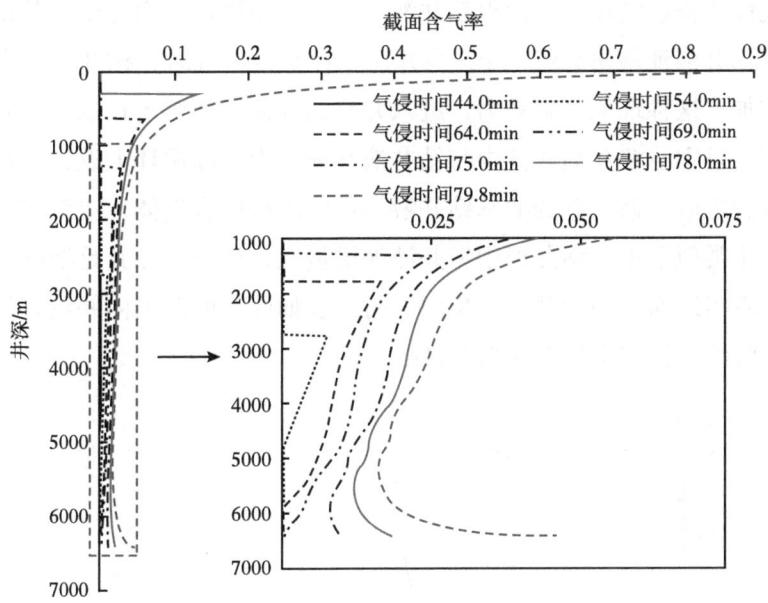

图4-4-11 油基钻井液不同气侵时刻直井井筒截面含气率沿井深的分布(初始井底压差6.0 MPa)

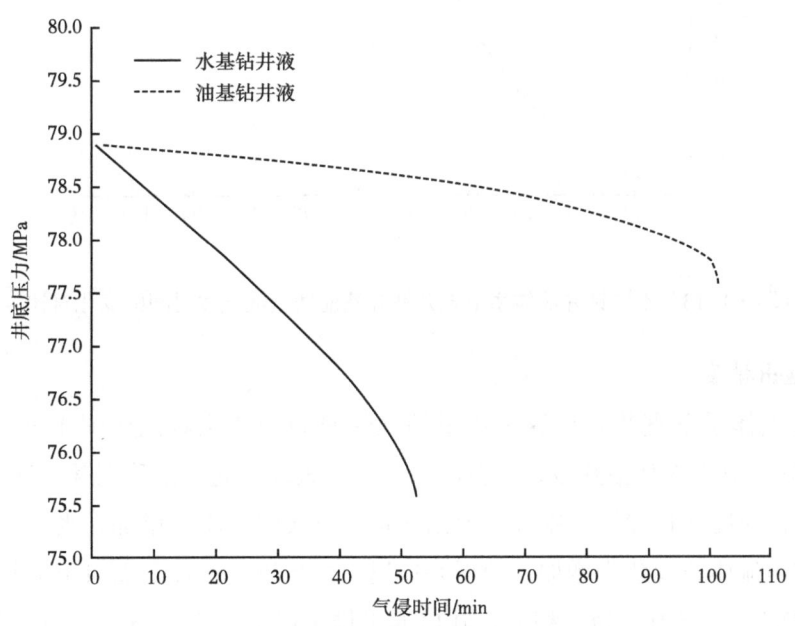

图4-4-12 不同钻井液体系下直井井底压力随气侵时间的变化对比

3）钻井液池增量

不同钻井液体系下直井钻井液池增量随气侵时间的变化对比如图4-4-13所示。对于水基钻井液，钻井液池增量始终随着气侵时间增加呈指数增加的趋势。这是因为气侵初期，侵入环空的气体在中下部井段，气体体积膨胀小，钻井液池增量较小；当气体运移至井口附近时，气体体积急剧膨胀，使得钻井液池增量快速增加。而对于油基钻井液，在溶解气逸出之前，钻井液池增量始终为0，当井筒中存在自由气时，钻井液池增量随着气侵时间的增加而增加。这种现象可解释为，进入井筒的气体全部溶解在油基钻井液中，并没有自由气体存在，且它溶解在钻井液中与钻井液在环空中一起循环上返，在钻井液上返到环空中的某个位置之后，该位置的油基钻井液不足以溶解所有气体，溶解气将从钻井液中逸出并膨胀，产生类似于水基钻井液中钻井液池增量变化规律。尤其是溶解气逸出位置离井口近，这意味着当地面监测到井下发生溢流时，在如此短的距离内并没有足够的时间来处理溢流事故，将给井控安全带来巨大的挑战。

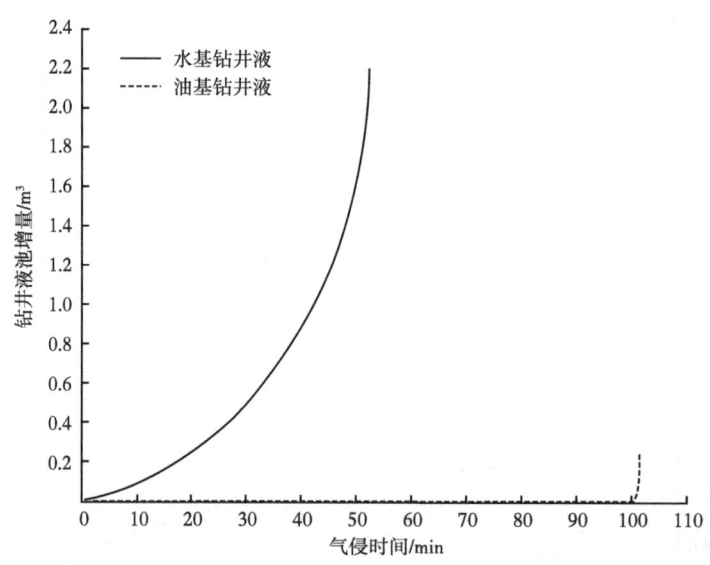

图4-4-13　不同钻井液体系下直井钻井液池增量随气侵时间的变化对比

4）井口返出排量

不同钻井液体系下直井井口返出排量随气侵时间的变化对比如图4-4-14所示。由图4-4-14可知，对于水基钻井液，在自由气体沿井眼环空向上运移到某井深位置处之前，由于环空内流体速度变化缓慢，则井口返出排量变化缓慢，略有增加；当气体运移到井口附近时，环空内流体速度急剧增加，使得井口返出排量迅速增加。而对于油基钻井液，在溶解气逸出之前，环空内仅为单相流，井口返出排量保持不变；当井筒中存在自由气时，井口返出排量开始随气侵时间增加而增加，之后其变化规律与水基钻井液相同。

# 第四章 超深复杂井钻井溢流期间环空瞬态多相流动规律特征

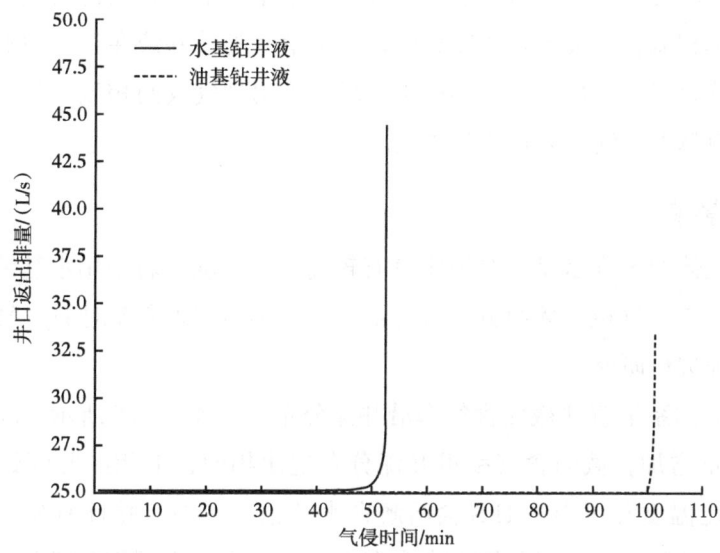

图 4-4-14 不同钻井液体系下直井井口返出排量随气侵时间的变化对比

5）气液混相速度

不同钻井液体系下直井气液混相速度沿井深分布对比如图 4-4-15 所示。对于水基钻井液，气液混相速度随着井深的减小而逐渐增加，但在环空截面积增加或者减小的井深位置处，气液混相速度会发生突变。在下部井段，由于截面含气率较低，气相速度增加幅度较小，气液混相速度变化不明显；而在井口附近，由于静液柱压力小，气体体积会快速

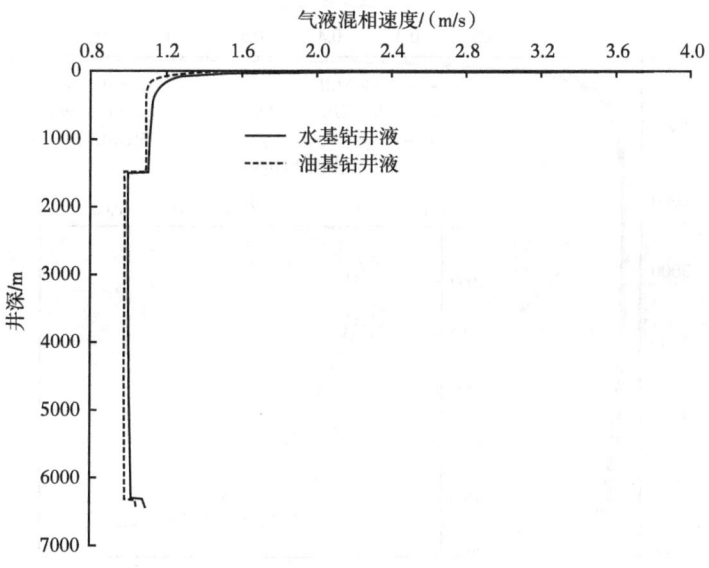

图 4-4-15 不同钻井液体系下直井气液混相速度沿井深分布对比

膨胀，气液混相速度变化明显。对于油基钻井液，由于中下部井段自由气全部溶解在油基钻井液中，仅为单相流，气液混相速度相同；当溶解气随钻井液在环空中上返至上部井段某个位置处时，溶解气开始从钻井液中逸出，环空内出现气液两相流，气液混相速度开始变化显著，离井口越近，气液混相速度越大。

### 2. 气体组分影响

考虑到酸性气体 $H_2S$ 在水基钻井液中具有较高的溶解度，若采用水基钻井液进行钻井施工作业时发生气侵，气侵气体组分中含有酸性气体 $H_2S$，故需要对 $H_2S$ 气体侵入井筒后流动参数变化特征进行研究。

不同气体组分体系下直井截面含气率沿井深分布如图 4-4-16 所示。随着气体组分中酸性气体 $H_2S$ 含量增加，截面含气率沿井深分布规律相似，但相同井深处截面含气率减小。这归因于一定温度和压力下 $H_2S$ 会溶解在水基钻井液中，并且 $H_2S$ 在水基钻井液中溶解度大，当侵入井筒的气体组分体系中含有 $H_2S$ 时，由于中下部井段井筒温度和压力较高，$H_2S$ 气体全部溶解在水基钻井液中。因此，在相同气侵量下，如果 $H_2S$ 含量越低，井筒内自由气体含量就越高，井底压力降低越快（图 4-4-17），导致井底负压差进一步增加，井底气侵速率越大，使得中下部井段截面含气率明显增加。不难发现，在上部井段相同井深处不同 $H_2S$ 含量下截面含气率却相差不大。这是因为在气侵初始阶段，井底压力降低值都相差不明显，气侵速率值接近，且溶解在水基钻井液中的 $H_2S$ 气体会在上部井段某个井深位置开始逐渐逸出。

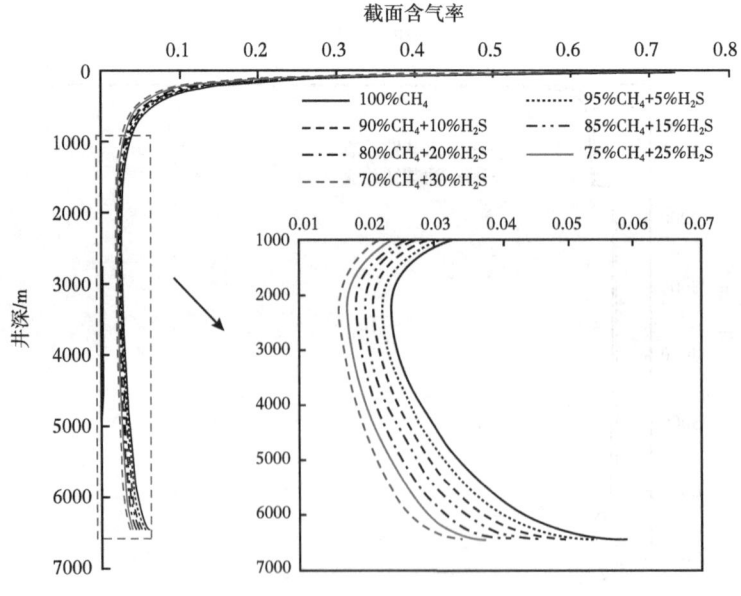

图 4-4-16　不同气体组分体系下直井井筒截面含气率沿井深分布

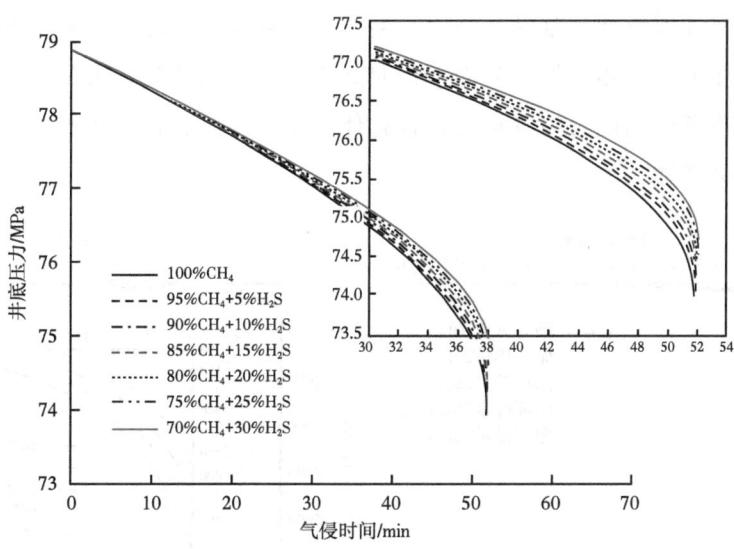

图 4-4-17　不同气体组分体系下直井井底压力随气侵时间变化

这意味着当溢流发生后，若气体组分中含有大量 $H_2S$ 气体时，由于井底压力、钻井液池增量，以及井口返出排量随气侵时间变化缓慢，导致早期溢流监测难度更大、更滞后。且监测到井底溢流发生后，通常气体两相流距离井口较近，从而留给井控的时间越短，井控难度也越大。因此，在高含硫化氢天然气钻井过程中，更应加强井底压力、钻井液池增量，以及井口返出排量监测，以便及时发现溢流并采取相应的井控措施。

### 3. 钻井液排量影响

1）截面含气率

不同循环排量下直井截面含气率沿井深分布如图 4-4-18 所示。对于水基钻井液，随着循环排量增加，相同井深位置处截面含气率减小，下部井段相同井深位置处截面含气率减小幅度大，而上部井段相同井深位置处截面含气率差异较小。一方面，钻井液循环排量越小，气体从井底经环空运移到井口的时间越长，相同条件下累计从地层进入井筒的气体越多，中下部井段相同井深位置处截面含气率增加。另一方面，在气侵初始阶段，气侵速度差异很小，意味着单位时间内进入井筒的气量相差无几，当这部分气体分别运移到井口附近时，其气体体积膨胀大小相似。因此，在不同循环排量下上部井段相同位置处截面含气率大小接近。

对于油基钻井液，截面含气率沿井深的变化规律与水基钻井液不同，不同循环排量下部井段截面含气率都为 0，上部井段截面含气率随着排量增加而减小，且环空气液两相流区减小。钻井液循环排量越小时，气体从井底经环空运移到井口的时间越长，相同条件下累计从地层进入井筒的气体越多，但下部井段钻井液溶解度大，气体都能溶解于钻井液中；同时，由于气体溶解在油基钻井液中，使得油基钻井液密度会略有减小，导致井底压力下降，井底负压差进一步增加，从而单位时间内更多气体将进入井筒，当其运移至上部井段时，溶解气逐渐逸出以自由气形式存在且体积不断膨胀，使得上部井段截面含气率在较小循环排量时会增加。

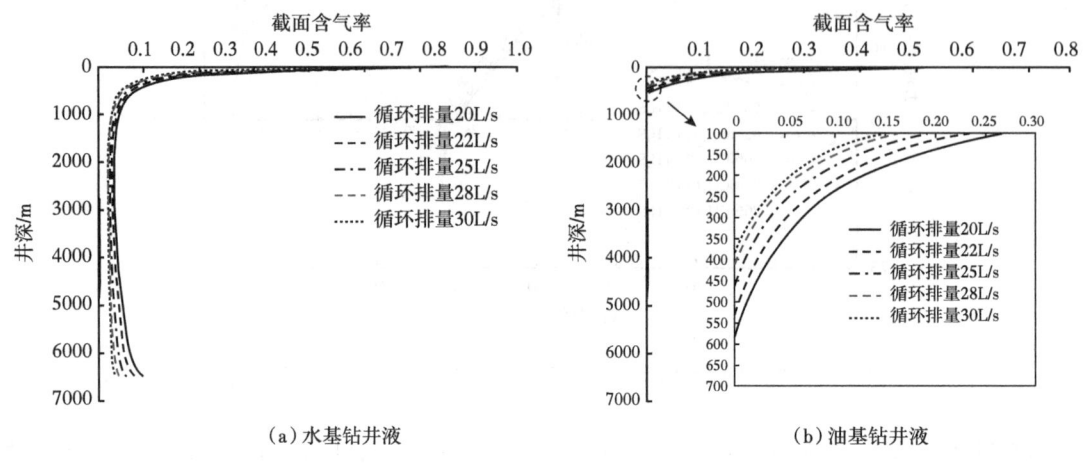

(a) 水基钻井液　　　　　　　　　(b) 油基钻井液

图 4-4-18　不同循环排量下直井截面含气率沿井深分布

2）井底压力

不同循环排量下直井井底压力随气侵时间的变化如图 4-4-19 所示。对于水基钻井液，循环排量越小，气体经井底环空运移至井口的时间越长，且井底压力下降幅度越大。井底压力的变化与截面含气率沿井深分布密切相关，这里不再赘述。不难发现，钻井液排量越大，初始井底压力也越大。这是因为在其余条件不变情况下，当钻井液循环排量越大时，钻井液在环空中产生的循环摩阻越大，则初始井底压力会增加。

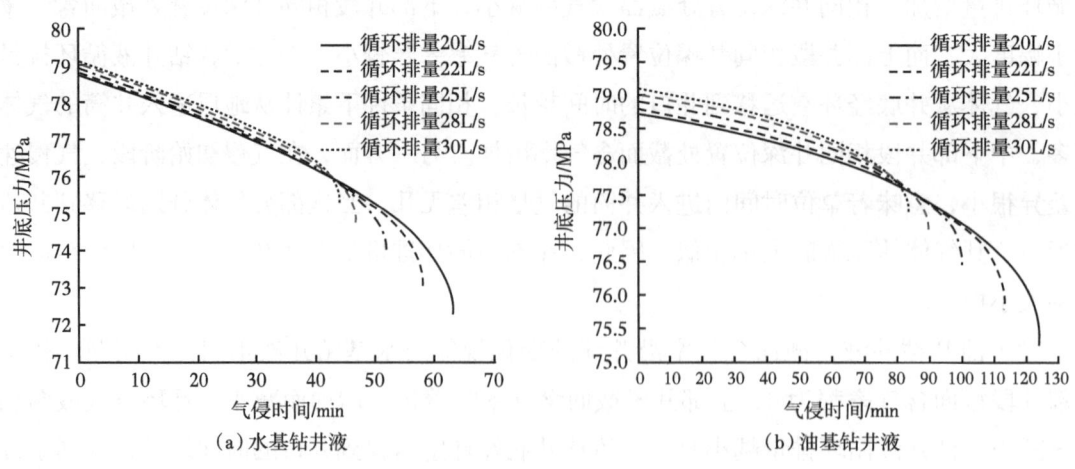

(a) 水基钻井液　　　　　　　　　(b) 油基钻井液

图 4-4-19　不同循环排量下直井井底压力随气侵时间的变化

对于油基钻井液，井底压力随气侵时间的变化规律与水基钻井液相似。气侵初始阶段，不同循环排量下井底压力下降幅度都较小，直至溶解气逸出后，井底压力下降幅度增加。这是因为在气侵初始阶段，不同循环排量下进入井筒的气体全部溶解于油基钻井液中，使得油基钻井液的密度降低，但溶解气造成钻井液密度降低的幅度要小于自由气体存在引起的钻井液密度降低幅度，因而油基钻井液井底压力在气侵初期降低较小，之后溶解气逸出，气体体积膨胀使得井底压力快速下降。

3）钻井液池增量

不同循环排量下直井钻井液池增量随气侵时间的变化如图4-4-20所示。对于水基钻井液，不同循环排量下，钻井液池增量都随着气侵时间的增加而呈指数增长，且随着钻井液排量增加，钻井液池增量减小。这是因为循环排量越小，气体经井底环空运移至井口的时间越长，气侵时间越长时，地层侵入井筒内气体就越多，则钻井液池增量越大。

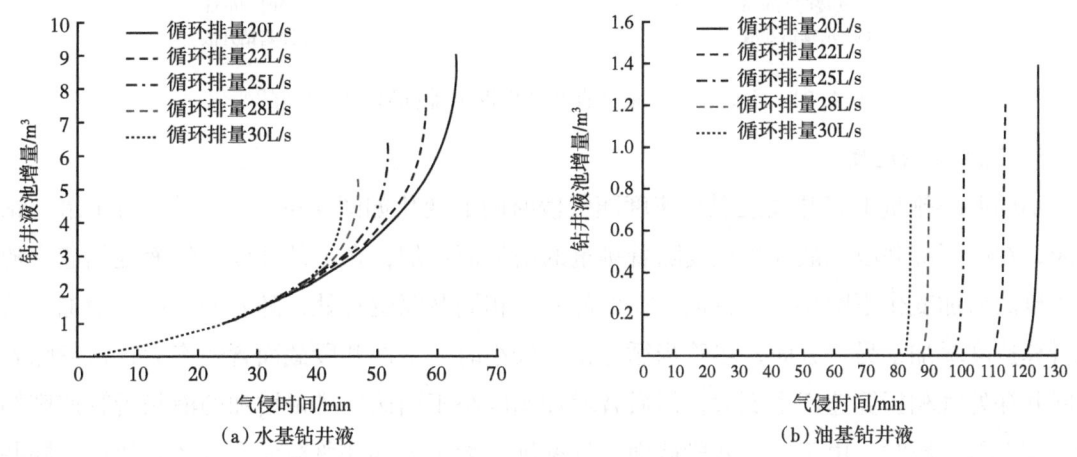

图4-4-20 不同循环排量下直井钻井液池增量随气侵时间的变化

对于油基钻井液，不同循环排量下，在溶解气逸出之前，钻井液池增量都为0，当环空中存在自由气体时，钻井液循环排量越小，钻井液池增量越大。初始气侵阶段，不同循环排量下进入环空的气体全部溶解在油基钻井液中，环空中并不存在自由气体，但溶解气随钻井液循环上返到井眼中的某个位置后，该位置处的油基钻井液不足以完全溶解所有气体，一部分溶解气将从钻井液中逸出并且体积发生膨胀，产生类似于水基钻井液中钻井液池增量变化规律，即随着钻井液排量增加，钻井液池增量减小。

4）井口返出排量

不同循环排量下直井井口返出排量随气侵时间的变化如图4-4-21所示。对于水基钻井液，钻井液循环排量越大，井口返出排量越大。且不同循环排量下，气侵时间小于某一值时，即气体沿井眼环空向上运移到某井深位置处之前，井口返出排量变化缓慢，略有增加；而气侵时间超过某一值后，即气体运移到井口附近，井口返出排量迅速增加。对于油基钻井液，不同排量下井口返出排量变化规律与水基钻井液不同，在溶解气逸出之前，井口返出排量保持不变；当环空中存在自由气体时，井口返出排量开始增加。

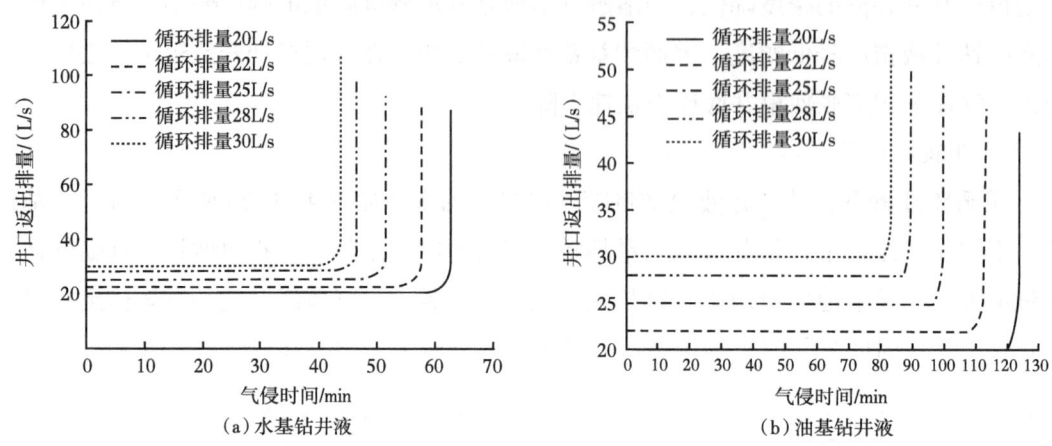

图 4-4-21　不同循环排量下直井井口返出排量随气侵时间的变化

5）气液混相速度

不同循环排量下直井气液混相速度随气侵时间的变化如图 4-4-22 所示。对于水基钻井液，在中下部井段气液混相速度随着排量的增加而增加；在上部井段，气液混相速度随着排量的增加变化不明显。一方面，在下部井段相同井深位置处，随循环排量增加，液相折算速度增加；另一方面，尽管当循环排量较小时，下部井段截面含气率大，这意味着相同井深处气相折算速度也更大，但后者增加幅度小于因循环排量增加的液相折算速度幅度。在上部井段时，由于上部井段截面含气率远远大于下部井段截面含气率，使得相同井深处气相折算速度增加幅度远大于因循环排量增加的液相折算速度幅度，并且不同排量下上部井段截面含气率沿井深分布差异较小（图 4-4-18），使得上部井段不同排量下气液混相速度接近。对于油基钻井液，在中下部井段气液混相速度随着排量的增加而增加；在上部井段，气液混相速度随着排量的增加变化不明显。由于中下部井段自由气全部溶解在油基钻井液中，环空仅为单相流，气液混相速度大小由排量决定；当溶解气随环空上返至上部井段某个位置处，溶解气开始从钻井液中逸出，环空中出现气液两相流，但不同排量下上部井段截面含气率沿井深分布差异较小。

4. 储层厚度影响

1）截面含气率

不同储层厚度下直井截面含气率沿井深分布如图 4-4-23 所示。对于水基钻井液，随着储层厚度的增加，相同井深处截面含气率增加。原因在于，储层厚度影响气侵量大小，储层厚度越大,单位时间内从地层进入井筒的气体越多,使得相同井深处截面含气率增加。对于油基钻井液,随着储层厚度增加,在溶解气逸出钻井液之前,截面含气率都为0;且环空气液两相流区随着储层厚度增加而增加,在气液两相流区相同井深处截面含气率随着储层厚度的增加而增加。一方面,尽管气侵速率随着储层厚度增加而增加,但中下部井段油基钻井液溶解度大,气体全部溶解在油基钻井液中,截面含气率为0;另一方面。储层厚度越大,单位时间内从地层进入环空的气体越多,溶解气逸出位置更深,且溶解气析出后,相同井深处截面含气率更大。

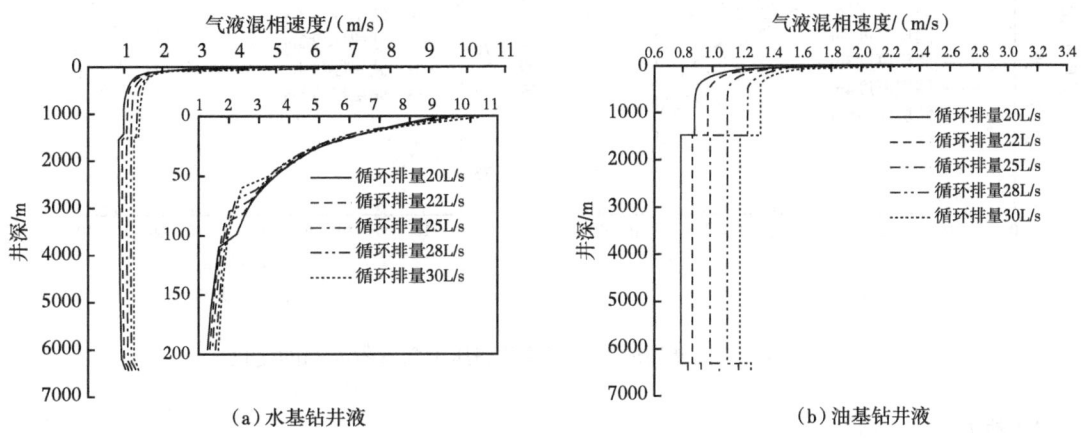

图4-4-22 不同循环排量下直井气液混相速度沿井深分布

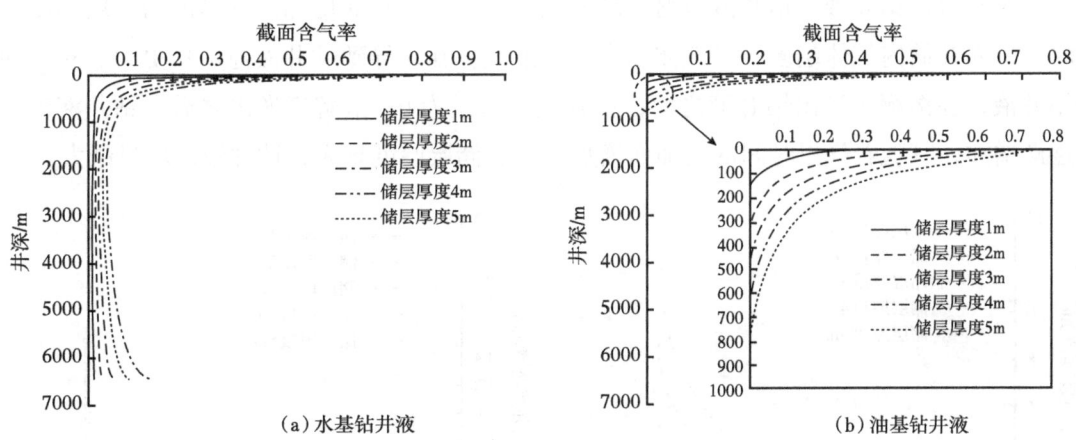

图4-4-23 不同储层厚度下直井截面含气率沿井深分布

2)井底压力

不同储层厚度下直井井底压力随气侵时间的变化如图4-4-24所示。对于水基钻井液和油基钻井液,井底压力都随着储层厚度的增加而快速降低,且气体从井底经环空运移到井口时间减小。储层厚度越大时,侵入井筒内气体越多,对于水基钻井液,气体以自由气形式存在，相同井深处截面含气率越高（图4-4-23），井底压力降低越快；而对于油基钻井液，当气体全部溶解在油基钻井液中时，气体以溶解气形式存在，钻井液密度降低更多，井底压力降低更快；且溶解气从油基钻井液中逸出位置更深，气体以自由气形式存在后，气体体积膨胀使得井底压力降低越快。

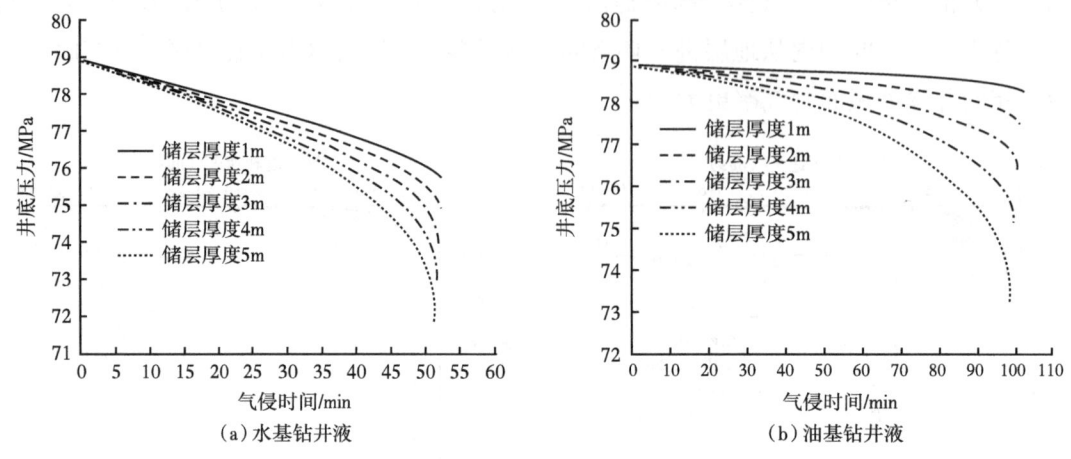

图4-4-24　不同储层厚度下直井井底压力随气侵时间的变化

3）钻井液池增量

不同储层厚度下直井钻井液池增量随气侵时间的变化如图4-4-25所示。由图4-4-25可知，对于水基钻井液，钻井液池增量随着储层厚度的增加而增加。这是因为储层厚度越大时，侵入井筒内气体越多，且气体以自由气形式存在，导致钻井液池增量更大。对于油基钻井液，在溶解气逸出钻井液之前，钻井液池增量为0；溶解气逸出之后，钻井液池增量逐渐增加，其随着气侵时间的增加而增加，并且储层厚度越大，钻井液池增量越大。

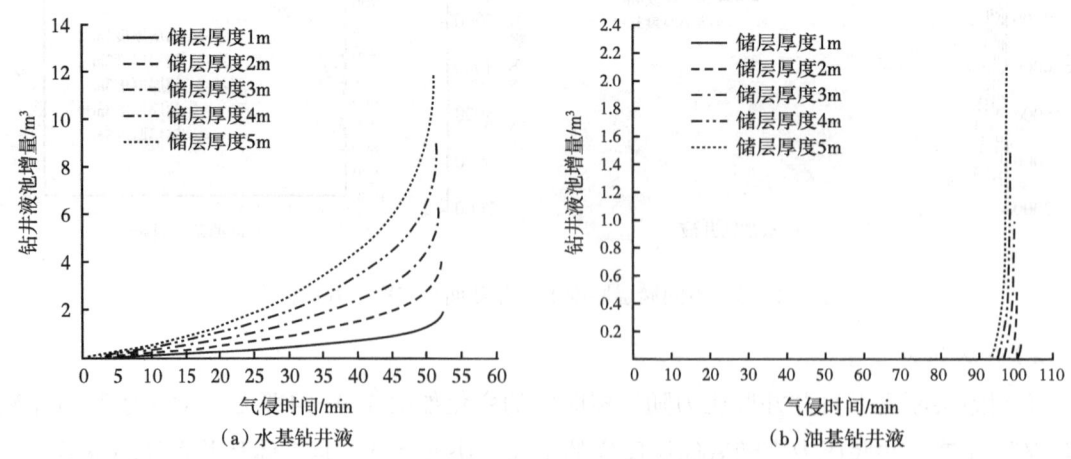

图4-4-25　不同储层厚度下直井钻井液池增量随气侵时间的变化

4）井口返出排量

不同储层厚度下直井井口返出排量随气侵时间的变化如图4-4-26所示。由图4-4-26可知，对于水基钻井液，随着储层厚度的增加，井口返出排量增加。但气侵初期，随着储层厚度增加，井口返出排量增加较小；当气液两相流运移至井口附近时，井口返出排量随着储层厚度增加急剧增加。对于油基钻井液，在溶解气逸出油基钻井液之前，井口返出排量几乎保持不变；溶解气逸出之后，井口返出排量逐渐增加，且储层厚度越大，井口返出排量越大。

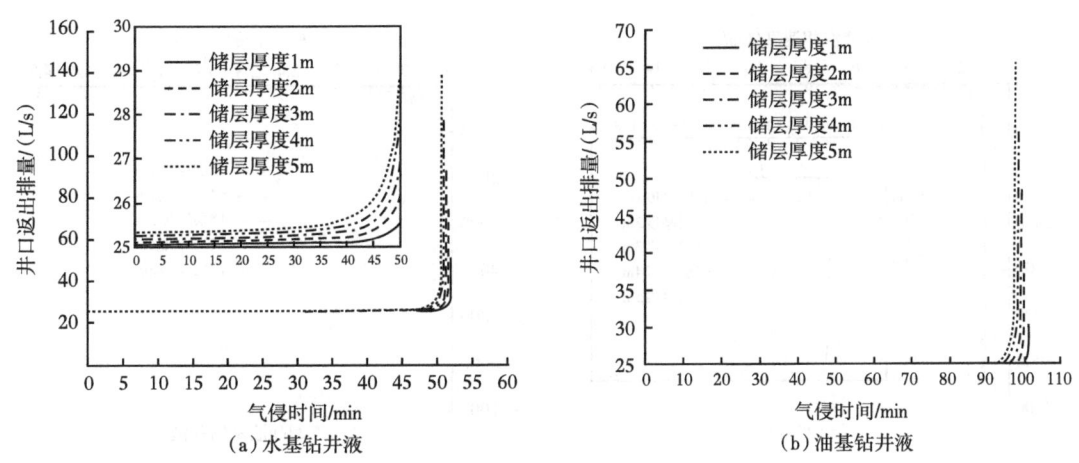

图4-4-26 不同储层厚度下直井井口返出排量随气侵时间的变化

5）气液混相速度

不同储层厚度下直井气液混相速度沿井深分布如图4-4-27所示。由图4-4-27可知，对于水基钻井液，随着储层厚度增加，中下部井段相同井深处气液混相速度增加，但与上部井段相比，气液混相速度仍较小；当气液两相流运移至井口附近时，相同井深处气液混相速度随着储层厚度增加急剧增加。这是因为在中下部井段，尽管截面含气率随着储层厚度增加而增加，但截面含气率都相对较小（图4-4-23），气液混相速度增加不明显；然而当气液两相流运移至井口附近时，储层厚度越大，相同井深处截面含气率越大，气液混相速度显著增加。对于油基钻井液，在溶解气逸出钻井液之前，气液混相速度几乎保持不变；溶解气逸出之后，气液混相速度逐渐增加，且储层厚度越大，相同井深处气液混相速度越大。

5. 储层渗透率影响

1）截面含气率

不同储层渗透率下直井截面含气率沿井深分布如图4-4-28所示。储层渗透率对井筒截面含气率分布影响与储层厚度相同。对于水基钻井液，随着储层渗透率的增加，相同井深处截面含气率增加。原因在于,储层渗透率影响气侵量大小,储层渗透率越大,单位时间内从地层进入井筒的气体越多,使得相同井深处截面含气率增加。对于油基钻井液,随着储层渗透率增加,在溶解气逸出钻井液之前,截面含气率都为0;且环空气液两相流区随着储层渗透率的增加而增加,相同井深处截面含气率随着储层渗透率的增加而增加。一方面,尽管气侵速率随着储层渗透率的增加而增加,但中下部井段钻井液溶解度大,气体全部溶解在油基钻井液中,截面含气率为0;另一方面,储层渗透率越大,单位时间内从地层进入环空的气体越多,溶解气逸出位置更深,且溶解气析出后,相同井深处截面含气率更大。

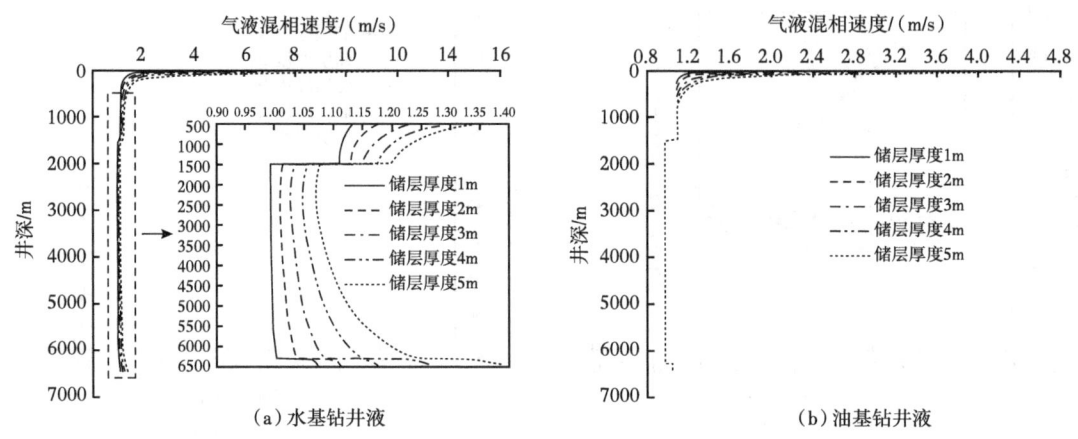

图 4-4-27 不同储层厚度下直井气液混相速度沿井深分布

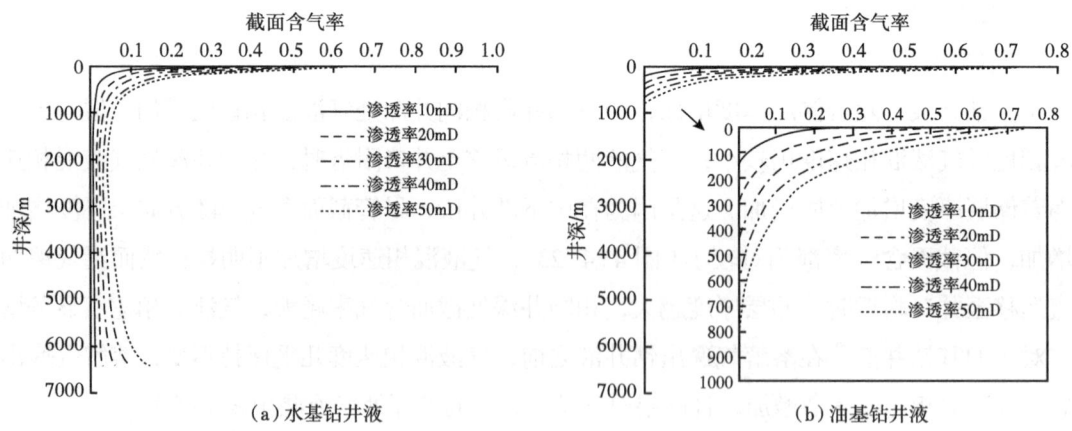

图 4-4-28 不同储层渗透率下直井截面含气率沿井深分布

2)井底压力

不同储层渗透率下直井井底压力随气侵时间的变化如图4-4-29所示。由图4-4-29可知,对于水基钻井液和油基钻井液,井底压力都随着储层渗透率的增加而快速降低,且气体从井底经环空运移到井口时间减小。储层渗透率越大时，侵入井筒内气体越多，对于水基钻井液，气体以自由气形式存在，相同井深处截面含气率越高（图4-4-28），井底压力降低越快；而对于油基钻井液，当气体全部溶解在油基钻井液中时，气体以溶解气形式存在，钻井液密度降低更多，井底压力降低更快；且溶解气从油基钻井液中逸出位置更深，气体以自由气形式存在后，气体体积膨胀使得井底压力降低越快。

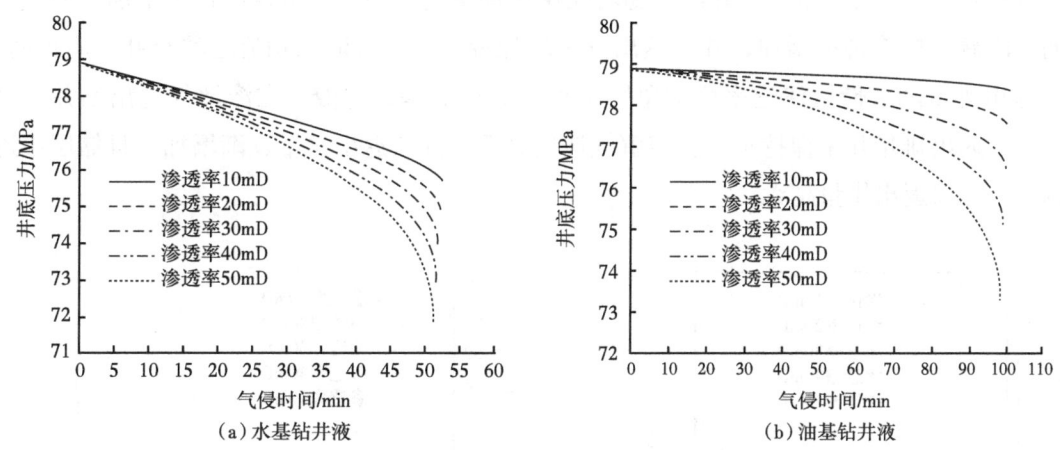

图4-4-29　不同储层渗透率下直井井底压力随气侵时间的变化

3）钻井液池增量

不同储层渗透率下直井钻井液池增量随气侵时间的变化如图4-4-30所示。由图4-4-30可知，对于水基钻井液，随着储层渗透率的增加，钻井液池增量增加。这是因为储层渗透率越大，气侵速率越大，单位时间内从地层进入井筒的气体越多，且气体以自由

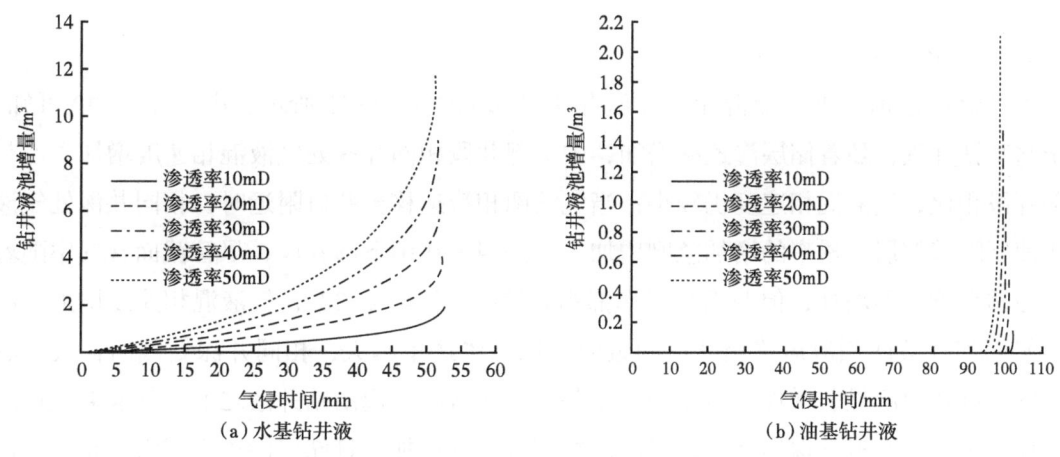

图4-4-30　不同储层渗透率下直井钻井液池增量随气侵时间的变化

气形式存在，导致钻井液池增量增加。对于油基钻井液，在溶解气逸出钻井液之前，钻井液池增量为0；溶解气逸出之后，钻井液池增量逐渐增加，其随着气侵时间的增加而增加，并且储层渗透率越大，钻井液池增量越大。

4）井口返出排量

不同储层渗透率下直井井口返出排量随气侵时间的变化如图4-4-31所示。由图4-4-31可知，对于水基钻井液，随着储层渗透率的增加，井口返出排量增加。但气侵初期，随着储层渗透率增加，井口返出排量增加较小；当气液两相流运移至井口附近时，井口返出排量随着储层渗透率增加急剧增加。对于油基钻井液，在溶解气逸出钻井液之前，井口返出排量几乎保持不变；溶解气逸出之后，井口返出排量逐渐增加，且储层渗透率越大，井口返出排量越大。

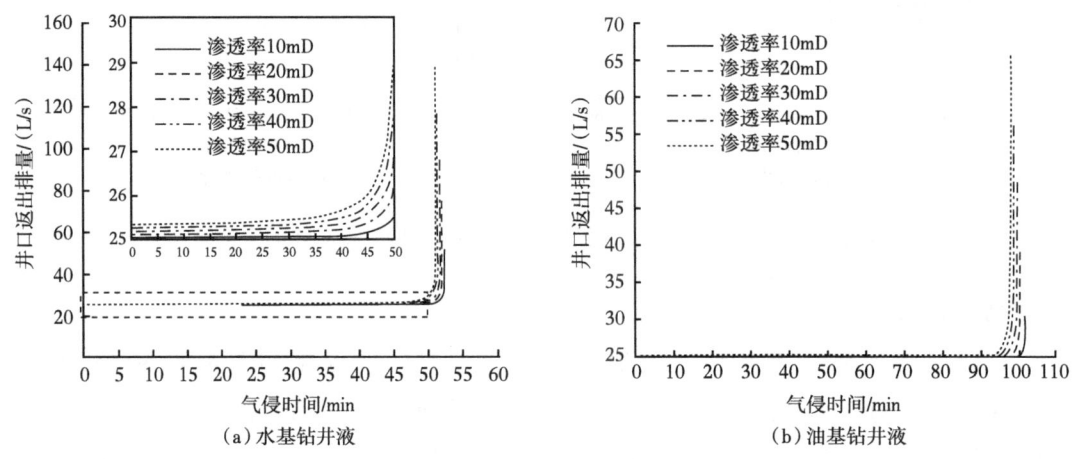

图4-4-31　不同储层渗透率下直井井口返出排量随气侵时间的变化

5）气液混相速度

不同储层渗透率下气液混相速度沿井深分布如图4-4-32所示。由图4-4-32可知，对于水基钻井液，随着储层渗透率增加，中下部井段相同井深处气液混相速度增加，但与上部井段相比，气液混相速度仍较小；当气液两相流运移至井口附近时，相同井深处气液混相速度随着储层渗透率的增加急剧增加。这是因为在中下部井段，尽管截面含气率随着储层渗透率增加而增加，但截面含气率都相对较小（图4-4-28），气液混相速度增加不明显；然而当气液两相流运移至井口附近时，储层渗透率越大，相同井深处截面含气率越大，气液混相速度显著增加。对于油基钻井液，在溶解气逸出钻井液之前，气液混相速度几乎保持不变；溶解气逸出之后，气液混相速度逐渐增加，且储层渗透率越大，相同井深处气液混相速度越大。

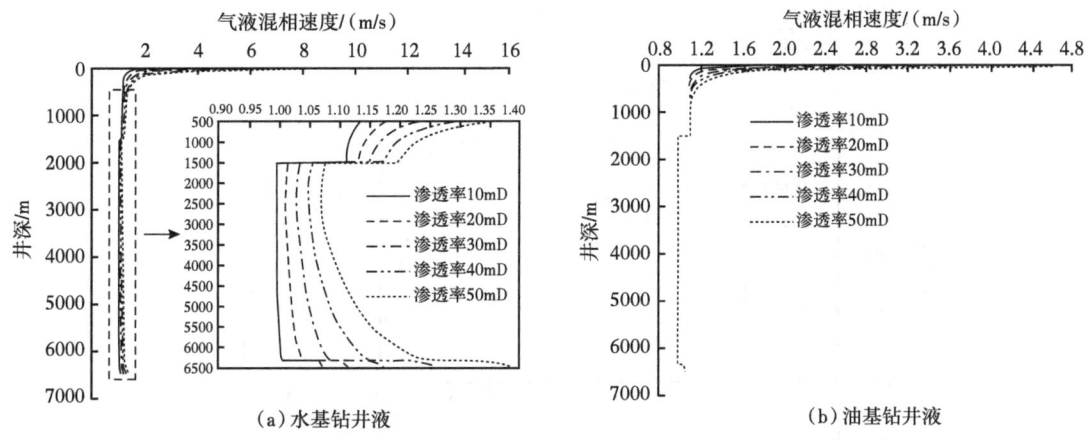

图 4-4-32 不同储层渗透率下直井气液混相速度沿井深分布

## 第五节 超深小井眼水平井溢流发展规律

本节仍以新疆某水平井 SHB-×× 井为例,对水平井溢流发展规律进行研究,其基本参数在第三章中已详细说明。在 $\phi$149.2 mm 井眼中,采用钻井液密度 1.4 g/cm³ 和钻井液排量 13L/s 钻进。假设钻至井深 8600 m 处发生气侵,且储层厚度 3 m、储层渗透率 30 mD,以及初始井底负压差为 2 MPa。以刚开始气侵为起始点,模拟计算了井底压力、井底气侵速度、钻井液池增量、井口返出排量随气侵时间的变化关系;同时,当气液两相流前缘到达井口时,计算了截面含气率、气液混相速度,以及气液混相密度沿井深的分布。

### 一、超深小井眼水平井井筒流动参数变化规律

#### 1. 井底压力

水平井井底压力随气侵时间的变化对比如图 4-5-1 所示。由图 4-5-1 可知,与直井井底压力随气侵时间变化规律不同,在气侵初期,随着气侵时间的增加,井底压力微小增加;之后,井底压力随气侵时间增加逐渐降低。这是因为对于长水平段水平井,气侵初期仅小部分气体进入环空,大部分气体停留在水平段,环空内大部分气体在水平段运移,使得水平段气液混相速度和气液混相密度发生变化,引起摩阻压力梯度和加速压力梯度增加,且水平段静液柱压力相同,而总的压力梯度是重力压力梯度、摩阻压力梯度和加速压力梯度三者之和。尽管有一部分气体进入造斜井段,但其引起的重力压力梯度减小值要小于摩阻压力梯度和加速压力梯度增加的值,因此井底压力略有轻微增加。

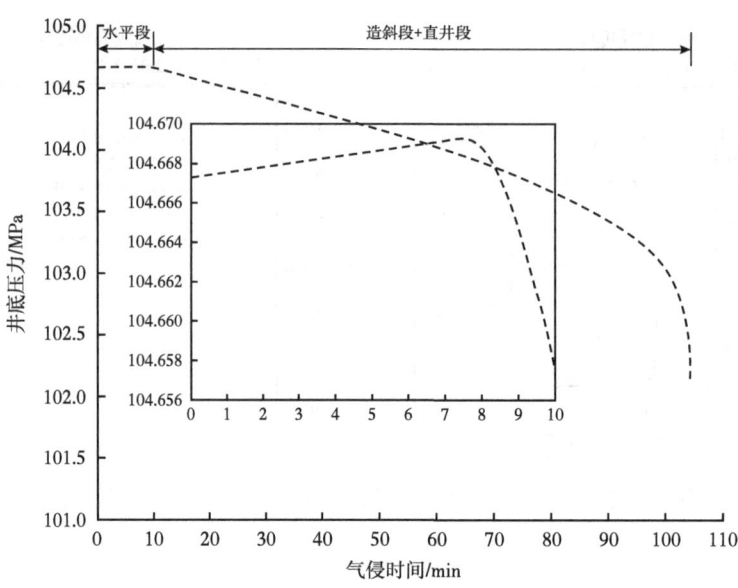

图 4-5-1 水平井井底压力随气侵时间的变化

## 2. 截面含气率

不同气侵时刻水平井井筒截面含气率沿井深的分布情况如图 4-5-2 所示。由图 4-5-2 可知，与直井截面含气率分布规律类似，不同气侵时刻，井筒截面含气率沿井深的分布差异较大，在气液两相流区相同井深处截面含气率随着气侵时间的增加而增加，单相流动区截面含气率始终为 0，但单相流区随着气侵时间的增加逐渐减小，直至气液两相流占据整个环空。

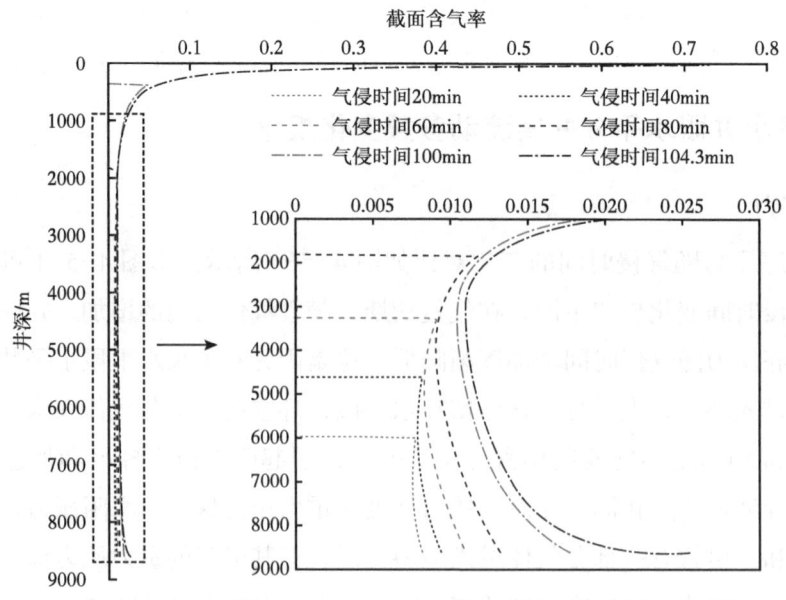

图 4-5-2 不同气侵时刻水平井井筒截面含气率沿井深的分布

## 3. 井筒压力

不同气侵时刻水平井井筒压力沿井深的分布情况如图4-5-3所示。由图4-5-3可知，随着气侵时间的增加，井筒压力逐渐偏离初始井筒压力，这与截面含气率分布规律相关，不再赘述。值得注意的是，在某一气侵时刻，水平段井筒压力分布变化较小，这是因为在水平段流体压力主要是摩阻压力梯度和加速压力梯度起主导作用。

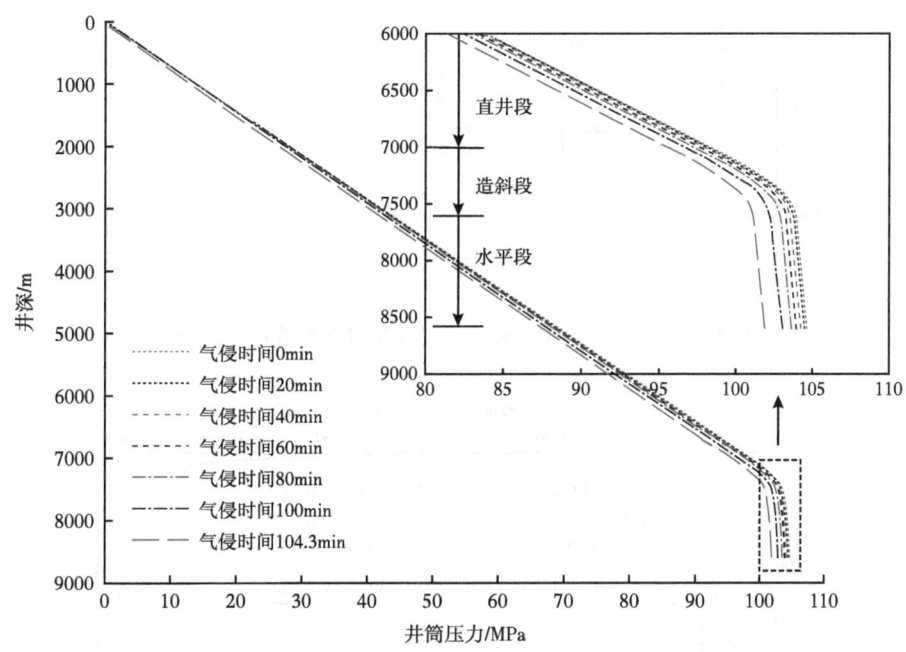

图4-5-3 不同气侵时刻水平井井筒压力沿井深的分布

## 4. 气液混相速度

不同气侵时刻水平井气液混相速度沿井深的分布情况如图4-5-4所示。由图4-5-4可知，与直井气液混相速度分布规律类似，气液两相流区气液混相速度随着气侵时间的增加而增加，而在单相流动区气液混相速度保持不变。同时，也可发现气液混相速度在某些井深处出现突然增加或者降低现象，原因在于套管尺寸和钻具尺寸发生了改变，使得环空截面积大小变大或者变小，导致气液混相速度发生突变。

## 5. 气液混相密度

不同气侵时刻水平井气液混相密度沿井深的分布情况如图4-5-5所示。由图4-5-5可知，与直井气液混相密度分布规律类似，不同气侵时刻气液两相流区气液混相密度随着气侵时间的增加而减小，而在单相流动区气液混相密度保持不变。

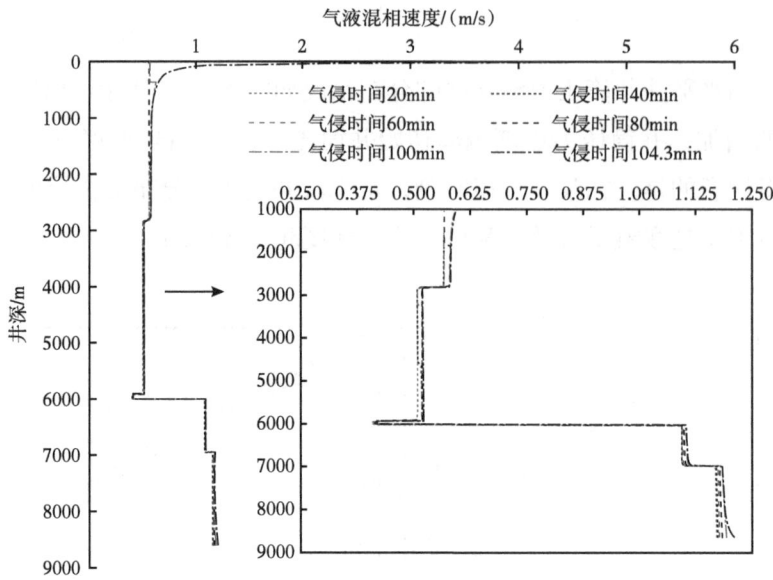

图 4-5-4　不同气侵时刻水平井气液混相速度沿井深的分布

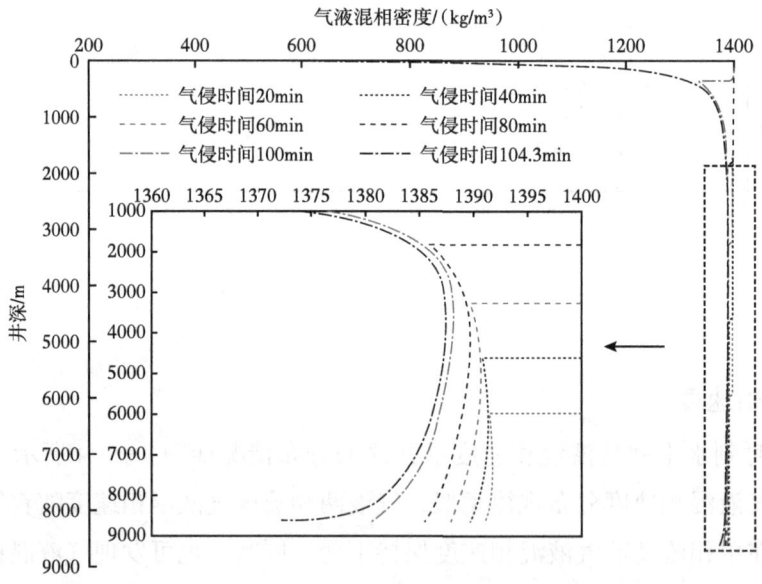

图 4-5-5　不同气侵时刻水平井气液混相密度沿井深的分布

## 二、超深小井眼溢流发展影响因素分析

### 1. 气体溶解度影响

1）井底压力

不同钻井液体系下水平井井底压力随气侵时间的变化对比如图 4-5-6 所示。对于水

基钻井液和油基钻井液，在气侵初期井底压力都无明显变化；之后随着气侵时间增加井底压力都开始降低，且水基钻井液的井底压力降低更快。对于油基钻井液，气侵初期侵入井筒的地层气体全部溶解于油基钻井液中，使得钻井液密度轻微降低，导致井底压力下降幅度相对较小；当溶解气逸出油基钻井液后，由于逸出位置离井口较近，气体体积膨胀剧烈，使得井底压力下降幅度增加。对于水基钻井液，由于未考虑气体溶解，气体在运移至井口过程中，环空中始终存在气液两相流，气体体积不断膨胀，井底压力下降快。

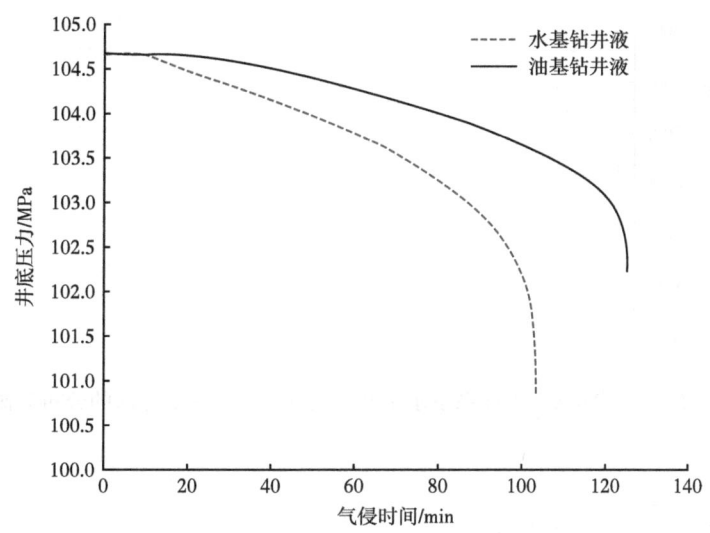

图 4-5-6　不同钻井液体系下水平井井底压力随气侵时间的变化对比

2）截面含气率

不同钻井液体系下水平井井筒截面含气率沿井深的分布对比如图 4-5-7 所示。从图 4-5-7 可以发现，水基钻井液和油基钻井液钻井时截面含气率沿井深分布规律显著不同。对于水基钻井液，假设侵入气体全部为甲烷，并不考虑其在水基钻井液中的溶解，气体在环空中始终以自由气形式存在，截面含气率沿井深分布都大于 0。但对于油基钻井液，在下部井段，高温高压下油基钻井液溶解度大，侵入井筒内自由气全部溶解在油基钻井液中，截面含气率为 0；在上部井段，由于井筒温度和压力较小，油基钻井液溶解度降低，溶解气逐渐从油基钻井液中析出，环空中存在自由气，截面含气率大于 0。

3）钻井液池增量

不同钻井液体系下水平井钻井液池增量随气侵时间的变化对比如图 4-5-8 所示。由图 4-5-8 可知，对于水基钻井液，钻井液池增量始终随着气侵时间增加呈指数增加的趋势。这是因为气侵初期，侵入环空的气体在中下部井段，气体体积膨胀小，钻井液池增量较小；当气体运移至井口附近时，气体体积急剧膨胀，使得钻井液池增量快速增加。而对于油基钻井液，在溶解气逸出之前，钻井液池增量始终为 0；当井筒中存在自由气时，钻井液池增量随着气侵时间的增加而增加，其变化规律与水基钻井液相似。

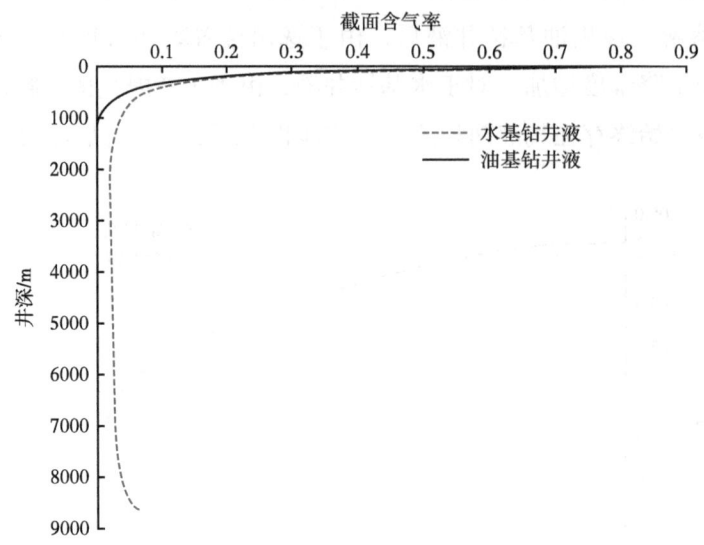

图 4-5-7　不同钻井液体系下水平井井筒截面含气率沿井深的分布对比

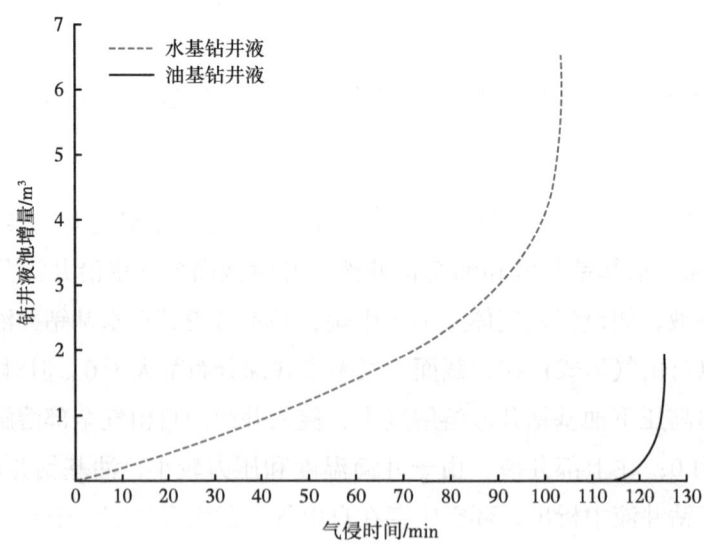

图 4-5-8　不同钻井液体系下水平井钻井液池增量随气侵时间的变化对比

4）井口返出排量

不同钻井液体系下水平井井口返出排量随气侵时间的变化对比如图 4-5-9 所示。由图 4-5-9 可知，对于水基钻井液，在自由气体沿井眼环空向上运移到某井深位置处之前，由于环空内流体速度变化缓慢，则井口返出排量变化缓慢，略有增加；当气体运移到井口附近时，环空内流体速度急剧增加，使得井口返出排量迅速增加。而对于油基钻井液，在溶解气逸出之前，环空内仅为单相流，井口返出排量保持不变；当井筒中存在自由气时，井口返出排量开始随气侵时间增加而增加，之后其变化规律与水基钻井液相同。

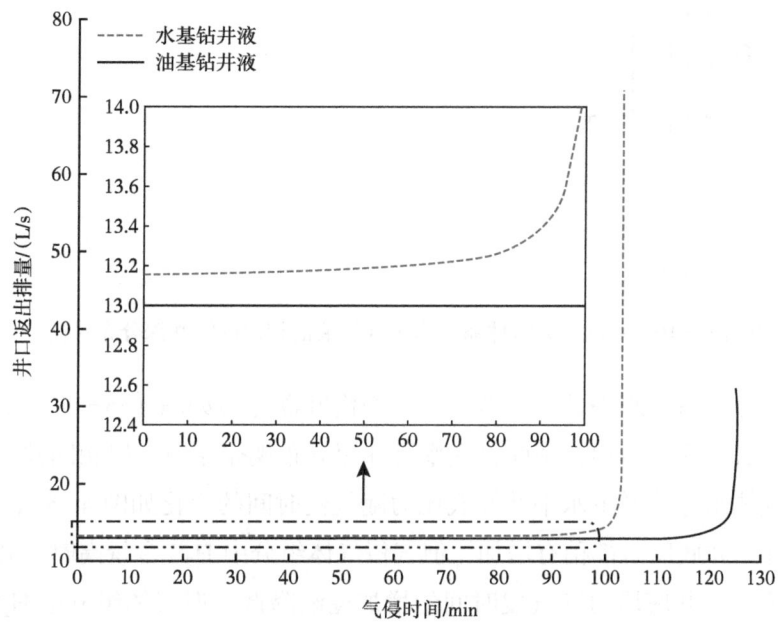

图4-5-9 不同钻井液体系下水平井井口返出排量随气侵时间的变化对比

5）气液混相速度

不同钻井液体系下水平井气液混相速度沿井深的分布对比如图4-5-10所示。由图4-5-10可知，对于水基钻井液，气液混相速度随着井深的减小而逐渐增加，但在环空截面积改变的井深位置处气液混相速度会发生突变。对于油基钻井液，由于中下部井段自由气全部溶解在油基钻井液中，仅为单相流，气液混相速度相同；当溶解气随环空上返至上部井段某个位置处，溶解气开始从钻井液中逸出，井筒中出现气液两相流，气液混相速度开始变化显著，离井口越近，气液混相速度越大，且气液混相速度在环空截面积改变的井深位置处会发生突变。

## 2. 气体组分影响

考虑到酸性气体 $H_2S$ 在水基钻井液中具有较高的溶解度，若采用水基钻井液进行钻井施工作业时发生气侵，气侵气体组分中含有酸性气体 $H_2S$ 时，需要对 $H_2S$ 气体侵入井筒后流动参数变化特征进行研究。

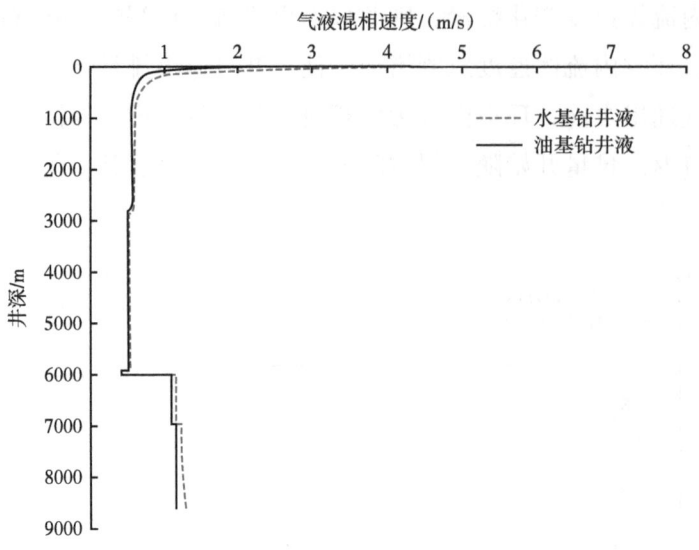

图 4-5-10　不同钻井液体系下水平井气液混相速度沿井深分布对比

不同气体组分体系下水平井井筒截面含气率沿井深分布如图 4-5-11 所示。随着气体组分中酸性气体 $H_2S$ 含量增加，截面含气率沿井深分布规律相似，但相同井深处截面含气率减小。不同气体组分体系下水平井井底压力随气侵时间的变化如图 4-5-12 所示。随着气侵时间的增加，井底压力都稍有增加，但气侵气体组分中 $H_2S$ 含量高时，井底压力增加的幅度较小；之后，井底压力随气侵时间的增加逐渐降低，但气体组分中 $H_2S$ 含量高时，

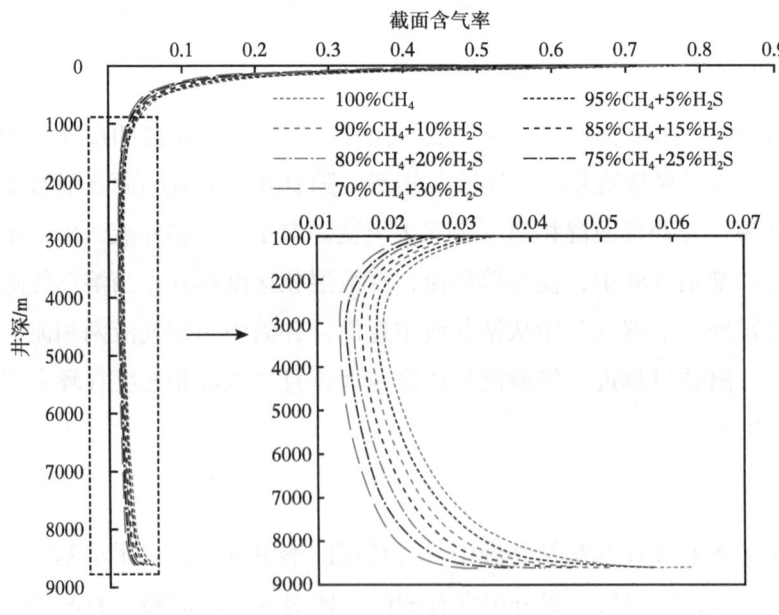

图 4-5-11　不同气体组分体系下水平井井筒截面含气率沿井深分布

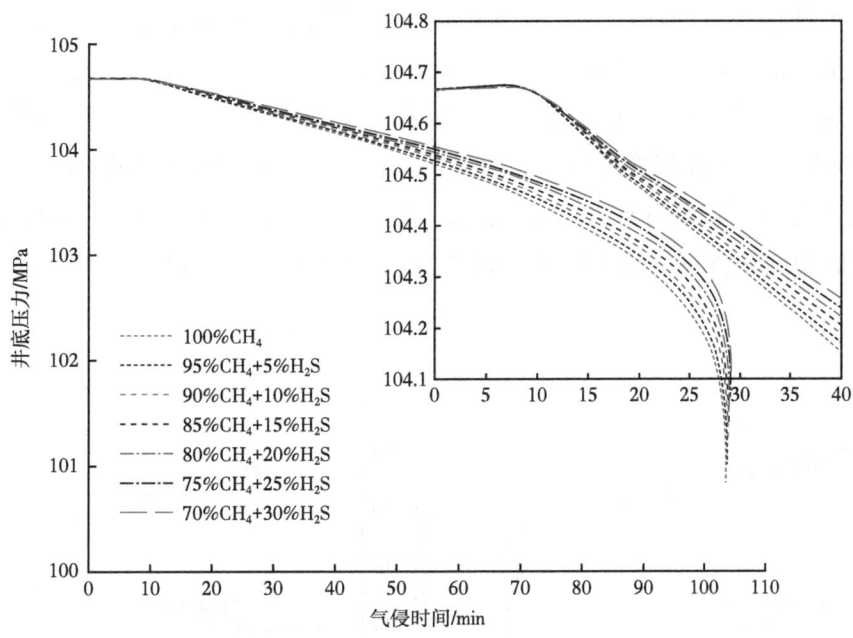

图 4-5-12　不同气体组分体系下水平井井底压力随气侵时间变化

井底压力降低较缓慢。这归因于当气体组分中含有 $H_2S$ 时，$H_2S$ 在水基钻井液中的溶解度较高，在下部井段位置井筒温度和压力较高，$H_2S$ 气体会全部溶解在水基钻井液中，这样在相同气侵量下，环空内自由气减少，气液混相速度也相应减小，根据之前分析可知，摩阻压力梯度和加速压力梯度与气液混相速度大小有关，因此气侵气体组分中 $H_2S$ 含量高时，井底压力增加的幅度较小。当大量气体运移至造斜段和直井段时，重力压力梯度起主导作用，环空内自由气存在使得静液柱压力降低，井底压力逐渐减小，且气侵气体为纯 $CH_4$ 时环空内自由气含量最高，则井底压力下降幅度更大。此外，气体组分中 $H_2S$ 含量越高时，气体到达井口的时间越长。这是因为 $H_2S$ 气体在水基钻井液中溶解，相同井深处截面含气率降低，使得自由气含量减小，气相速度变小。

这意味着当溢流发生后，若气体组分中含有大量 $H_2S$ 气体时，由于井底压力、钻井液池增量，以及井口返出排量随气侵时间变化缓慢，导致早期溢流监测难度更大、更滞后。且监测到井底溢流发生后，通常气体两相流距离井口较近，从而留给井控的时间越短，井控难度也越大。因此，在高含硫化氢天然气钻井过程中，更应加强井底压力、钻井液池增量，以及井口返出排量监测，以便及时发现溢流并采取相应的井控措施。

### 3. 水平段长度影响

1）井底压力

不同水平段长度下水平井井底压力随气侵时间的变化如图 4-5-13 所示。从图 4-5-13

可以看出，水基钻井液和油基钻井液下井底压力降低幅度随着水平段长度的增加而增大，且气体从井底经环空运移到井口时间减小。这是因为水平段长度与气侵量大小有关，水平段越长，单位时间内从地层进入井筒的气体越多，则井底压力降低越快；同时，侵入气体越多，气相折算速度相应增加，这会缩短气体到达井口的时间。不难发现，不同水平段长度下，初始井底压力不相同，水平段越长，初始井底压力越大。这归因于在其余参数相同条件下，水平段越长时井越深，环空沿程摩阻越大，则初始井底压力越大。

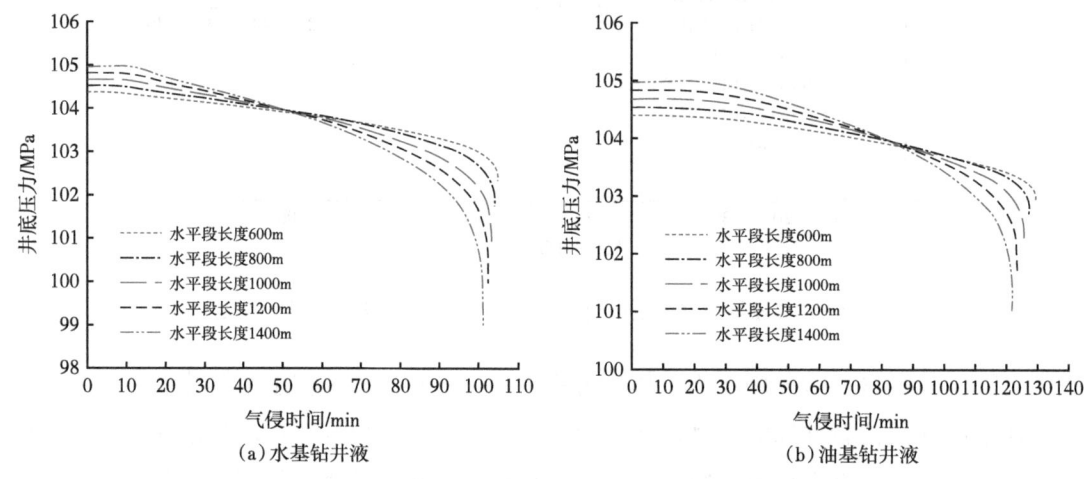

图 4-5-13　不同水平段长度下水平井井底压力随气侵时间的变化

2）截面含气率

不同水平段长度下水平井截面含气率沿井深分布如图 4-5-14 所示。从图 4-5-14 可以看出，对于水基钻井液，随着水平段长度的增加，相同井深处截面含气率增加。原因在于，水平段越长，单位时间内从地层进入井筒的气体越多，使得截面含气率增加。对于油基钻井液，在溶解气逸出钻井液之前，截面含气率为 0；溶解气逸出之后，相同井深处截面含气率随着水平段长度的增加而增加，且环空气液两相流区增加。这是因为尽管水平段长度增加，单位时间内从地层进入井筒的气体增多，但中下部井段油基钻井液溶解度大，侵入气体全部溶解在油基钻井液中，以溶解气形式存在，截面含气率为 0。

3）钻井液池增量

不同水平段长度下水平井钻井液池增量随气侵时间的变化如图 4-5-15 所示。从图 4-5-15 可以看出，对于水基钻井液，钻井液池增量随着水平段长度的增加而增加。这是因为水平段越长，侵入井筒内气体越多，且气体以自由气形式存在，导致钻井液池增量更大。对于油基钻井液，在溶解气逸出油基钻井液之前，钻井液池增量为 0；溶解气逸出之后，钻井液池增量逐渐增加，其随着气侵时间的增加而增加，并且水平段越长，钻井液池增量越大。

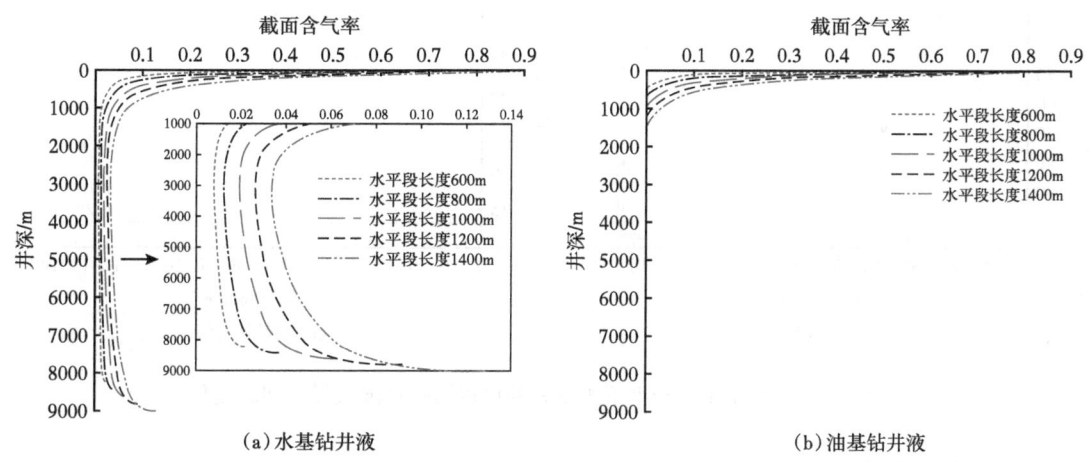

图 4-5-14　不同水平段长度下水平井截面含气率沿井深分布

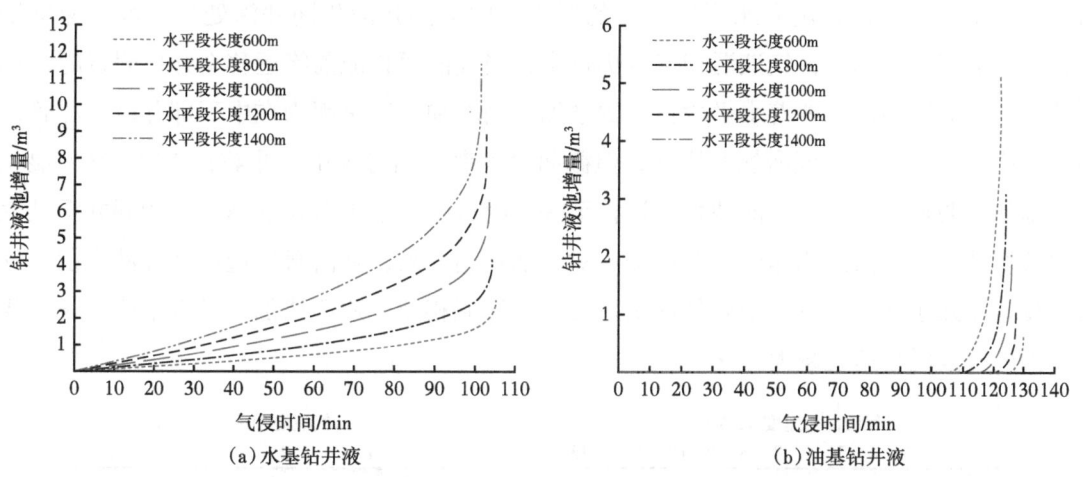

图 4-5-15　不同水平段长度下水平井钻井液池增量随气侵时间的变化

4）井口返出排量

不同水平段长度下水平井井口返出排量随气侵时间的变化如图 4-5-16 所示。从图 4-5-16 可以看出，对于水基钻井液，随着水平段长度的增加，井口返出排量增加。但气侵初期，随着水平段长度的增加，井口返出排量增加较小；当气液两相流运移至井口附近时，井口返出排量随着水平段长度的增加急剧增加。对于油基钻井液，在溶解气逸出钻井液之前，井口返出排量几乎保持不变；溶解气逸出之后，井口返出排量逐渐增加，且水平段越长，井口返出排量越大。

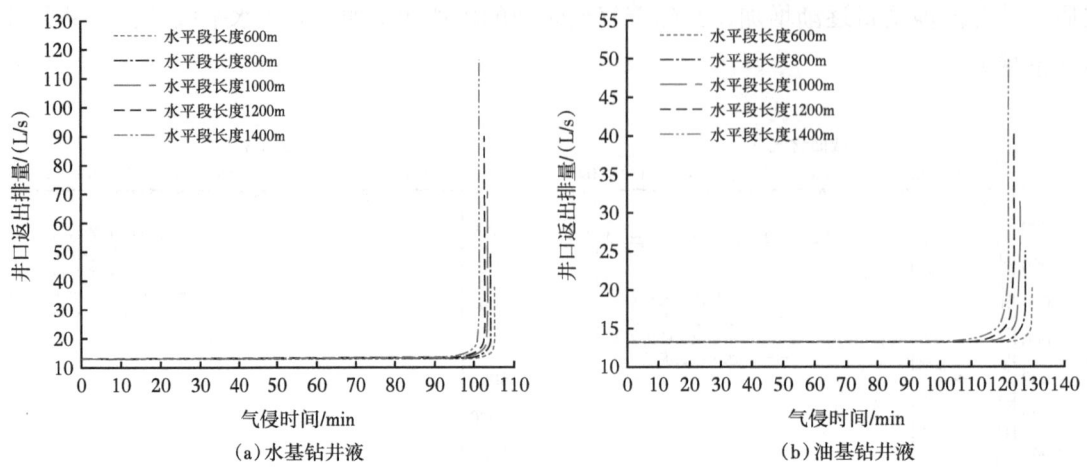

图 4-5-16　不同水平段长度下水平井井口返出排量随气侵时间的变化

5) 气液混相速度

不同水平段长度下气液混相速度沿井深分布如图 4-5-17 所示。从图 4-5-17 可以看出，对于水基钻井液，随着水平段长度的增加，中下部井段相同井深处气液混相速度增加，但与上部井段相比，气液混相速度仍较小；当气液两相流前缘运移至井口附近时，相同井深处气液混相速度随着水平段长度的增加急剧增加。这是因为在中下部井段，尽管截面含气率随着水平段长度增加而增加，但截面含气率都相对较小（图 4-5-14），气液混相速度增加不明显；然而当气液两相流运移至井口附近时，水平段长度越长，相同井深处截面含气率越大，气液混相速度显著增加。对于油基钻井液，在溶解气逸出钻井液之前，气液混相速度几乎保持不变；溶解气逸出之后，气液混相速度逐渐增加，且水平段越长，相同井深处气液混相速度越大。

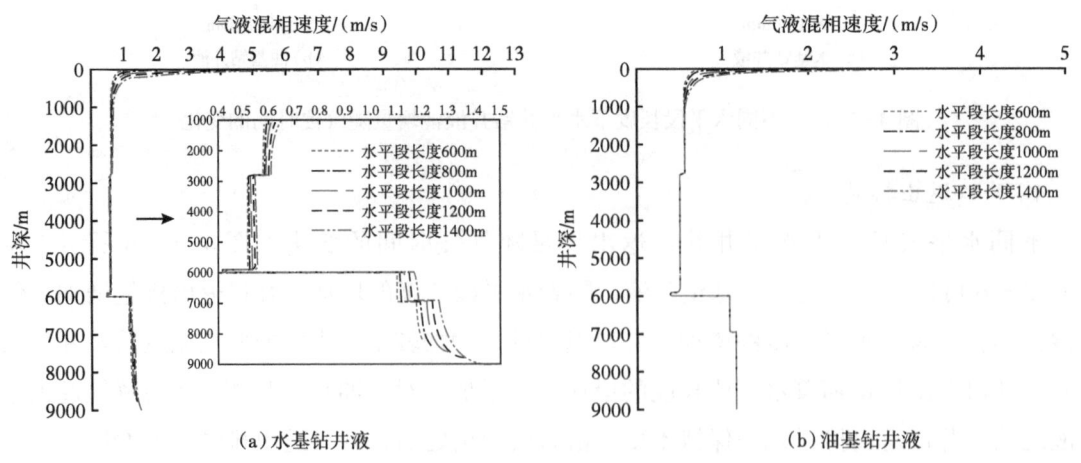

图 4-5-17　不同水平段长度下水平井气液混相速度沿井深分布

#### 4. 钻井液排量影响

1）井底压力

不同循环排量下水平井井底压力随气侵时间的变化如图 4-5-18 所示。对于水基钻井液，循环排量越小，气体经井底环空运移至井口的时间越长，且井底压力下降幅度越大。井底压力的变化与截面含气率沿井深分布密切相关，这里不再赘述。不难发现，钻井液排量越大，初始井底压力也越大。这是因为在其余条件不变情况下，当钻井液循环排量越大时，钻井液在环空中产生的循环摩阻越大，则初始井底压力会增加。对于油基钻井液，井底压力随气侵时间的变化规律与水基钻井液相似，即循环排量越小，气体运移至井口的时间越长，井底压力降低越多。这是因为在气侵初始阶段，不同循环排量下进入井筒的气体全部溶解于油基钻井液中，使得油基钻井液的密度降低，但溶解气造成钻井液密度降低的幅度要小于自由气体存在引起的钻井液密度降低幅度，因而油基钻井液井底压力在气侵初期降低较小，之后溶解气逸出，气体体积膨胀使得井底压力迅速下降。

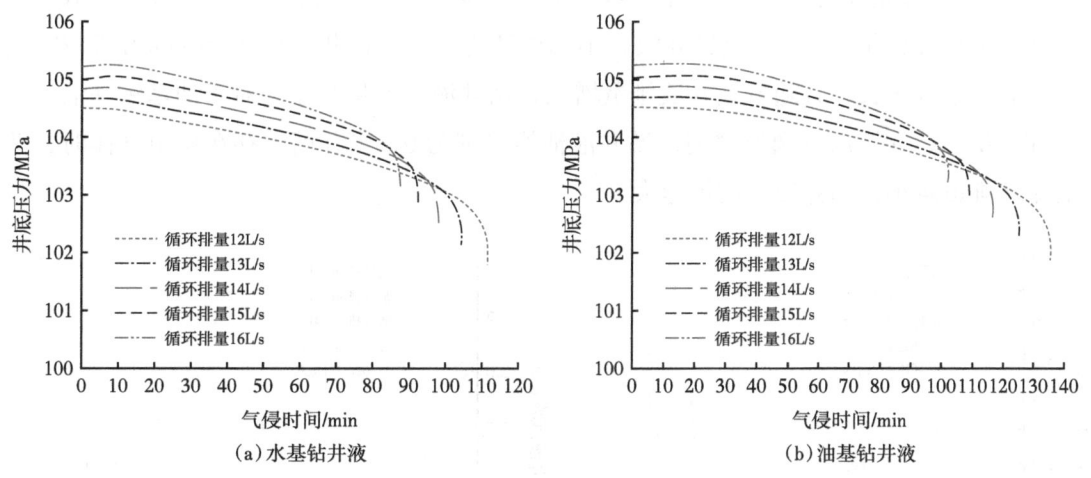

图 4-5-18　不同循环排量下水平井井底压力随气侵时间的变化

2）截面含气率

不同循环排量下水平井截面含气率沿井深分布如图 4-5-19 所示。由图 4-5-19 可知，对于水基钻井液，随着循环排量增加，相同井深位置处截面含气率减小，下部井段相同井深位置处截面含气率减小幅度大，而上部井段相同井深位置处截面含气率差异较小。对于油基钻井液，截面含气率沿井深的变化规律与水基钻井液不同，不同循环排量下部井段截面含气率都为 0，上部井段截面含气率随着排量增加而减小，且环空气液两相流区增加。

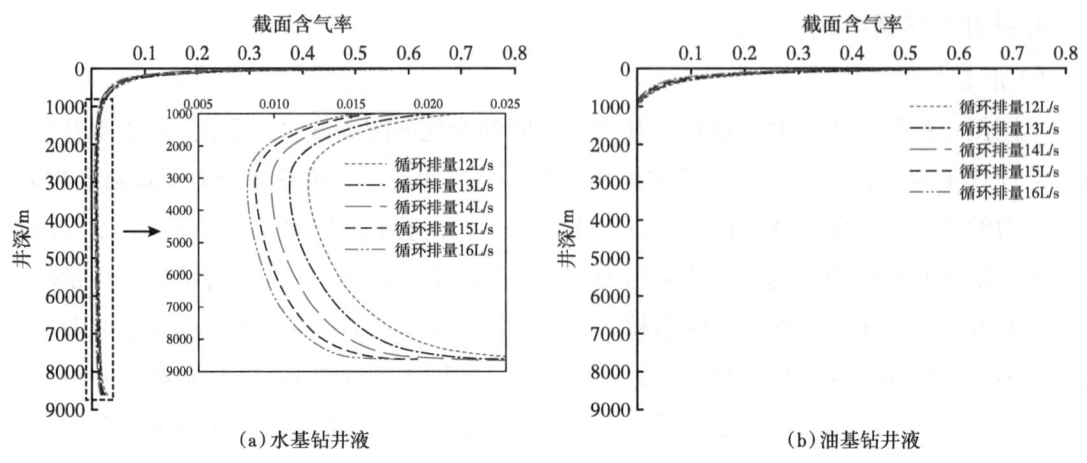

(a)水基钻井液　　　　　　　　　　　(b)油基钻井液

图 4-5-19　不同循环排量下水平井截面含气率沿井深分布

3）钻井液池增量

不同循环排量下水平井钻井液池增量随气侵时间的变化如图 4-5-20 所示。从图 4-5-20 可以发现，对于水基钻井液，不同循环排量下，钻井液池增量都随着气侵时间的增加而呈指数增长，且随着钻井液排量增加，钻井液池增量减小。对于油基钻井液，不同循环排量下，在溶解气逸出之前，钻井液池增量都为0，当井筒中存在自由气体时，钻井液循环排量越小，钻井液池增量越大。

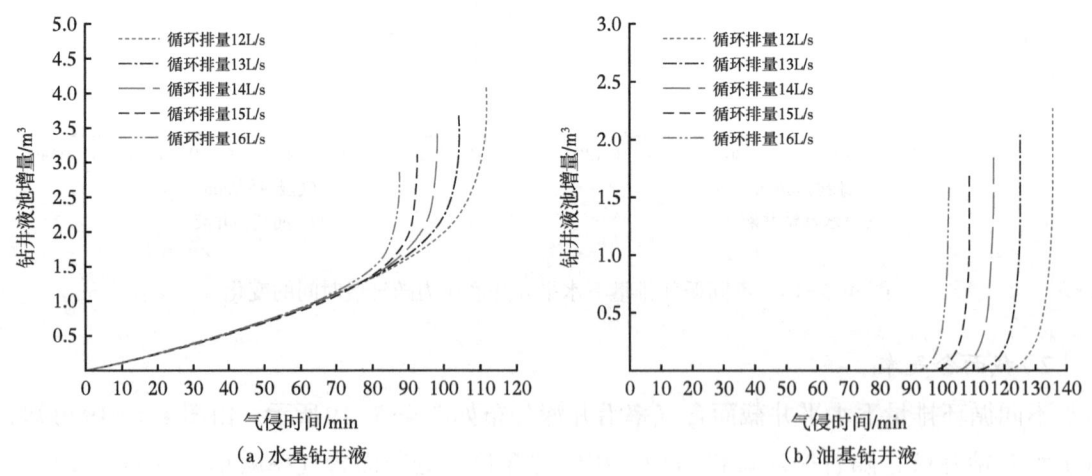

(a)水基钻井液　　　　　　　　　　　(b)油基钻井液

图 4-5-20　不同循环排量下水平井钻井液池增量随气侵时间的变化

4）井口返出排量

不同循环排量下井口返出排量随气侵时间的变化如图 4-5-21 所示。由图 4-5-21 可知，对于水基钻井液，钻井液循环排量越大，井口返出排量越大。且不同循环排量下，气侵时间小于某一值时，即气体沿井眼环空向上运移到某井深位置处之前，井口返出排量变化缓慢，略有增加；而气侵时间超过某一值后，即气体运移到井口附近，井口返出排量迅速增加。对于油基钻井液，不同排量下井口返出排量变化规律与水基钻井液不同，在溶解气逸出之前，井口返出排量保持不变；当环空中存在自由气体时，井口返出排量开始增加。

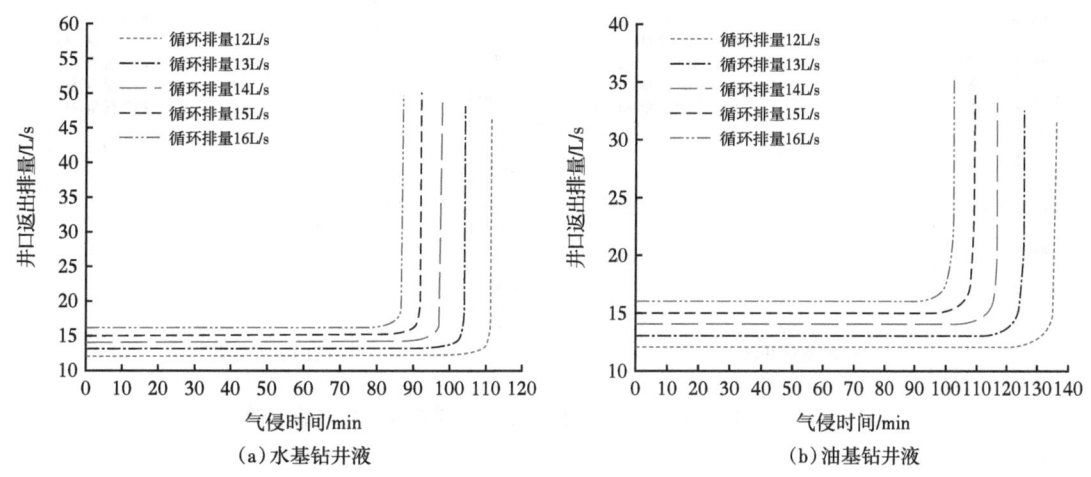

图 4-5-21　不同循环排量下水平井井口返出排量随气侵时间的变化

5）气液混相速度

不同循环排量下水平井气液混相速度随气侵时间的变化如图 4-5-22 所示。由图 4-5-22 可知，对于水基钻井液，在中下部井段气液混相速度随着排量的增加而增加；在上部井段，气液混相速度随着排量的增加变化不明显。这是因为在中下部井段液相折算速度对气液混相速度起主导作用，而在上部井段气相折算速度起主导作用。对于油基钻井液，在中下部井段气液混相速度随着排量的增加而增加；在上部井段，气液混相速度随着排量的增加变化不明显。原因在于，中下部井段自由气全部溶解在油基钻井液中，仅为单相流，气液混相速度大小由排量决定；而上部井段，溶解气从油基钻井液逸出，形成气液两相流动，气相折算速度对气液混相速度大小起主导作用。

### 5. 储层厚度影响

1）井底压力

不同储层厚度下水平井井底压力随气侵时间的变化如图 4-5-23 所示。由图 4-5-23 可知，对于水基钻井液和油基钻井液，井底压力都随着储层厚度的增加而快速降低，且气体从井底经环空运移到井口时间减小。储层厚度越大时，侵入井筒内气体越多，对于水基钻井液，气体以自由气形式存在，相同井深处截面含气率越高，井底压力降低越快；而对于油基钻井液，当气体全部溶解在油基钻井液中时，气体以溶解气形式存在，钻井液密度降低更多，井底压力降低更快；且溶解气从油基钻井液中逸出位置更深，气体以自由气形式存在后，气体体积膨胀使得井底压力降低较快。

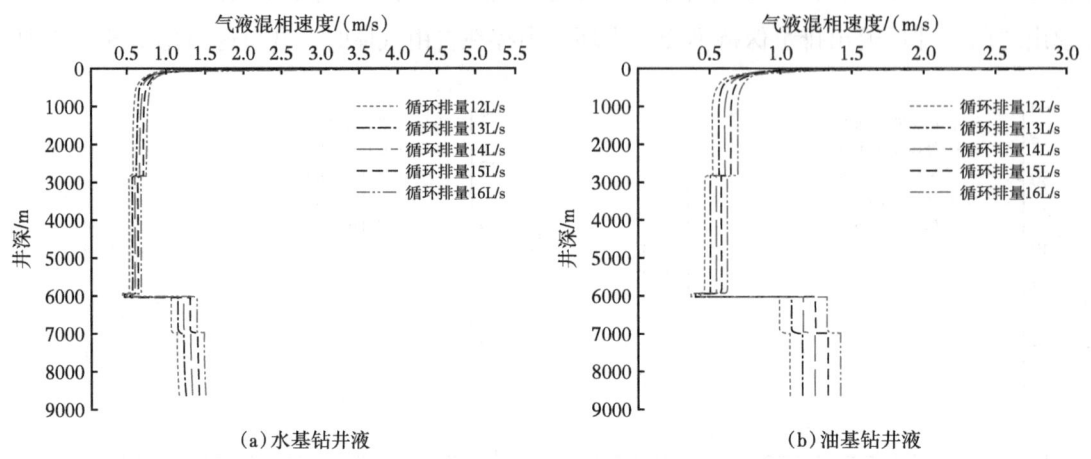

图 4-5-22 不同循环排量下水平井气液混相速度沿井深分布

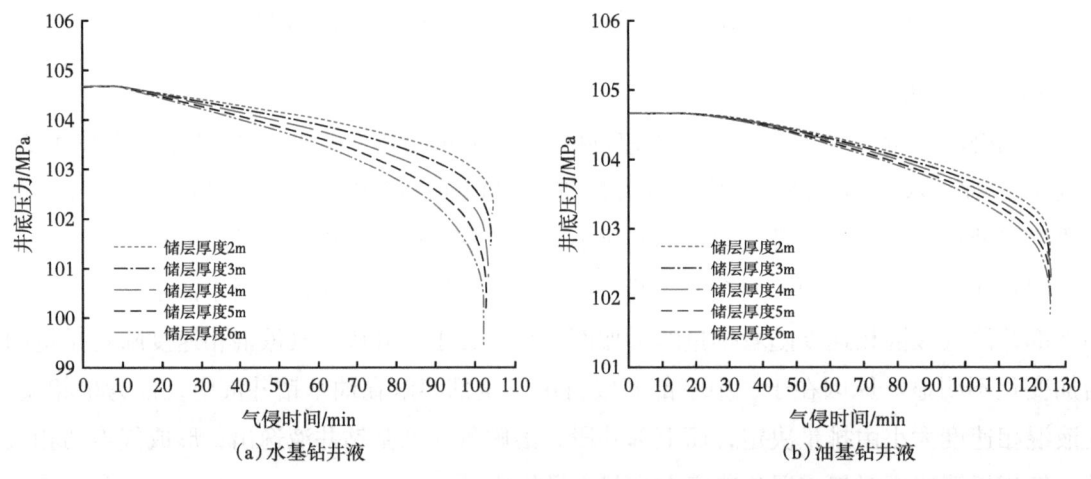

图 4-5-23 不同储层厚度下水平井井底压力随气侵时间的变化

2）截面含气率

不同储层厚度下水平井截面含气率沿井深分布如图 4-5-24 所示。由图 4-5-24 可知，对于水基钻井液，随着储层厚度的增加，相同井深处截面含气率增加。对于油基钻井液，随着储层厚度增加，在溶解气逸出钻井液之前，截面含气率都为 0；且环空气液两相流区随着储层厚度增加而增加，在气液两相流区相同井深处截面含气率随着储层厚度的增加而增加。

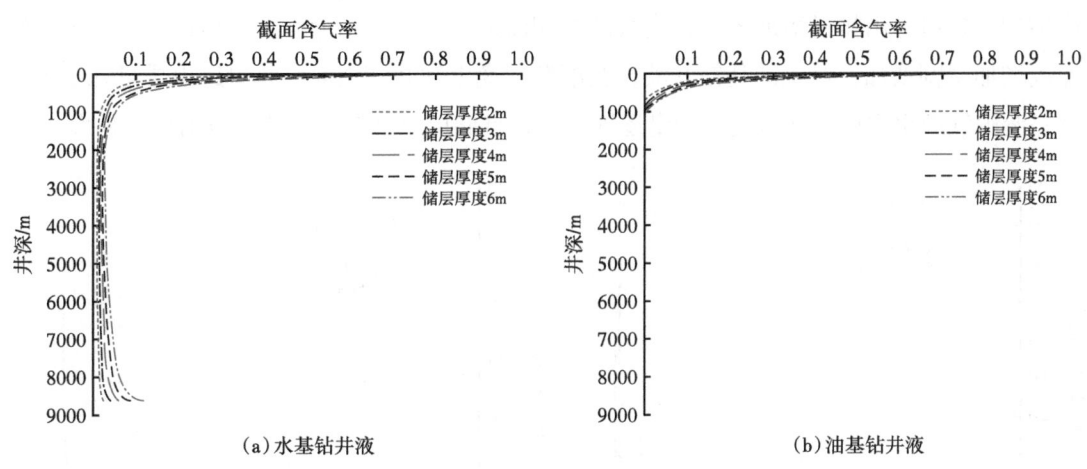

图 4-5-24　不同储层厚度下水平井截面含气率沿井深分布

3）钻井液池增量

不同储层厚度下水平井钻井液池增量随气侵时间的变化如图 4-5-25 所示。由图 4-5-25 可知，对于水基钻井液，随着储层厚度的增加，钻井液池增量增加。这是因为储层厚度越大，气侵速率越大，单位时间内从地层进入井筒的气体越多，导致钻井液池增量增加。对于油基钻井液，在溶解气逸出钻井液之前，钻井液池增量为 0；溶解气逸出之后，钻井液池增量随着气侵时间的增加而增加，并且储层厚度越大，钻井液池增量越大。

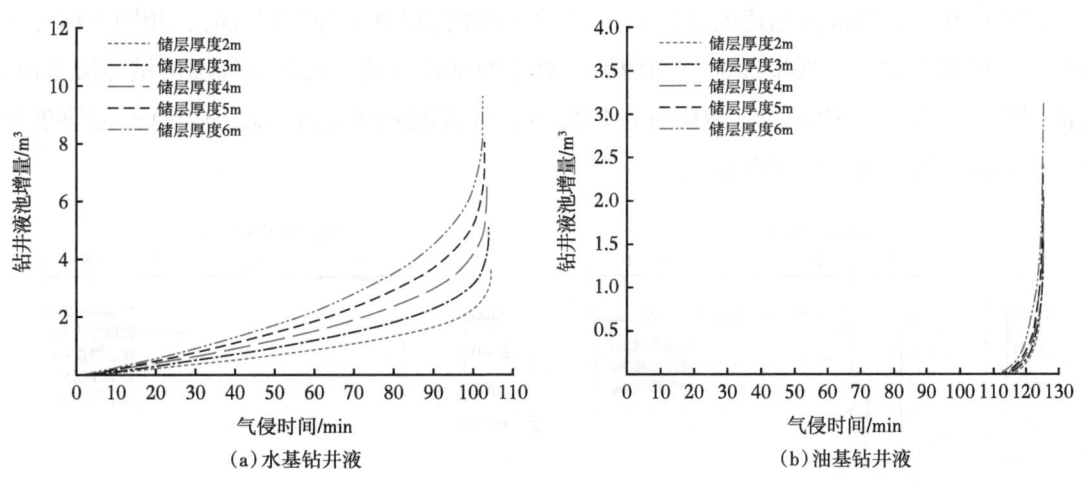

图 4-5-25　不同储层厚度下水平井钻井液池增量随气侵时间的变化

4）井口返出排量

不同储层厚度下水平井井口返出排量随气侵时间的变化如图 4-5-26 所示。由图 4-5-26 可知，对于水基钻井液，随着储层厚度的增加，井口返出排量增加。但气侵初期，随着储层厚度增加，井口返出排量增加较小；当气液两相流运移至井口附近时，井口返出排量随着储层厚度增加急剧增加。对于油基钻井液，在溶解气逸出钻井液之前，井口返出排量几乎保持不变；溶解气逸出之后，井口返出排量逐渐增加，且储层厚度越大，井口返出排量越大。

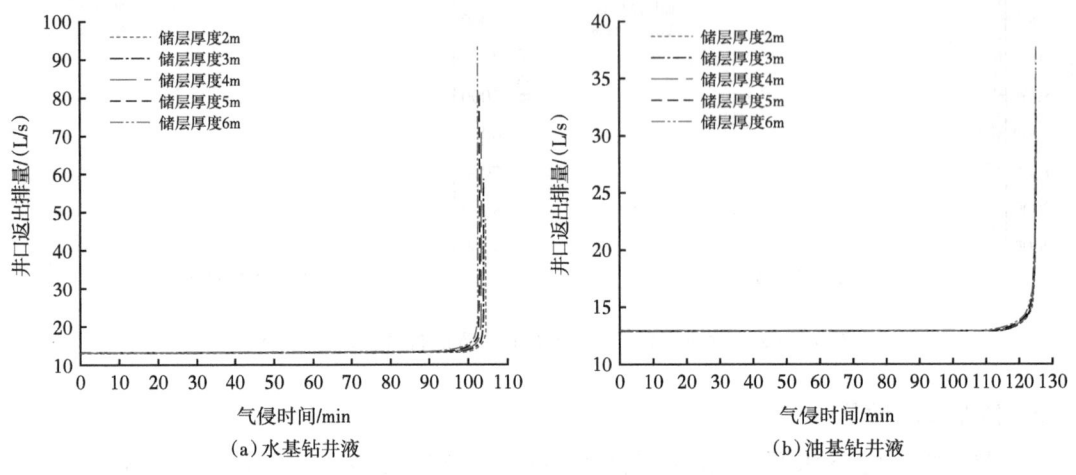

图 4-5-26　不同储层厚度下水平井井口返出排量随气侵时间的变化

5）气液混相速度

不同储层厚度下水平井气液混相速度沿井深分布如图 4-5-27 所示。由图 4-5-27 可知，对于水基钻井液，随着储层厚度增加，中下部井段相同井深处气液混相速度增加，但与上部井段相比，气液混相速度仍较小；当气液两相流运移至井口附近时，相同井深处气液混相速度随着储层厚度增加而急剧增加。对于油基钻井液，在溶解气逸出钻井液之前，气液混相速度几乎保持不变；溶解气逸出之后，气液混相速度逐渐增加，且储层厚度越大，相同井深处气液混相速度越大。

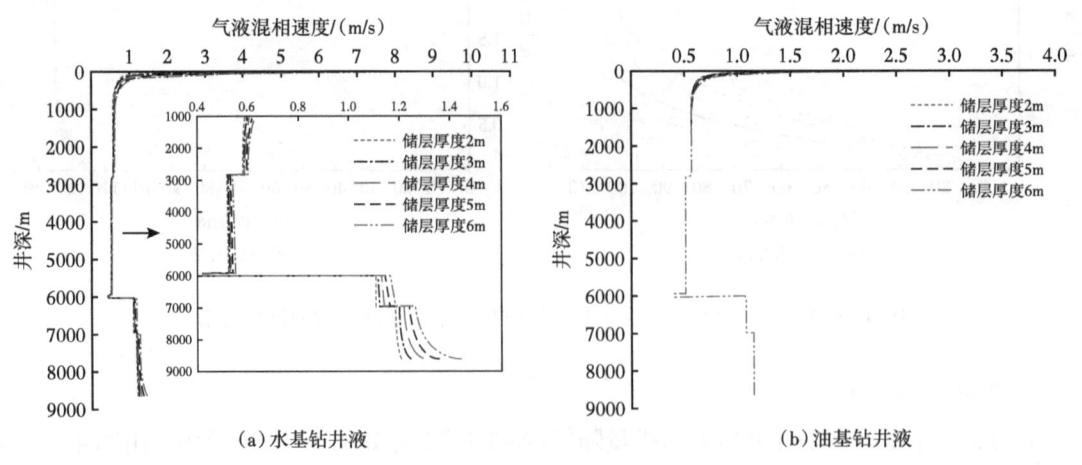

图 4-5-27　不同储层厚度下水平井气液混相速度沿井深分布

### 6. 储层渗透率影响

1）井底压力

不同储层渗透率下水平井井底压力随气侵时间的变化如图 4-5-28 所示。由图 4-5-28 可知，储层渗透率对井底压力的影响与储层厚度相同，对于水基钻井液和油基钻井液，井底压力都随着储层渗透率的增加而快速降低，且气体从井底经环空运移到井口时间减小。储层渗透率越大时，侵入井筒内气体越多，对于水基钻井液，气体以自由气形式存在，相同井深处截面含气率越高，井底压力降低越快；而对于油基钻井液，当气体全部溶解在油基钻井液中时，气体以溶解气形式存在，钻井液密度降低更多，井底压力降低更快；且溶解气从油基钻井液中逸出位置更深，气体以自由气形式存在后，气体体积膨胀使得井底压力降低较快。

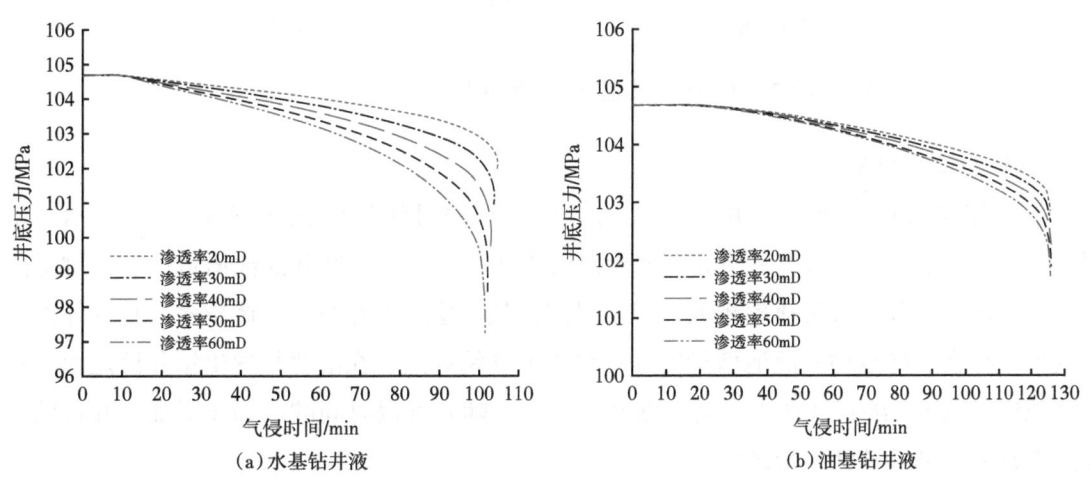

图 4-5-28　不同储层渗透率下水平井井底压力随气侵时间的变化

2）截面含气率

不同储层渗透率下水平井截面含气率沿井深分布如图 4-5-29 所示。由图 4-5-29 可知，储层渗透率对井筒截面含气率分布影响与储层厚度相同。对于水基钻井液，随着储层渗透率的增加，相同井深处截面含气率增加。原因在于，储层渗透率影响气侵量大小，储层渗透率越大，单位时间内从地层进入井筒的气体越多，使得相同井深处截面含气率增加。对于油基钻井液，随着储层渗透率增加，在溶解气逸出钻井液之前，截面含气率都为 0；且环空气液两相流区随着储层渗透率的增加而增加，相同井深处截面含气率随着储层渗透率的增加而增加。这是因为：一方面，尽管气侵速率随着储层渗透率的增加而增加，但中下部井段钻井液溶解度大，气体全部溶解在油基钻井液中，截面含气率为 0；另一方面，储层渗透率越大，单位时间内从地层进入环空的气体越多，溶解气逸出位置更深，且溶解气析出后，相同井深处截面含气率更大。

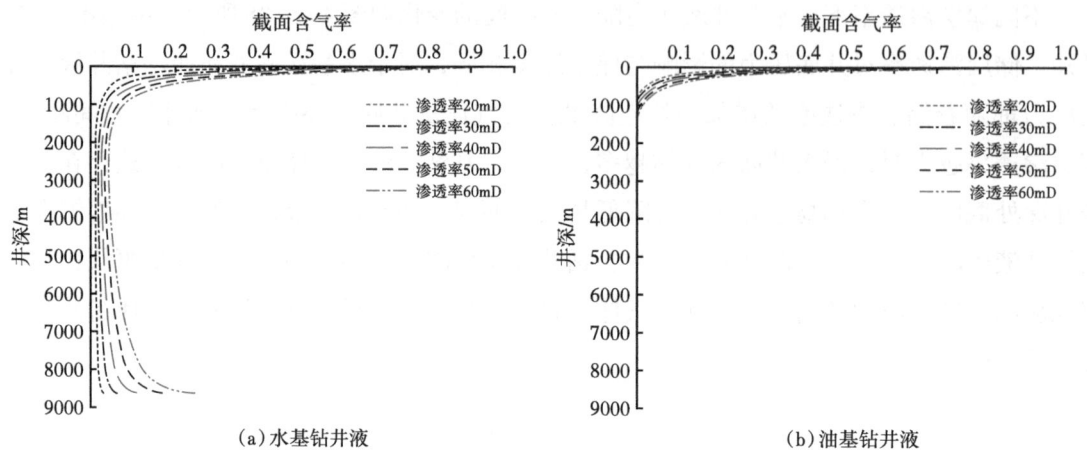

图 4-5-29　不同储层渗透率下水平井截面含气率沿井深分布

3）钻井液池增量

不同储层渗透率下水平井钻井液池增量随气侵时间的变化如图 4-5-30 所示。由图 4-5-30 可知，对于水基钻井液，随着储层渗透率的增加，钻井液池增量增加。这是因为储层渗透率越大，气侵速率越大，单位时间内从地层进入井筒的气体越多，且气体以自由气形式存在，导致钻井液池增量增加。对于油基钻井液，在溶解气逸出钻井液之前，钻井液池增量为 0；溶解气逸出之后，钻井液池增量随着气侵时间的增加而增加，并且储层渗透率越大，钻井液池增量越大。

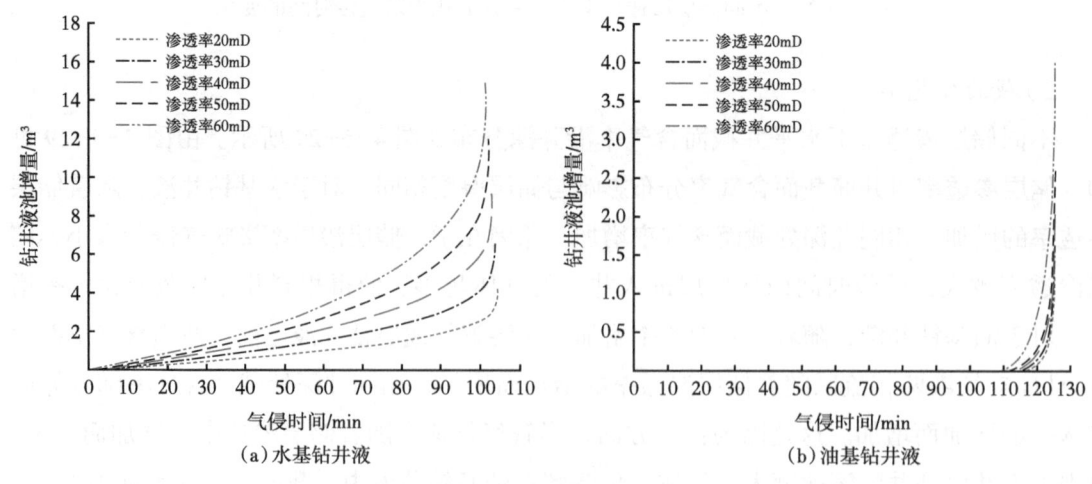

图 4-5-30　不同储层渗透率下水平井钻井液池增量随气侵时间的变化

4）井口返出排量

不同储层渗透率下水平井井口返出排量随气侵时间的变化如图4-5-31所示。由图4-5-31可知，对于水基钻井液，随着储层渗透率的增加，井口返出排量增加。但气侵初期，随着储层渗透率增加，井口返出排量增加较小；当气液两相流运移至井口附近时，井口返出排量随着储层渗透率增加而急剧增加。对于油基钻井液，在溶解气逸出钻井液之前，井口返出排量几乎保持不变；溶解气逸出之后，井口返出排量逐渐增加，且渗透率越大，井口返出排量越大。

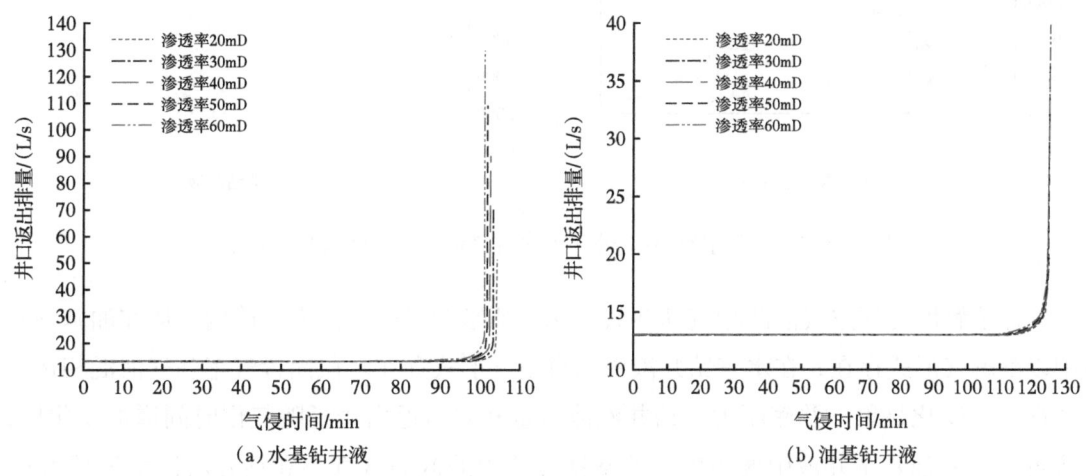

图4-5-31　不同储层渗透率下水平井井口返出排量随气侵时间的变化

5）气液混相速度

不同储层渗透率下水平井气液混相速度沿井深分布如图4-5-32所示。由图4-5-32可知，对于水基钻井液，随着储层渗透率增加，中下部井段相同井深处气液混相速度增加，但与上部井段相比，气液混相速度仍较小；当气液两相流运移至井口附近时，相同井深处气液混相速度随着储层渗透率的增加而急剧增加。这是因为在中下部井段，尽管截面含气率随着储层渗透率增加而增加，但截面含气率都相对较小（图4-5-29），气液混相速度增加不明显；然而当气液两相流运移至井口附近时，储层渗透率越大，相同井深处截面含气率越大，气液混相速度显著增加。对于油基钻井液，在溶解气逸出钻井液之前，气液混相速度几乎保持不变；溶解气逸出之后，气液混相速度逐渐增加，且储层渗透率越大，相同井深处气液混相速度越大。

总而言之，考虑井筒压力—地层溢流耦合作用时，气侵速率随着气侵时间的增加呈指数增加。在中下部井段，随着井深的增加，截面含气率增加；而上部井段，截面含气率随着井深的增加而减小，且上部井段截面含气率远大于下部井段截面含气率。未考虑井筒压力—地层溢流耦合作用时，气侵速率为一定值，整个井段截面含气率随着井深的增加而减小，上部井段截面含气率变化明显，下部井段截面含气率变化较小。

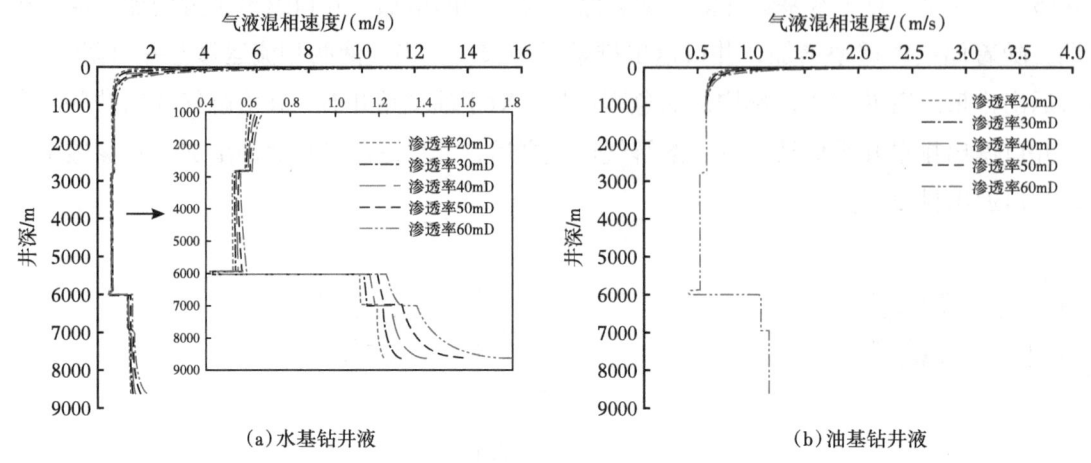

图 4-5-32　不同储层渗透率下水平井气液混相速度沿井深分布

气体溶解度对环空气液两相流动参数变化特征影响显著。侵入井筒内气体在油基钻井液中以溶解气形式存在，在水基钻井液中以自由气形式存在。截面含气率和气液混相速度沿井深分布变化显著，井底压力、钻井液池增量和井口返出排量随气侵时间增加变化快；在溶解气未从油基钻井液中逸出前，油基钻井液中的截面含气率和钻井液池增量都为 0；井口返出排量和气液混相速度无变化，且井底压力减小缓慢，降低幅度小。一旦溶解气从油基钻井液中析出，气体迅速膨胀上升，钻井液池增量、井口返出排量，以及气液混相速度变化显著，使得油基钻井液中发生气侵时既具"隐蔽性"，又极具"突发性"。

水平井气侵溢流发展规律与直井气侵溢流发展规律相似，但气侵初期水平井井底压力随气侵时间增加而微小增加，随后随着气侵时间增加而降低，直井井底压力随气侵时间增加而降低。钻井液池增量和井口返出排量随着气侵时间的增加而增加；在气液两相流区相同井深处，截面含气率和气液混相速度随气侵时间增加而增加，气液混相密度随着气侵时间增加而降低。

循环排量越小，初始井底压力越小，气体到达井口所需时间越长，且气体到达井口时井底压力下降幅度更大；储层厚度和储层渗透率越大，井底压力随气侵时间降低越快，气体到达井口时间越少；气体组分中 $H_2S$ 含量越高，井底压力随气侵时间降低越慢；水平段越长，井底压力降低幅度随着水平段长度的增加而越大，且气体从井底经环空运移到井口时间减小。

# 第五章 超深复杂井关井期间井筒压力及流动参数变化特征

在石油生产作业中，大部分学者对水击压力的研究主要集中在两个方面：(1) 裂缝诊断；(2) 注水井出砂。在水力压裂过程中，停泵或关闭阀门经常会产生水击现象，水击压力波会与压裂过程中形成的裂缝相互作用，从而对水击波的周期、振幅和衰减产生影响。然而，对溢流关井水击压力的研究工作甚少，相关研究存在以下问题：(1) 认为气体在环空内沿井深均匀分布；(2) 不考虑截面含气率对水击波速的影响；(3) 采用圆管水击波速方程，未考虑环形空间的结构特点；(4) 不考虑气体滑脱作用，认为气液两相速度相同。通常，在井底气侵发生前，环空内为单相流动；一旦发生气侵，地层中气体侵入井筒并沿环空向上运移，使得气液两相流前缘不断向井口推进，导致气液两相流区逐渐占据整个环空。同时，气体在环空内上返过程中，由于温度和压力变化，气体体积不断膨胀，使得流动参数如截面含气率、气液混相速度，以及气液混相密度沿井深分布将不断变化。事实上，含气量对水击波速的衰减影响很大，井筒截面含气率大小体现了环空截面上含气量大小；且气液混相速度影响水击压力大小。因此，有必要考虑气侵发生后的环空瞬态多相流动特征，对溢流关井水击压力开展进一步研究。

## 第一节 超深复杂井关井期间环空瞬态多相流动特征

### 一、物理模型

溢流关井前，环空内气液两相流分布特征如图 5-1-1 所示。溢流关井初期，一方面，在井底压力未恢复到地层压力前，气体在井底负压差的作用下仍会继续侵入井筒，使得环空中流体受到压缩，井筒压力逐渐增加，当井底压力增加到与地层压力相等时，气体不再侵入井筒。另一方面，关井后环空中气体在密度差作用下会滑脱上升，上升过程中由于气体周围温度和压力的变化，使得气体在滑脱上升过程中会继续膨胀压缩井筒流体，从而使得井筒压力进一步增加。同时，在裸眼井段，当井筒压力超过地层压力后，井筒中钻井液在正压差的作用下会滤失到地层，尤其在滤饼渗透率较大情况下，这使得井筒压力增加速率减缓。

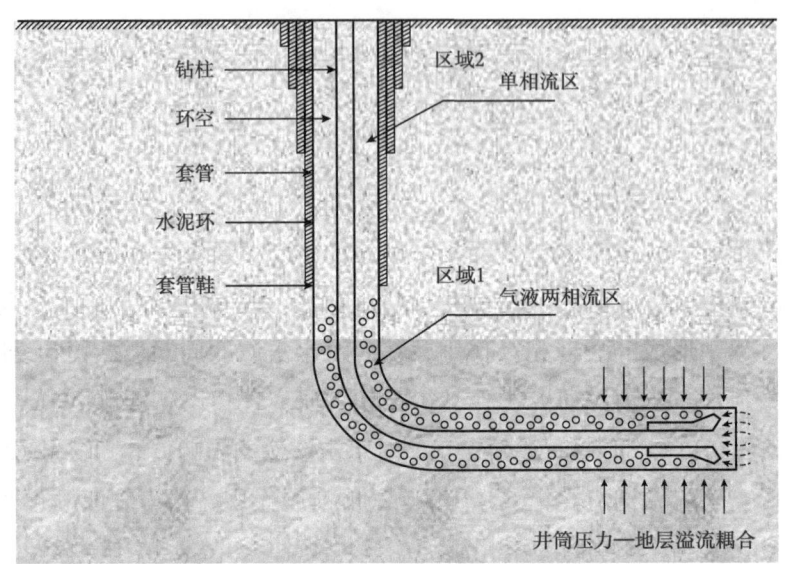

图 5-1-1　关井期间井筒物理模型

## 二、模型基本假设

在建立气侵关井期间井筒环空多相流动数学模型之前，除第三章所述基本假设条件外，还包括如下假设条件：

（1）忽略从发现溢流到关井这段时间内井筒压力和流动参数变化，即各参数与溢流阶段保持一致。

（2）不考虑关井水击作用产生的水击压力对流体物性参数的影响。

（3）忽略井筒的弹性，认为井筒为刚性体，且地层压力和储层物性参数始终保持恒定。

（4）关井后不考虑环空中气泡的融合和碰撞。

（5）通过滤饼滤失进入地层的流体仅为钻井液，且认为整个井筒环空钻井液液面高度保持一致。

## 三、数学模型

气侵关井后，在井底压力恢复到地层压力前，由于续流效应气体不断从地层进入井筒，同时也因为气体滑脱作用不断从井底向井口运移。因此，关井后井筒压力的变化规律与地层渗流密切相关，但其流动规律仍遵守质量守恒定律和动量定理。

## 1. 气相连续性方程

在关井期间，根据之前分析可知，当井底压力恢复到地层压力之前，在负压差作用下地层气体会持续侵入井筒，而之后在正压差作用下地层气体不再侵入井筒。根据式（4-1-10）和式（4-1-11）可知，产层段气相连续性方程为：

$$\begin{cases} \dfrac{\partial}{\partial t}\left(\rho_g H_g A + \rho_g R_s H_l A\right) + \dfrac{\partial}{\partial z}\left(\rho_g H_g A u_g + \rho_g R_s H_l A u_l\right) = q_g, & p_{wf} < p_e \\ \dfrac{\partial}{\partial t}\left(\rho_g H_g A + \rho_g R_s H_l A\right) + \dfrac{\partial}{\partial z}\left(\rho_g H_g A u_g + \rho_g R_s H_l A u_l\right) = 0, & p_{wf} \geqslant p_e \end{cases} \quad (5-1-1)$$

非产层段气相连续性方程为：

$$\dfrac{\partial}{\partial t}\left(\rho_g H_g A + \rho_g R_s H_l A\right) + \dfrac{\partial}{\partial z}\left(\rho_g H_g A u_g + \rho_g R_s H_l A u_l\right) = 0 \quad (5-1-2)$$

## 2. 液相连续性方程

对于液相连续性方程建立，考虑到气侵关井期间井筒压力逐渐增加，其与地层压力间的压差逐渐增加。当井筒压力超过地层压力后，在正压差作用下，使得井筒内裸眼段的一部分钻井液会滤失到地层中（图 5-1-2），且关井期间，液相速度 $u_l=0$。因此，假设 $t=t_1$ 时刻井底压力恢复到地层压力，根据式（4-1-12），建立液相连续性方程如下：

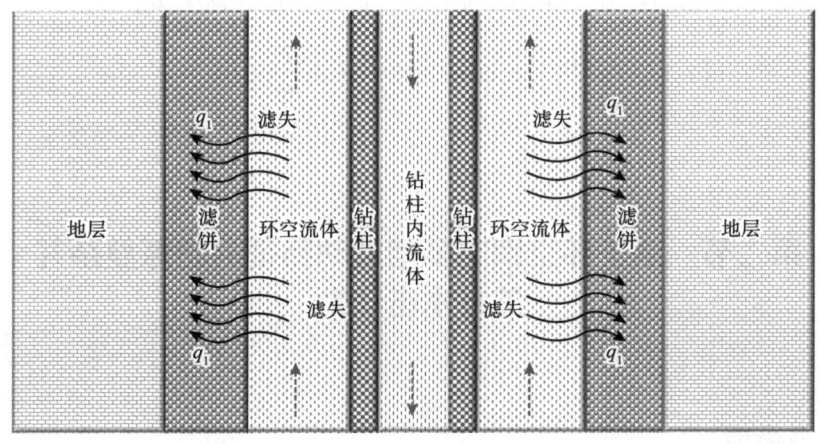

图 5-1-2  钻井液滤失过程

$$\begin{cases} \dfrac{\partial}{\partial t}\left(\rho_l H_l A\right) + \dfrac{\partial}{\partial z}\left(\rho_l H_l A u_l\right) = 0, & t \leqslant t_1 \\ \dfrac{\partial}{\partial t}\left(\rho_l H_l A\right) + \dfrac{\partial}{\partial z}\left(\rho_l H_l A u_l\right) - q_l = 0, & t > t_1 \end{cases} \quad (5-1-3)$$

式中 $q_1$——单位时间单位长度滤失钻井液质量，kg/(m·s)。

单位时间单位长度钻井液滤失体积 $V_1$ 可采用钻井液静滤失方程计算[52]：

$$V_1 = A'\sqrt{2K_b\left(\frac{f_{sc}}{f_{sm}}-1\right)(p-p_e)}\sqrt{\frac{t}{\mu_1}}, \ t>t_1 \qquad (5-1-4)$$

式中 $V_1$——单位时间单位长度的钻井液滤失体积，m³/(m·s)；

$K_b$——滤饼渗透率，mD；

$f_{sm}$——钻井液中的固相含量；

$f_{sc}$——滤饼中的固相含量；

$A'$——单位长度的滤饼面积，m²。

因此，单位时间单位长度滤失钻井液质量 $q_1$ 有：

$$q_1 = \rho_1 V_1 \qquad (5-1-5)$$

### 3. 混相动量守恒方程

气侵关井后动量方程的建立与第三章推导过程一样，根据式（4-1-15），混相动量守恒方程有：

$$\begin{aligned}&\frac{\partial}{\partial t}\left(\rho_g H_g A u_g + \rho_1 H_1 A u_1\right) + \frac{\partial}{\partial z}\left(\rho_g H_g A u_g^2 + \rho_1 H_1 A u_1^2\right) \\ &+ \left(\rho_g H_g + \rho_1 H_1\right) A g\cos\theta + A\frac{\mathrm{d}p}{\mathrm{d}z} + A\frac{\mathrm{d}F_r}{\mathrm{d}z} = 0\end{aligned} \qquad (5-1-6)$$

## 第二节　基于环空瞬态多相流动特征的超深复杂井关井水击压力

### 一、物理模型

在正常钻进期间，井筒内钻井液液柱压力通常等于或者略大于地层压力，在正压差的作用下能够阻止地层流体侵入井筒，钻井液沿循环路径正常循环（图 5-2-1 中实线箭头路径）。然而，当钻遇异常高压地层时，井筒内钻井液液柱压力不足以平衡地层压力，在负压差作用下地层流体会侵入井筒。当地面监测到井下早期溢流发生如井口返出排量增加、钻井液池液面增高，以及钻井液性能发生变化，需迅速采取关井作业即关闭井口防喷器。

在井口防喷器的关闭过程中，钻柱与井口形成的环形空间不断减小，井口流量在较短时间内急剧减少为 0，使得井口返出流体速度发生急剧变化从而引起水击现象。

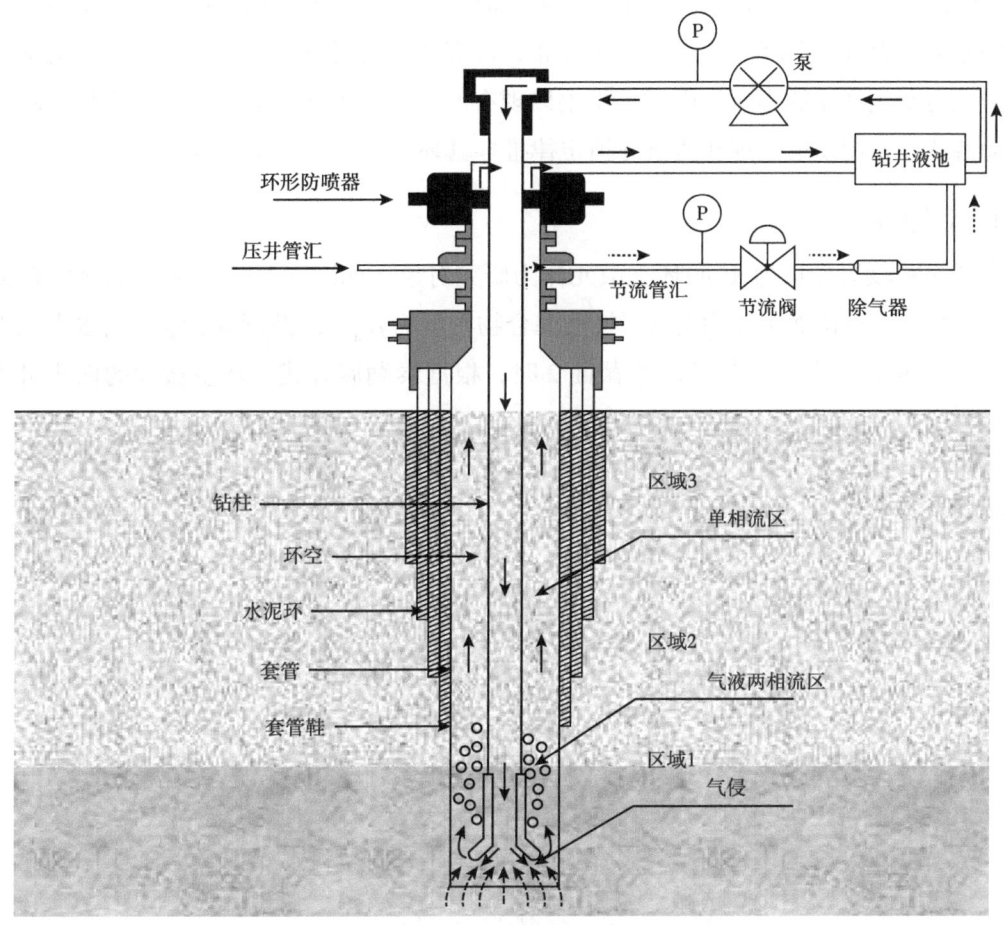

图 5-2-1　气侵关井环空水击压力物理模型

## 二、模型基本假设

（1）气、液两相在井筒中沿轴线方向做一维非定常流动；

（2）忽略钻屑颗粒对水击波速的影响，钻井泵关闭时间忽略不计；

（3）不考虑井筒内流体与套管、钻柱动态耦合作用对水击波速的影响；

（4）不考虑水泥环和裸眼段地层变形影响，认为钻柱和套管都为线弹性体；

（5）环空内钻井液可压缩，且在井口防喷器关闭过程中不考虑地层流体侵入和环空内钻井液漏失；

（6）在井筒过流断面的任一位置，气、液两相各自所特有的流动参数均相同。

### 三、环空瞬态水击数学模型

根据第四章分析可知,当气侵关井后,在中下部井段形成气液两相流区,而上部井段为单相流区。大多数学者仅仅考虑单相流情况时其水击压力的变化规律,部分学者为了简化问题通常认为气侵后环空中气体均匀分布,没有考虑气侵发生后环空瞬态多相流动特征对水击压力变化规律的影响。因此,本书以现有的经典水击理论为基础,基于环空瞬态多相流动特征,采用动量定理和质量守恒定律推导其环空瞬态水击微分方程组。

#### 1. 运动方程

在任一井段取段长为 $\mathrm{d}s$ 的环空微元体为研究对象,如图 5-2-2 所示。若环空截面的面积为 $A$,且环空截面上压力为 $p$、气液混合物密度为 $\rho_\mathrm{m}$,以及湿周为 $\chi$,当水击压力波在 $\mathrm{d}t$ 时间内从环空截面 1 传至环空截面 2 时,根据泰勒展开式,环空截面的面积可表示为 $A+\dfrac{\partial A}{\partial s}\mathrm{d}s$,同时环空截面上压力可表示为 $p+\dfrac{\partial p}{\partial s}\mathrm{d}s$、气液混合物密度为 $\rho_\mathrm{m}+\dfrac{\partial \rho_\mathrm{m}}{\partial s}\mathrm{d}s$,以及湿周为 $\chi+\dfrac{\partial \chi}{\partial s}\mathrm{d}s$。

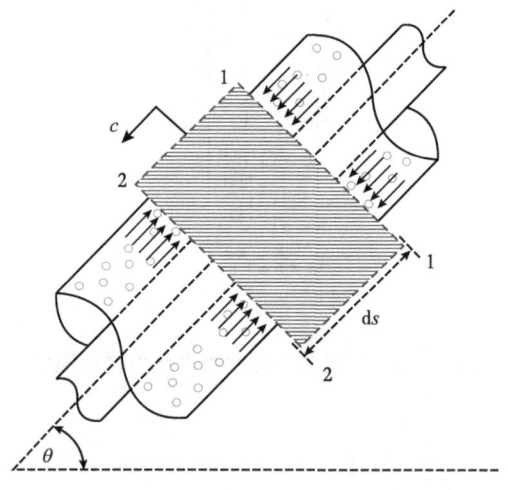

图 5-2-2 环空水击微元控制体

作用于环空微元体上端面和下端面的应力分别为 $pA$ 和 $\left(p+\dfrac{\partial p}{\partial s}\mathrm{d}s\right)\left(A+\dfrac{\partial A}{\partial s}\mathrm{d}s\right)$;管壁作用于环空微元体上的力为 $F_\mathrm{gb}=\left(p+\dfrac{\partial p}{\partial s}\dfrac{\mathrm{d}s}{2}\right)\left(\dfrac{\partial A}{\partial s}\mathrm{d}s\right)$;作用于微元体上的壁面摩擦力为 $F_\mathrm{gf}=\tau\left(\chi+\dfrac{\partial \chi}{\partial s}\dfrac{\mathrm{d}s}{2}\right)\mathrm{d}s$;作用于微元体的质量力为 $mg\sin\theta=g\left(\rho_\mathrm{m}+\dfrac{\partial \rho_\mathrm{m}}{\partial s}\dfrac{\mathrm{d}s}{2}\right)\left(A+\dfrac{\partial A}{\partial s}\dfrac{\mathrm{d}s}{2}\right)\mathrm{d}s\sin\theta$。

作用在控制体中流体上的合外力为 $F_{\text{total}}$:

$$F_{\text{total}} = \left[ pA - \left( p + \frac{\partial p}{\partial s} \mathrm{d}s \right)\left( A + \frac{\partial A}{\partial s} \mathrm{d}s \right) \right] - \tau \left( \chi + \frac{\partial \chi}{\partial s} \frac{\mathrm{d}s}{2} \right) \mathrm{d}s$$
$$+ \left( p + \frac{\partial p}{\partial s} \frac{\mathrm{d}s}{2} \right)\left( \frac{\partial A}{\partial s} \mathrm{d}s \right) - g\left( \rho_{\text{m}} + \frac{\partial \rho_{\text{m}}}{\partial s} \frac{\mathrm{d}s}{2} \right)\left( A + \frac{\partial A}{\partial s} \frac{\mathrm{d}s}{2} \right) \mathrm{d}s \frac{\partial z}{\partial s} \quad (5\text{-}2\text{-}1)$$

由于压缩流体密度发生变化后，环空微元体质量为:

$$m = \left( \rho_{\text{m}} + \frac{\partial \rho_{\text{m}}}{\partial s} \frac{\mathrm{d}s}{2} \right)\left( A + \frac{\partial A}{\partial s} \frac{\mathrm{d}s}{2} \right) \mathrm{d}s \quad (5\text{-}2\text{-}2)$$

根据牛顿第二定律可知:

$$\left[ pA - \left( p + \frac{\partial p}{\partial s} \mathrm{d}s \right)\left( A + \frac{\partial A}{\partial s} \mathrm{d}s \right) \right] - \tau \left( \chi + \frac{\partial \chi}{\partial s} \frac{\mathrm{d}s}{2} \right) \mathrm{d}s$$
$$+ \left( p + \frac{\partial p}{\partial s} \frac{\mathrm{d}s}{2} \right)\left( \frac{\partial A}{\partial s} \mathrm{d}s \right) - g\left( \rho_{\text{m}} + \frac{\partial \rho_{\text{m}}}{\partial s} \frac{\mathrm{d}s}{2} \right)\left( A + \frac{\partial A}{\partial s} \frac{\mathrm{d}s}{2} \right) \mathrm{d}s \frac{\partial z}{\partial s} \quad (5\text{-}2\text{-}3)$$
$$= \left( \rho_{\text{m}} + \frac{\partial \rho_{\text{m}}}{\partial s} \frac{\mathrm{d}s}{2} \right)\left( A + \frac{\partial A}{\partial s} \frac{\mathrm{d}s}{2} \right) \mathrm{d}s \frac{\mathrm{d}u_{\text{m}}}{\mathrm{d}t}$$

忽略二阶及以上的小量，整理式（5-2-3）有:

$$\frac{1}{\rho_{\text{m}}} \frac{\partial p}{\partial s} + \frac{\mathrm{d}u_{\text{m}}}{\mathrm{d}t} + g\frac{\partial z}{\partial s} + \frac{\tau \chi}{\rho_{\text{m}} A} = 0 \quad (5\text{-}2\text{-}4)$$

在流体力学中，根据物质导数的定义有:

$$\frac{\mathrm{d}u_{\text{m}}}{\mathrm{d}t} = \frac{\partial u_{\text{m}}}{\partial t} + u_{\text{m}} \frac{\partial u_{\text{m}}}{\partial s} \quad (5\text{-}2\text{-}5)$$

将式（5-2-5）代入式（5-2-4）得:

$$\frac{1}{\rho_{\text{m}}} \frac{\partial p}{\partial s} + \frac{\partial u_{\text{m}}}{\partial t} + u_{\text{m}} \frac{\partial u_{\text{m}}}{\partial s} + g\frac{\partial z}{\partial s} + \frac{\tau \chi}{\rho_{\text{m}} A} = 0 \quad (5\text{-}2\text{-}6)$$

将湿周 $\chi = \pi(D_{\text{i}} + D_{\text{o}})$、环空截面积 $A = \frac{\pi}{4}(D_{\text{o}}^2 - D_{\text{i}}^2)$，以及单位长度的环空压降 $\tau \chi = \frac{\lambda}{2} \frac{\rho_{\text{m}} A u_{\text{m}}^2}{D_{\text{o}} - D_{\text{i}}}$ 的表达式代入式（5-2-6）有:

$$\frac{\partial p}{\partial s} + \rho_{\text{m}} \frac{\partial u_{\text{m}}}{\partial t} + \rho_{\text{m}} u_{\text{m}} \frac{\partial u_{\text{m}}}{\partial s} + \rho_{\text{m}} g \frac{\partial z}{\partial s} + \frac{\rho_{\text{m}} \lambda u_{\text{m}} |u_{\text{m}}|}{2(D_{\text{o}} - D_{\text{i}})} = 0 \quad (5\text{-}2\text{-}7)$$

式中　$D_{\text{o}}$——环空外径，m；

$D_i$——环空内径，m。

对于非恒定摩阻系数 $\lambda$ 采用 Vardy 和 Brown 提出的公式[53]：

$$\lambda = 2\sqrt{\frac{12.86}{Re^{1.1844-0.0567\lg Re}}} \qquad (5-2-8)$$

根据图 5-2-2 可知 $\sin\theta = -\dfrac{\partial z}{\partial s}$，代入式（5-2-7）可得环空瞬态水击的运动方程有：

$$\frac{\partial p}{\partial s} + \rho_m \frac{\partial u_m}{\partial t} + \rho_m u_m \frac{\partial u_m}{\partial s} - \rho_m g \sin\theta + \frac{\rho_m \lambda u_m |u_m|}{2(D_o - D_i)} = 0 \qquad (5-2-9)$$

2. 连续性方程

由图 5-2-2 可得，$dt$ 时间内从下端面流入段长 $dz$ 控制体的质量为 $m_{m\_in}$：

$$m_{m\_in} = \rho_m A u_m dt \qquad (5-2-10)$$

$dt$ 时间内从上端面流出段长 $dz$ 控制体的质量为 $m_{m\_out}$：

$$m_{m\_out} = \rho_m A u_m dt + \frac{\partial(\rho_m A u_m)}{\partial s} ds dt \qquad (5-2-11)$$

$dt$ 时间内段长 $dz$ 控制体内质量的增量为 $\Delta m$：

$$\Delta m = \frac{\partial(\rho_m A)}{\partial t} ds \qquad (5-2-12)$$

将式（5-2-10）至式（5-2-12）代入式（4-1-9）有：

$$\frac{\partial}{\partial t}(\rho_m A) + \frac{\partial}{\partial s}(\rho_m A u_m) = 0 \qquad (5-2-13)$$

将式（5-2-13）偏微分方程展开有：

$$\rho_m u_m \frac{\partial A}{\partial s} + \rho_m A \frac{\partial u_m}{\partial s} + A u_m \frac{\partial \rho_m}{\partial s} + A \frac{\partial \rho_m}{\partial t} + \rho_m \frac{\partial A}{\partial t} = 0 \qquad (5-2-14)$$

根据流体力学中物质导数的定义可知：

$$\begin{cases} \dfrac{dA}{dt} = \dfrac{\partial A}{\partial t} + u_m \dfrac{\partial A}{\partial s} \\ \dfrac{d\rho_m}{dt} = \dfrac{\partial \rho_m}{\partial t} + u_m \dfrac{\partial \rho_m}{\partial s} \end{cases} \qquad (5-2-15)$$

将式(5-2-15)代入式(5-2-14),重新整理得:

$$\frac{1}{\rho_m}\frac{d\rho_m}{dt}+\frac{1}{A}\frac{dA}{dt}+\frac{\partial u_m}{\partial s}=0 \qquad (5\text{-}2\text{-}16)$$

且根据奚斌等[54]建立的水击波速 $a_m$ 有:

$$a_m=\frac{1}{\sqrt{\rho_m\left(\frac{1}{A}\frac{dA}{dp}+\frac{1}{\rho_m}\frac{d\rho_m}{dp}\right)}}\sqrt{\frac{p}{A}\frac{dA}{dp}-\frac{\frac{\partial}{\partial s}\left(\frac{u_m^2}{2g}\right)}{\frac{\partial}{\partial s}\left(\frac{p}{\rho_m g}\right)}} \qquad (5\text{-}2\text{-}17)$$

因此,可将式(5-2-16)改写为:

$$\left(\frac{1}{\rho_m}\frac{d\rho_m}{dp}+\frac{1}{A}\frac{dA}{dp}\right)\frac{dp}{dt}+\frac{\partial u_m}{\partial s}=0 \qquad (5\text{-}2\text{-}18)$$

另外,考虑到水头 $H$ 和压强 $p$ 之间满足 $p=\rho_m g(H-z)$,有:

$$\frac{\partial p}{\partial s}=\frac{\partial}{\partial s}[\rho_m g(H-z)]=\rho_m g\frac{\partial(H-z)}{\partial s}+g(H-z)\frac{\partial \rho_m}{\partial s} \qquad (5\text{-}2\text{-}19)$$

在经典水击理论中通常认为 $\frac{\partial \rho_m}{\partial s}=0$,则式(5-2-19)转化为:

$$\frac{\partial p}{\partial s}=\frac{\partial}{\partial s}[\rho_m g(H-z)]=\rho_m g\frac{\partial H}{\partial s}+\rho_m g\sin\theta \qquad (5\text{-}2\text{-}20)$$

将式(5-2-20)代入式(5-2-17),有:

$$a_m=\frac{\sqrt{\frac{p}{A}\frac{dA}{dp}+1-\left[\rho_m g\sin\theta+\rho_m g\frac{\partial}{\partial s}\left(H+\frac{u_m^2}{2g}\right)\right]\bigg/\frac{\partial p}{\partial s}}}{\sqrt{\rho_m\left(\frac{1}{A}\frac{dA}{dp}+\frac{1}{\rho_m}\frac{d\rho_m}{dp}\right)}} \qquad (5\text{-}2\text{-}21)$$

根据式(5-2-21),环空瞬态水击连续性方程有:

$$\frac{1}{\rho_m a_m^2}\frac{dp}{dt}-\frac{1}{\rho_m a_m^2}\left[\rho_m g\sin\theta+\rho_m g\frac{\partial}{\partial s}\left(H+\frac{u_m^2}{2g}\right)\right]\frac{ds}{dt}+\frac{\partial u_m}{\partial s}=0 \qquad (5\text{-}2\text{-}22)$$

根据实际流体总流的伯努利方程,动能、势能,以及摩阻压耗间满足 $\frac{\partial}{\partial s}\left(H+\frac{u_m^2}{2g}\right)\approx$

$-\dfrac{\tau\chi}{\rho_{\mathrm{m}}gA}$，重新整理式（5-2-22）有：

$$\dfrac{g}{a_{\mathrm{m}}^2}\left(u_{\mathrm{m}}\dfrac{\partial H}{\partial s}+\dfrac{\partial H}{\partial t}\right)+\dfrac{g}{a_{\mathrm{m}}^2}u_{\mathrm{m}}\sin\theta-\dfrac{g}{a_{\mathrm{m}}^2}\left(u_{\mathrm{m}}\sin\theta-u_{\mathrm{m}}\dfrac{\tau\chi}{\rho_{\mathrm{m}}gA}\right)+\dfrac{\partial u_{\mathrm{m}}}{\partial s}=0 \quad (5\text{-}2\text{-}23)$$

将湿周 $\chi=\pi(D_{\mathrm{o}}+D_{\mathrm{i}})$、环空截面积 $A=\dfrac{\pi}{4}(D_{\mathrm{o}}^2-D_{\mathrm{i}}^2)$，以及单位长度的环空压降 $\tau\chi=\dfrac{\lambda}{2}\dfrac{\rho_{\mathrm{m}}Au_{\mathrm{m}}^2}{D_{\mathrm{o}}-D_{\mathrm{i}}}$ 的表达式代入式（5-2-24）有：

$$u_{\mathrm{m}}\dfrac{\partial H}{\partial s}+\dfrac{\partial H}{\partial t}+\dfrac{\lambda u_{\mathrm{m}}^2|u_{\mathrm{m}}|}{2g(D_{\mathrm{o}}-D_{\mathrm{i}})}+\dfrac{a_{\mathrm{m}}^2}{g}\dfrac{\partial u_{\mathrm{m}}}{\partial s}=0 \quad (5\text{-}2\text{-}24)$$

将水头 $H$ 的环空瞬态水击连续性方程转化为压强 $p$ 的环空瞬态水击连续性方程，有：

$$u_{\mathrm{m}}\dfrac{\partial p}{\partial s}+\dfrac{\partial p}{\partial t}+\dfrac{\rho_{\mathrm{m}}\lambda u_{\mathrm{m}}^2|u_{\mathrm{m}}|}{2(D_{\mathrm{o}}-D_{\mathrm{i}})}+\rho_{\mathrm{m}}a_{\mathrm{m}}^2\dfrac{\partial u}{\partial s}-\rho_{\mathrm{m}}gu_{\mathrm{m}}\sin\theta=0 \quad (5\text{-}2\text{-}25)$$

## 四、气—液—固三相流环空水击波速方程

目前，国内外学者已经对圆管水击波速方程开展了大量的研究工作，推导了广泛应用的圆管水击波速方程，其中主要包括圆管单相流水击波速方程和圆管液—固两相流水击波速方程。钻井作业容易发生气侵，常需要快速关闭井口防喷器，导致在井口产生水击现象。然而，对于石油钻井作业，气侵发生后井筒内已经有大量气体存在，且截面含气率、气液混相速度和气液混相密度沿井深分布不均匀。因此，需要建立气—液—固三相流环空水击波速方程。

在任一井段取段长为 $\mathrm{d}s$ 的环空微元体为研究对象，如图 5-2-2 所示。由于钻杆和套管的弹性，在 $\mathrm{d}s$ 段内流体密度由 $\rho_{\mathrm{m}}$ 增加到 $\rho_{\mathrm{m}}+\dfrac{\partial\rho_{\mathrm{m}}}{\partial s}\mathrm{d}s$、环空断面由 $A$ 增加到 $A+\dfrac{\partial A}{\partial s}\mathrm{d}s$，以及流体速度由 $u_{\mathrm{m}}$ 增加到 $u_{\mathrm{m}}+\dfrac{\partial u_{\mathrm{m}}}{\partial s}\mathrm{d}s$。

$\mathrm{d}t$ 时间内进入微元段 $\mathrm{d}s$ 内的流体体积为：

$$\Delta V=\left(u_{\mathrm{m}}+\dfrac{\partial u_{\mathrm{m}}}{\partial s}\mathrm{d}s\right)A\mathrm{d}t-u_{\mathrm{m}}A\mathrm{d}t=\dfrac{\partial u_{\mathrm{m}}}{\partial s}A\mathrm{d}s\mathrm{d}t \quad (5\text{-}2\text{-}26)$$

由于微元段 $\mathrm{d}s$ 内液体受防喷器阻挡而被压缩，则微元段 $\mathrm{d}s$ 内液体的压缩变形体积 $\Delta V_{\mathrm{l}}$ 为：

$$\Delta V_{\mathrm{l}}=\dfrac{\Delta p}{E_{\mathrm{l}}}H_{\mathrm{l}}A\mathrm{d}s \quad (5\text{-}2\text{-}27)$$

式中 $E_l$——液体的弹性模量，MPa。

同理，微元段 $ds$ 内的气体和固体的压缩变形体积分别为 $\Delta V_g$ 和 $\Delta V_s$：

$$\Delta V_g = \frac{\Delta p}{E_g} H_g A ds \qquad (5-2-28)$$

$$\Delta V_s = \frac{\Delta p}{E_s} H_s A ds \qquad (5-2-29)$$

式中 $E_g$——气体的弹性模量，MPa；

$E_s$——固体的弹性模量，MPa；

$H_s$——固相体积分数。

假设套管的应力变化为 $d\sigma_{cas}$，钻杆的应力变化为 $d\sigma_{dri}$，那么相应的应变分别为 $d\sigma_{cas}/D_o$ 和 $d\sigma_{dri}/D_i$，则：

$$\frac{d\sigma_{cas}}{E_{cas}} = \frac{dD_o}{D_o} \qquad (5-2-30)$$

$$\frac{d\sigma_{dri}}{E_{dri}} = \frac{dD_i}{D_i} \qquad (5-2-31)$$

假设套管的壁厚为 $\delta_{out}$，钻杆的壁厚为 $\delta_{in}$，根据薄壁筒箍拉力公式有：

$$\delta_{out} = \frac{\Delta p D_o}{2\sigma_{cas}} \qquad (5-2-32)$$

$$\delta_{in} = \frac{\Delta p D_i}{2\sigma_{dri}} \qquad (5-2-33)$$

式中 $\delta_{out}$——套管的壁厚，mm；

$\delta_{in}$——钻杆的壁厚，mm。

将式（5-2-32）和式（5-2-33）分别代入式（5-2-30）和式（5-2-31），有：

$$dD_o = \frac{D_o^2}{2E_{cas}} \frac{\Delta p}{\delta_{out}} \qquad (5-2-34)$$

$$dD_i = \frac{D_i^2}{2E_{dri}} \frac{\Delta p}{\delta_{in}} \qquad (5-2-35)$$

对于环形空间面积 $A$，有：

$$dA = d\left(\frac{D_o^2 - D_i^2}{4}\pi\right) = \frac{\pi}{2}(D_o dD_o - D_i dD_i) \quad (5\text{-}2\text{-}36)$$

那么由钻杆和套管变形引起体积变化增量 $\Delta V_{cd}$：

$$\Delta V_{cd} = dAds = \left(\frac{\Delta p}{E_{cas}\delta_{out}}\frac{D_o^3}{D_o^2 - D_i^2} - \frac{\Delta p}{E_{dri}\delta_{in}}\frac{D_i^3}{D_o^2 - D_i^2}\right)Ads \quad (5\text{-}2\text{-}37)$$

$dt$ 时间内流入微元段 $ds$ 内的流体体积等于气—液—固三相的体积压缩量，以及钻柱和套管变形引起体积膨胀量之和，则：

$$\Delta V = \Delta V_l + \Delta V_g + \Delta V_s + \Delta V_{cd} \quad (5\text{-}2\text{-}38)$$

将式（5-2-26）至式（5-2-29）代入式（5-2-38），有：

$$\Delta V = \frac{\Delta p}{E_l}H_l Ads + \frac{\Delta p}{E_g}H_g Ads + \frac{\Delta p}{E_s}H_s Ads \\
+ \left(\frac{\Delta p}{E_{cas}\delta_{out}}\frac{D_o^3}{D_o^2 - D_i^2} - \frac{\Delta p}{E_{dri}\delta_{in}}\frac{D_i^3}{D_o^2 - D_i^2}\right)Ads \quad (5\text{-}2\text{-}39)$$

将 $H_g + H_l + H_s = 1$ 代入式（5-2-39），进一步整理式（5-2-39）得：

$$\Delta V = \left[\begin{array}{l}\dfrac{1}{E_l}H_l + \dfrac{1}{E_g}H_g + \dfrac{1}{E_s}(1 - H_l - H_g) \\ + \left(\dfrac{1}{E_{cas}\delta_{out}}\dfrac{D_o^3}{D_o^2 - D_i^2} - \dfrac{1}{E_{dri}\delta_{in}}\dfrac{D_i^3}{D_o^2 - D_i^2}\right)\end{array}\right]\Delta p Ads \quad (5\text{-}2\text{-}40)$$

将式（5-2-26）代入式（5-2-40）有：

$$\frac{\partial u_m}{\partial s}Adsdt = \left[\begin{array}{l}\dfrac{1}{E_l}H_l + \dfrac{1}{E_g}H_g + \dfrac{1}{E_s}(1 - H_l - H_g) \\ + \left(\dfrac{1}{E_{cas}\delta_{out}}\dfrac{D_o^3}{D_o^2 - D_i^2} - \dfrac{1}{E_{dri}\delta_{in}}\dfrac{D_i^3}{D_o^2 - D_i^2}\right)\end{array}\right]\Delta p Ads \quad (5\text{-}2\text{-}41)$$

又由动量定理可知：

$$A\Delta p\Delta t = \rho_m \Delta L A \Delta u_m \quad (5\text{-}2\text{-}42)$$

将水击波速 $a_m = \dfrac{ds}{dt}$ 表达式代入式（5-2-42），整理得：

$$\Delta u_m = \frac{\Delta p}{\rho_m a_m} \quad (5\text{-}2\text{-}43)$$

将式（5-2-43）代入式（5-2-41），有：

$$a_\mathrm{m} = \sqrt{\rho_\mathrm{m} \left[ \frac{1}{E_\mathrm{l}} H_\mathrm{l} + \frac{1}{E_\mathrm{g}} H_\mathrm{g} + \frac{1}{E_\mathrm{s}} \left( 1 - H_\mathrm{l} - H_\mathrm{g} \right) + \frac{1}{D_\mathrm{o}^2 - D_\mathrm{i}^2} \left( \frac{D_\mathrm{o}^3}{E_\mathrm{cas} \delta_\mathrm{out}} - \frac{D_\mathrm{i}^3}{E_\mathrm{dri} \delta_\mathrm{in}} \right) \right]} \qquad (5\text{-}2\text{-}44)$$

### 五、初始条件和边界条件

1. 初始条件

关井水击计算的初始条件可通过本书第三章建立的环空瞬态多相流模型对溢流过程模拟得到。通过对溢流过程模拟，环空各节点的相关参数如各相密度、各相速度，以及压力均可获得。因此，关井水击计算的初始条件有：

$$\begin{cases} u_{\mathrm{m}i}^1 = u_\mathrm{g}(i) H_\mathrm{g}(i) + u_\mathrm{l}(i) H_\mathrm{l}(i) \\ \rho_{\mathrm{m}i}^1 = \rho_\mathrm{g}(i) H_\mathrm{g}(i) + \rho_\mathrm{l}(i) H_\mathrm{l}(i) \\ p_i^1 = p(i) \end{cases} \qquad (5\text{-}2\text{-}45)$$

2. 边界条件

通常，在水击压力计算过程中，由于井较深，以及摩阻和气侵的影响，水击压力波对井底压力影响较小，可以忽略不计。因此，井底节点处压力边界可以表示为：

$$p_1^j = p_\mathrm{wf} \qquad (5\text{-}2\text{-}46)$$

将井底节点处压力边界式（5-2-46）代入环空瞬态水击运动方程式（5-2-9）中，可得井底节点处速度边界 $u_{\mathrm{m}1}^j$：

$$\begin{aligned} u_{\mathrm{m}1}^j &= g \sin \theta \Delta t + u_{\mathrm{m}1}^{j-1} \left( 1 - \frac{u_{\mathrm{m}2}^{j-1} - u_{\mathrm{m}1}^{j-1}}{\Delta s} \Delta t \right) \\ &\quad - \frac{1}{\rho_{\mathrm{m}1}^{j-1}} \frac{p_2^{j-1} - p_1^{j-1}}{\Delta s} \Delta t - \frac{\lambda u_{\mathrm{m}1}^{j-1} \left| u_{\mathrm{m}1}^{j-1} \right|}{2(D_\mathrm{o} - D_\mathrm{i})} \Delta t \end{aligned} \qquad (5\text{-}2\text{-}47)$$

在井口防喷器的关闭过程中，井口流量不断减小直至为零，井口流速变化复杂，这与井口防喷器的关闭特性密切相关。因此，本书假设防喷器的出口流动规律符合孔口出流规律，那么井口处流速 $u_{\mathrm{m}N}^j$：

$$u_{\mathrm{m}N}^j = \frac{-\dfrac{\rho_N^{j-1} u_{\mathrm{m}N}^{j-1}}{R_\mathrm{MM}} + \sqrt{\left( \dfrac{\rho_N^{j-1} u_{\mathrm{m}N}^{j-1}}{R_\mathrm{MM}} \right)^2 + 4 \dfrac{z_N^j \rho_{\mathrm{m}N}^j g + R_\mathrm{CC}}{R_\mathrm{MM}}}}{2} \qquad (5\text{-}2\text{-}48)$$

将井口节点处速度边界式（5-2-48）代入环空瞬态水击连续方程式（5-2-25）中，可得井口节点处压力边界 $p_N^j$：

$$p_N^j = R_{CC} - \rho_{mN}^{j-1} u_{mN}^{j-1} u_{mN}^j \qquad (5\text{-}2\text{-}49)$$

其中：

$$R_{MM} = \frac{\left(z_N^1 + \dfrac{p_N^1}{\rho_{mN}^1 g}\right) \rho_{mN}^j g}{\left(u_{mN}^1 \tau_j\right)^2}$$

$$\begin{aligned} R_{CC} = & -\rho_{mN}^{j-1} u_{mN}^{j-1} g \sin\theta \Delta t + \rho_{mN}^{j-1} u_{mN}^{j-1} \left(u_{mN}^{j-1} \frac{u_{mN}^{j-1} - u_{mN-1}^{j-1}}{\Delta s} \Delta t - u_{mN}^{j-1}\right) \\ & - \rho_{mN}^{j-1} a_{mN}^{j-1} a_{mN}^{j-1} \frac{u_{mN}^{j-1} - u_{mN-1}^{j-1}}{\Delta s} \Delta t + \frac{\rho_{mN}^{j-1} \lambda u_{mN}^{j-1} u_{mN}^{j-1} |u_{mN}^{j-1}|}{2(D_o - D_i)} \Delta t \\ & + p_N^{j-1} - \frac{\rho_{mN}^{j-1} u_{mN}^{j-1} g \lambda |u_{mN}^{j-1}|}{2(D_o - D_i)} \Delta t \end{aligned}$$

事实上，目前还没有可用于计算防喷器开度系数的相关经验公式。本书假设防喷器的开度规律与阀门开度特性相同，因此采用 Karnery 和 Ruus[55] 提出的阀门关闭规律公式：

$$\tau = 1 - \frac{t}{T_s} \qquad (5\text{-}2\text{-}50)$$

式中　$\tau$——防喷器开度系数；

　　　$T_s$——防喷器关闭时间，s。

## 第三节　模型数值化求解

### 一、原方程求解

本书采用经典的特征线性法对环空瞬态水击偏微分方程组进行求解，将环空瞬态水击偏微分方程组沿特征线转换为常微分方程组，然后再采用差分法将微分方程离散求解。另外，气侵关井前，环空中气液两相流动参数及物性参数沿井深分布复杂，对空间域进行网格划分时要求高。因此，结合自适应网格法，根据环空多相流动特征自动加密网格或者调整网格疏密，以满足环空瞬态水击偏微分方程组求解。

为了能够应用线性特征法，首先将环空瞬态水击偏微分方程组改写为如下形式：

$$L_1 = \frac{1}{\rho_m}\frac{\partial p}{\partial s} + \frac{\partial u_m}{\partial t} + u_m \frac{\partial u_m}{\partial s} + \frac{\lambda u_m |u_m|}{2(D_o - D_i)} = 0 \quad (5-3-1)$$

$$L_2 = u_m \frac{\partial p}{\partial s} + \frac{\partial p}{\partial t} + \frac{\rho \lambda u_m^2 |u_m|}{2(D_o - D_i)} + \rho_m a_m^2 \frac{\partial u_m}{\partial s} - \rho_m g u_m \sin\theta = 0 \quad (5-3-2)$$

通过引入待定系数 $\omega$，将式（5-3-1）和式（5-3-2）以线性组合 $L=L_1+\omega L_2$ 方式改写为：

$$\left[\frac{\partial u_m}{\partial t} + \frac{\partial u_m}{\partial s}(u_m + \omega \rho a_m^2)\right] + \omega\left[\frac{\partial p}{\partial t} + \frac{\partial p}{\partial s}\left(u_m + \frac{1}{\rho_m \omega}\right)\right]$$
$$+ \frac{\omega \rho_m \lambda u_m^2 |u_m|}{2(D_o - D_i)} + \frac{\lambda u_m |u_m|}{2(D_o - D_i)} - \omega \rho_m g u_m \sin\theta = 0 \quad (5-3-3)$$

通常，压力 $p$ 和流速 $u_m$ 与井深位置 $s$ 和时间 $t$ 有关，根据物质导数定义有：

$$\begin{cases} \dfrac{\mathrm{d}p}{\mathrm{d}t} = \dfrac{\partial p}{\partial t} + \dfrac{\partial p}{\partial s}\dfrac{\mathrm{d}s}{\mathrm{d}t} \\ \dfrac{\mathrm{d}u_m}{\mathrm{d}t} = \dfrac{\partial u_m}{\partial t} + \dfrac{\partial u_m}{\partial s}\dfrac{\mathrm{d}s}{\mathrm{d}t} \end{cases} \quad (5-3-4)$$

对比式（5-3-3）和式（5-3-4），可求得系数 $\omega$：

$$\omega = \pm\frac{1}{\rho_m a_m} \quad (5-3-5)$$

将式（5-3-5）代入式（5-3-3）中，可将环空瞬态水击偏微分方程转化为以正特征线方程（$C^+$: $u_m+a_m$）和负特征线方程（$C^-$: $u_m-a_m$）来表示的两个常微分方程（图5-3-1），有：

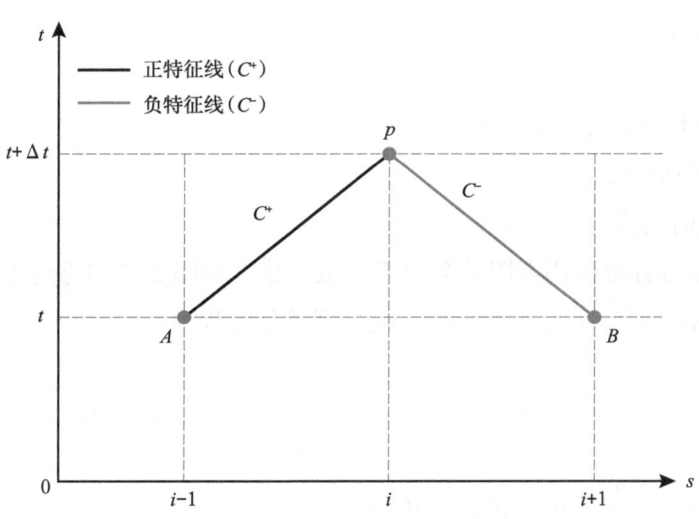

图 5-3-1 $s$-$t$ 时空平面上的特征线

$$C^+ \begin{cases} \dfrac{du_m}{dt} + \dfrac{1}{\rho_m a_m}\dfrac{dp}{dt} + \dfrac{\lambda u_m^2 |u_m|}{2a_m(D_o - D_i)} + \dfrac{\lambda u_m |u_m|}{2(D_o - D_i)} - \dfrac{gu_m \sin\theta}{a_m} = 0 \\ \dfrac{ds}{dt} = u_m + a_m \end{cases} \quad (5\text{-}3\text{-}6)$$

$$C^- \begin{cases} \dfrac{du_m}{dt} - \dfrac{1}{\rho_m a_m}\dfrac{dp}{dt} - \dfrac{\lambda u_m^2 |u_m|}{2a_m(D_o - D_i)} + \dfrac{\lambda u_m |u_m|}{2(D_o - D_i)} + \dfrac{gu_m \sin\theta}{a_m} = 0 \\ \dfrac{ds}{dt} = u_m - a_m \end{cases} \quad (5\text{-}3\text{-}7)$$

将式（5-3-6）和式（5-3-7）左右两边同时乘以 $\rho a_m dt$ 后，并沿正特征线方程（$C^+$：$u_m+a_m$）和负特征线方程（$C^-$：$u_m-a_m$）进行积分，有：

$$\begin{aligned}
&\int_{p_A}^{p_P} dp + \rho_m a_m \int_{u_A}^{u_P} du + \dfrac{\rho_m \lambda}{2(D_o - D_i)} \int_{t_A}^{t_P} u_m^2 |u_m| dt \\
&+ \dfrac{\rho_m \lambda a_m}{2(D_o - D_i)} \int_{s_A}^{s_P} u_m |u_m| dt - \rho_m g \sin\theta \int_{t_A}^{t_P} u_m dt = 0
\end{aligned} \quad (5\text{-}3\text{-}8)$$

$$\begin{aligned}
&\rho_m a_m \int_{u_B}^{u_P} du - \int_{p_B}^{p_P} dp - \dfrac{\rho_m \lambda}{2(D_o - D_i)} \int_{t_B}^{t_P} u_m^2 |u_m| dt \\
&- \dfrac{\rho_m \lambda a_m}{2(D_o - D_i)} \int_{s_B}^{s_P} u_m |u_m| dt + \rho_m g \sin\theta \int_{t_B}^{t_P} u_m dt = 0
\end{aligned} \quad (5\text{-}3\text{-}9)$$

式中 $p_p$——井底压力，Pa；

$p_A$——井口环空压力，Pa；

$u_p$——井底流体流速，m/s；

$u_A$——井口环空流体流速，m/s；

$t_p$——井底时间步；

$t_A$——井口时间步。

将上述常微分方程组采用有限差分进行离散，建立如图 5-3-2 所示的时空网格节点。其中空间步长为 $\Delta s$，时间步长取为 $\Delta t = \Delta s / a_m$，则差分方程为：

$$\begin{aligned}
&p_i^j - p_{i-1}^{j-1} + \rho_m a_m (u_{mi}^j - u_{mi-1}^{j-1}) + \dfrac{\rho_m \lambda}{2(D_o - D_i)} u_{mi-1}^{j-1} u_{mi-1}^{j-1} |u_{mi-1}^{j-1}| \Delta t \\
&+ \dfrac{\rho_m \lambda a_m}{2(D_o - D_i)} u_{mi-1}^{j-1} |u_{mi-1}^{j-1}| \Delta t - \rho_m g \sin\theta u_{mi-1}^{j-1} \Delta t = 0
\end{aligned} \quad (5\text{-}3\text{-}10)$$

$$p_i^j - p_{i+1}^{j-1} + \rho_m a_m \left( u_{mi+1}^{j-1} - u_{mi}^j \right) - \frac{\rho_m \lambda}{2(D_o - D_i)} u_{mi+1}^{j-1} u_{mi+1}^{j-1} \left| u_{mi+1}^{j-1} \right| \Delta t$$
$$- \frac{\rho_m \lambda a_m}{2(D_o - D_i)} u_{mi+1}^{j-1} \left| u_{mi+1}^{j-1} \right| \Delta t + \rho_m g \sin\theta u_{mi+1}^{j-1} \Delta t = 0 \quad (5\text{-}3\text{-}11)$$

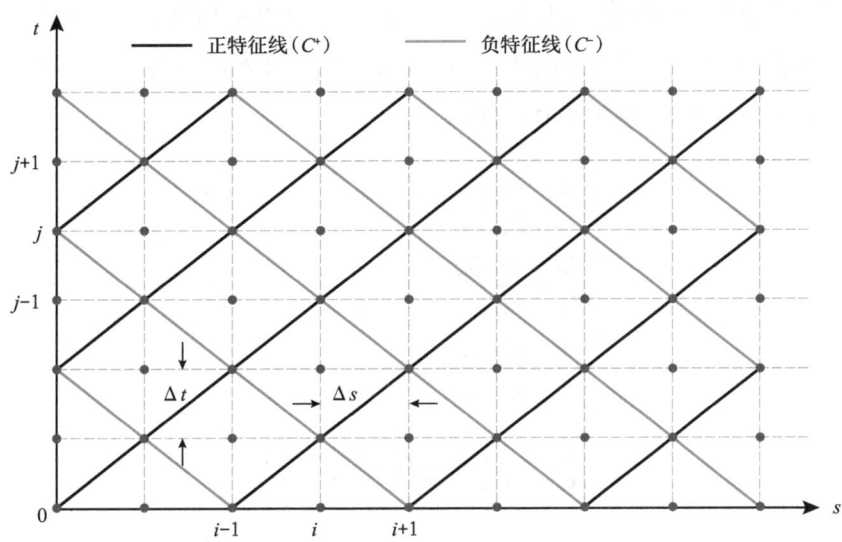

图 5-3-2 时空网格节点

整理式（5-3-10）和式（5-3-11），有：

$$p_i^j = \frac{1}{2} \begin{bmatrix} p_{i-1}^{j-1} + p_{i+1}^{j-1} + \rho_m a_m \left( u_{mi-1}^{j-1} - u_{mi+1}^{j-1} \right) + \rho_m g \sin\theta \left( u_{mi-1}^{j-1} - u_{mi+1}^{j-1} \right) \\ + \frac{\rho_m \lambda \Delta t}{2(D_o - D_i)} \left( u_{mi+1}^{j-1} u_{mi+1}^{j-1} \left| u_{mi+1}^{j-1} \right| - u_{mi-1}^{j-1} u_{mi-1}^{j-1} \left| u_{mi-1}^{j-1} \right| \right) \\ + \frac{\rho_m \lambda \Delta s}{2(D_o - D_i)} \left( u_{mi+1}^{j-1} \left| u_{mi+1}^{j-1} \right| - u_{mi-1}^{j-1} \left| u_{mi-1}^{j-1} \right| \right) \end{bmatrix} \quad (5\text{-}3\text{-}12)$$

$$u_i^j = \frac{1}{2\rho a_m} \begin{bmatrix} p_{i-1}^{j-1} - p_{i+1}^{j-1} + \rho_m a_m \left( u_{mi-1}^{j-1} + u_{i+1}^{j-1} \right) + \rho_m g \sin\theta \left( u_{mi+1}^{j-1} + u_{mi-1}^{j-1} \right) \\ - \frac{\rho_m \lambda \Delta t}{2(D_o - D_i)} \left( u_{mi+1}^{j-1} u_{mi+1}^{j-1} \left| u_{mi+1}^{j-1} \right| + u_{mi-1}^{j-1} u_{mi-1}^{j-1} \left| u_{mi-1}^{j-1} \right| \right) \\ - \frac{\rho_m \lambda \Delta s}{2(D_o - D_i)} \left( u_{mi+1}^{j-1} \left| u_{mi+1}^{j-1} \right| + u_{mi-1}^{j-1} \left| u_{mi-1}^{j-1} \right| \right) \end{bmatrix} \quad (5\text{-}3\text{-}13)$$

## 二、网格方程求解

根据特性线法可确定气侵关井过程中任一时刻任一截面处水击压力大小。但为了提高求解精度，需要在水击波前缘位置自动加密网格。本书采用 Brackbilla 和 Saltzmana 提出的自适应网格法，根据空间网格节点解的梯度值取某一权函数 $\beta$，使得该权函数 $\beta$ 满足[56]：

$$\beta \Delta s = \mathrm{const} \tag{5-3-14}$$

当空间网格节点解的梯度值较大时，从式（5-3-14）可知相应的空间步长 $\Delta s$ 就越小。显然，当权函数 $\beta=0$ 时，对应的空间步长 $\Delta s$ 就无穷大。首先，将物理域坐标系 $(s, t)$ 转换到计算域坐标系 $(\xi, \eta)$，其中 $t=\eta$，有：

$$\begin{cases} \dfrac{\partial z}{\partial s} = \dfrac{\partial z}{\partial \xi} \dfrac{\partial \xi}{\partial s} \\ \dfrac{\partial u}{\partial s} = \dfrac{\partial u}{\partial \xi} \dfrac{\partial \xi}{\partial s} \\ \dfrac{\partial p}{\partial s} = \dfrac{\partial p}{\partial \xi} \dfrac{\partial \xi}{\partial s} \\ \dfrac{\partial U}{\partial t} = \dfrac{\partial U}{\partial \eta} - \dfrac{\partial U}{\partial \xi} \left( \dfrac{\partial s}{\partial \xi} \right)^{-1} \dfrac{\partial s}{\partial \eta} \end{cases} \tag{5-3-15}$$

对于变分问题 $\min \left( \dfrac{\partial s}{\partial \xi} \right)^2 \mathrm{d}\xi$，其对应的欧拉方程的解为 $\beta \Delta s = \mathrm{const}$，并且根据前面讨论该变分问题时，当权函数 $\beta=0$ 并不满足要求。因此，重新构造变分问题，通过求解其欧拉方程得到空间网格步长。重新构造变分问题 $\min \int \left(1 + \lambda \beta^2 \right) \left( \dfrac{\partial s}{\partial \xi} \right)^2 \mathrm{d}\xi$，其欧拉方程为：

$$\left(1 + \delta \beta^2 \right) \dfrac{\partial^2 s}{\partial \xi^2} + \delta \beta \dfrac{\partial \beta}{\partial \xi} \dfrac{\partial s}{\partial \xi} = 0 \tag{5-3-16}$$

式中　$\delta$——调节自适应程度的一个参数；

　　　$\beta$——权函数。

式（5-3-16）可以转换为如下等价偏微分方程：

$$\dfrac{\partial}{\partial \xi} \left[ \left(1 + \delta \beta^2 \right) \left( \dfrac{\partial s}{\partial \xi} \right)^2 \right] = 0 \tag{5-3-17}$$

令 $f = \left(1 + \delta \beta^2 \right) \left( \dfrac{\partial s}{\partial \xi} \right)^2$，重新整理式（5-3-17）有 $\dfrac{\partial f}{\partial \xi} = 0$，则构造 $\xi$ 方向的一阶导数的二阶中心差分格式有：

$$\frac{f_{i+1} - 2f_i + f_{i-1}}{2\Delta\xi} = 0 \quad (5\text{-}3\text{-}18)$$

则有：

$$\frac{1+\delta(\beta_{i+1}+\beta_i)^2}{4}(s_{i+1}-s_i)^2 - \frac{1+\delta(\beta_i+\beta_{i-1})^2}{4}(s_i-s_{i-1})^2 = 0 \quad (5\text{-}3\text{-}19)$$

令 $R^{(k+1)} = \frac{1+\delta(\beta_{i+1}+\beta_i)^2}{4}(s_{i+1}-s_i)^2$，采用 Brackill 和 Saltzman 迭代法[56]：

$$R^{(k+1)} = R^{(k)} + \frac{\partial R^{(k)}}{\partial s_i^{(k)}}\left[s_i^{(k+1)} - s_i^{(k)}\right] \quad (5\text{-}3\text{-}20)$$

当 $R^{(k+1)} \to 0$ 时，由式（5-3-20）即可求得新坐标位置 $s_i^{(k+1)}$，并将权函数 $\beta$ 定义为：

$$\beta = \sqrt{1+\frac{\partial p}{\partial x}} + \sqrt{1+\frac{\partial u_m}{\partial x}} \quad (5\text{-}3\text{-}21)$$

其中：

$$\frac{\partial p}{\partial s} = \frac{p_{i+1}^{j-1} - p_{i-1}^{j-1}}{2\Delta s}, \quad \frac{\partial u}{\partial s} = \frac{u_{mi+1}^{j-1} - u_{mi-1}^{j-1}}{2\Delta s} \quad (5\text{-}3\text{-}22)$$

## 第四节　超深直井关井期间井底压力变化规律

本书仍以新疆顺南构造某直井 SN-×× 井为例，对直井关井情况下井底压力变化规律进行研究，其基本参数在第三章已详细说明。气侵关井后直井井底压力随关井时间的变化如图 5-4-1 所示。井底压力变化分为两个阶段：第一阶段，井底压力随关井时间增加而呈对数增加；第二阶段，井底压力随关井时间增加呈线性增加。这是因为在井底压力未恢复到地层压力之前，在负压差作用下地层气体仍不断侵入井筒，由于井口并未敞开，井筒内流体受到压缩；同时，关井之前在溢流阶段已侵入井筒的气体也将在滑脱作用下向井口方向运移，由于气体所处环境温度和压力变化，使得气体体积会膨胀，进一步压缩井筒流体，导致井底压力也会增加，因此在二者的综合作用下井底压力逐渐恢复到地层压力。之后，地层气体不再侵入井筒，但气体仍继续滑脱上升，上升过程中由于井筒温度和压力变化，气体体积进一步发生膨胀，但由于井筒封闭，气体体积膨胀受限，井筒截面含气率轻微增加（图 5-4-2），压缩井筒内流体，使得井底压力呈线性增加。

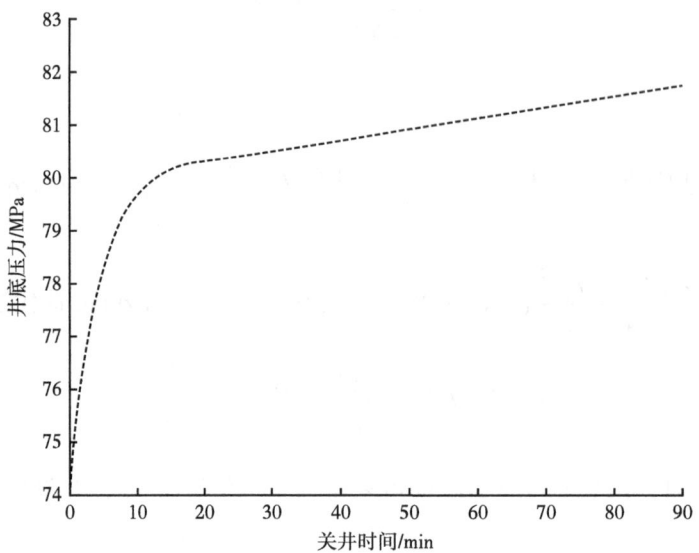

图 5-4-1　气侵关井后直井井底压力随关井时间的变化

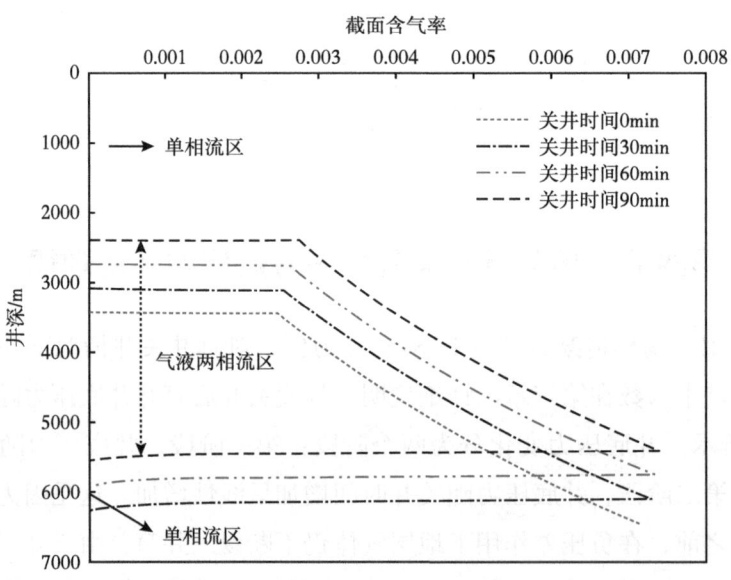

图 5-4-2　气侵关井后直井不同关井时间井筒截面含气率沿井深的分布

气侵关井后直井不同关井时刻井筒截面含气率沿井深的分布情况如图 5-4-2 所示。随着关井时间的增加，截面含气率沿井深分布可分为三部分：(1) 上部单相流区，截面含气率为 0；(2) 中部井段截面含气率与关井之前截面含气率分布规律相同，略有增加；(3) 下部井段为单相流区，截面含气率为 0。根据前文分析可知，当井底压力逐渐恢复到地层压力以后，气体不再侵入井筒，但环空内气体仍会向井口方向运移，使得下部井段气体逐渐减少，形成了单相流区，而在上部井段气体未到达的位置，也形成了单相流区。不难发现，离底部单相流区最近井段的截面含气率较小，这是因为井底压力不断增加，使得负压差逐渐减小，气侵速率降低，则截面含气率相应减少。

### 一、溶解度对井底压力影响

水基钻井液和油基钻井液气侵关井后直井井底压力随关井时间的变化对比如图 5-4-3 所示。相同关井时间下，油基钻井液下井底压力增加幅度远小于水基钻井液。根据前文分析可知，在第一阶段地层气体仍持续侵入井筒，但气侵井筒内气体在水基钻井液中以自由气形式存在，自由气含量增加和体积膨胀二者的综合作用是导致井底压力迅速增加的原因；但对于油基钻井液，由于中下部井段高温高压，油基钻井液溶解度高，且气侵速率相对较小，气体都能溶解在油基钻井液中，从而导致钻井液体积会轻微膨胀，压缩井筒内流体，使井底压力缓慢增加。相比于水基钻井液，溶解气引起的井筒流体被压缩程度要小于自由气含量增加和体积膨胀所造成的，则油基钻井液下井底压力增加幅度小于水基钻井液。值得注意的是，随着关井时间的增加，油基钻井液下井底压力增加速度变慢，且恢复到地层压力后，井底压力保持恒定不变。原因在于随着井底压力逐渐增加，井底负压差减小，气侵速率逐渐降低，则溶解气引起的钻井液体积膨胀量减少，相应的井筒内流体压缩程度减弱，井底压力增加缓慢。在第二阶段，井底压力已经恢复为地层压力，气侵速率为 0，气体都溶解于油基钻井液中，环空内无自由气，不存在滑脱上升现象，且由于井口防喷器关闭，环空内流体处于静止状态，环空摩阻为 0。因此，井底压力保持恒定不变。

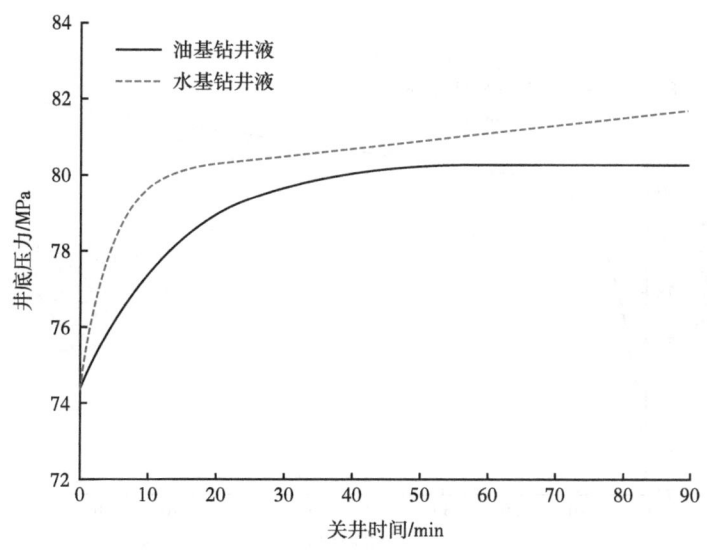

图 5-4-3 水基钻井液和油基钻井液气侵关井后直井井底压力随关井时间的变化对比

## 二、气侵时间对井底压力影响

不同气侵时间下直井井底压力随关井时间的变化对比如图 5-4-4 所示。从图 5-4-4 可以看出,在井底压力未恢复到地层压力之前,关井之前气侵时间越长,相同关井时间下井底压力增加越慢;之后,气侵时间越长,相同关井时间下井底压力增加越快。图 5-4-5 给出了不同气侵时间下关井前后截面含气率沿井深分布。从图 5-4-5 可以看出,随着气侵时间的增加,气液两相流前缘不断向前推进,气液两相流区越大,在气液两相流区相同井深处截面含气率增加,且气侵时间越长意味着地层侵入井筒的气量越多。根据之前分析,在第一阶段,气体仍不断侵入井筒,压缩井筒内流体,并且气体在滑脱上升过程中气体体积发生膨胀也同样会压缩周围流体。然而,一方面在溢流阶段气体主要位于下部井段,在下部井段由于静液柱压力高且井口未敞开,气体体积膨胀受限;另一方面由于气侵时间越长井筒内含气量越高,但气体压缩性要远大于钻井液压缩性,且后者起主导作用。因此,关井之前气侵时间越长,相同关井时间下井底压力增加越慢。在第二阶段,气体在滑脱上升过程中体积不断膨胀,导致截面含气率都增加,且关井之前气侵时间越长,相同井深处截面含气率越大,井筒内流体被压缩得越严重,则井底压力增加越快。

## 三、滤饼渗透率对井底压力影响

不同滤饼渗透率下直井井底压力随关井时间的变化对比如图 5-4-6 所示。从图 5-4-6 可以看出,不同滤饼渗透率下井底压力变化分为两个阶段:(1)不同滤饼渗透率下,井底压力随关井时间增加相同;(2)滤饼渗透率越小,相同关井时间下井底压力增加越快。这是因为在井底压力未恢复到地层压力之前,井筒和地层之间形成负压差,井筒内流体不会向

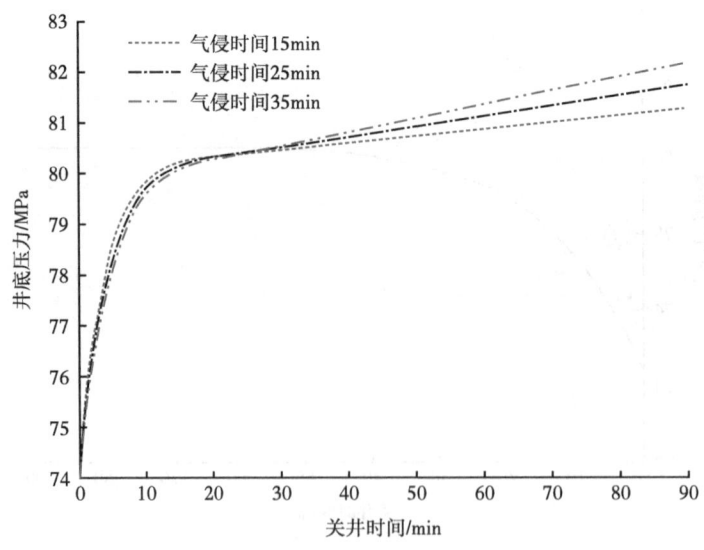

图 5-4-4　不同气侵时间下直井井底压力随关井时间的变化对比

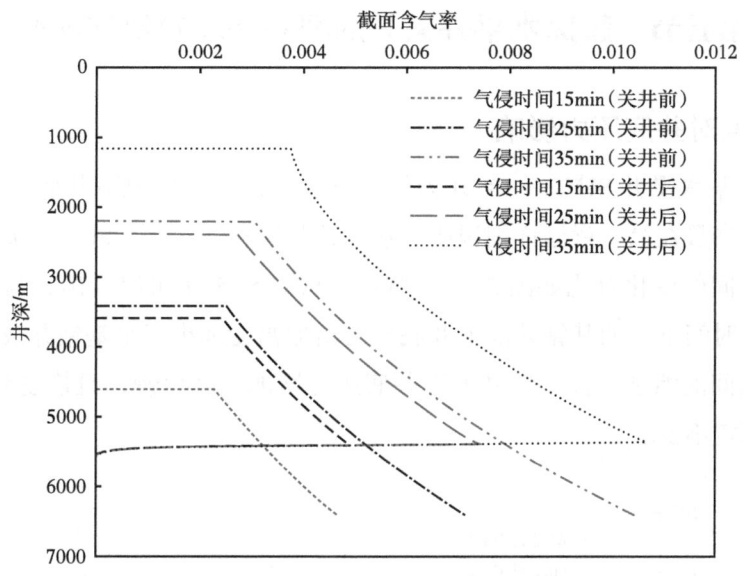

图 5-4-5 不同气侵时间下直井关井前后截面含气率沿井深分布对比

地层滤失，在其余参数相同情况下，在第一阶段井底压力变化规律相同。在第二阶段，在正压差作用下，井筒内流体会通过滤饼滤失进入地层，从而使得井筒内流体受压缩程度减小。这意味着滤饼渗透率越大，单位时间内钻井液滤失量更多，导致井底压力增加幅度相对较小。不难发现，当滤饼渗透率进一步增加超过某一阈值时，井底压力恢复到地层压力后不再增加。这是因为滤失量等于气体在滑脱上升过程膨胀所增加的体积，井筒内流体受压缩程度不变，则井底压力保持恒定。

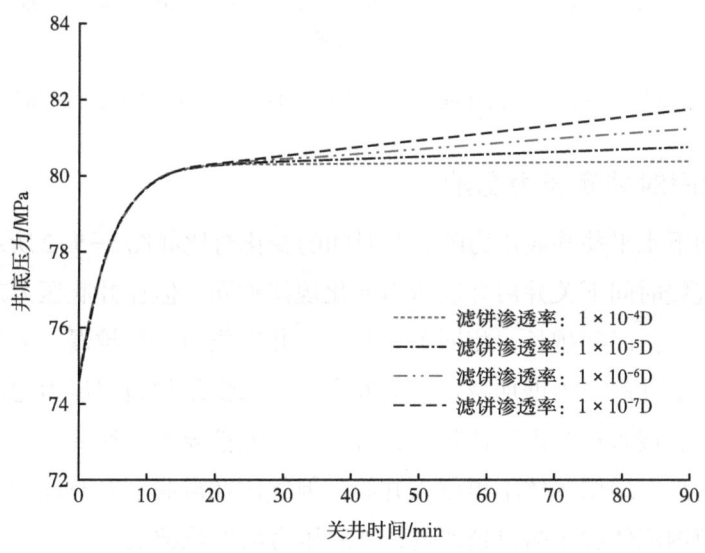

图 5-4-6 不同滤饼渗透率下直井井底压力随关井时间的变化对比

# 第五节　超深水平井关井期间井底压力变化规律

## 一、溶解度对井底压力影响

本书以新疆某水平井 SHB-×× 井为例,对水平井关井情况下井底压力变化规律进行研究,其基本参数在第三章已详细说明。水基钻井液和油基钻井液气侵关井后水平井井底压力随关井时间的变化对比如图 5-5-1 所示。从图 5-5-1 可以看出,与直井变化规律类似,相同关井时间下,油基钻井液下井底压力增加幅度远小于水基钻井液。值得注意的是,随着关井时间的增加,油基钻井液下井底压力增加速度变慢,且恢复到地层压力后,井底压力保持恒定不变。

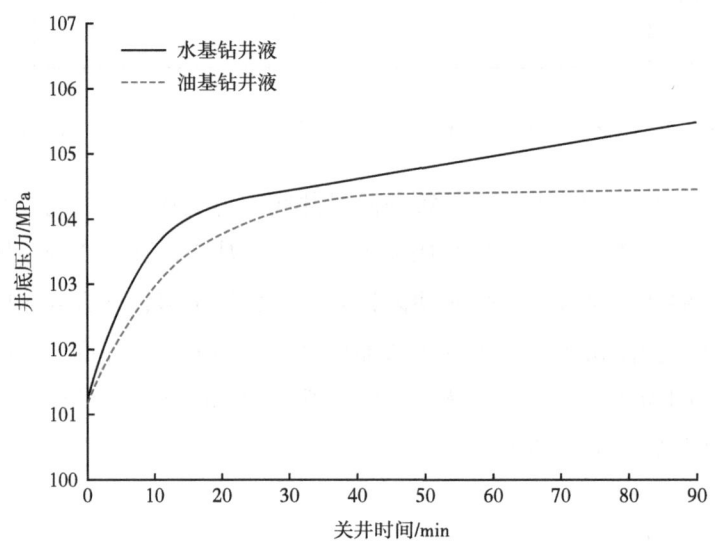

图 5-5-1　水基钻井液和油基钻井液气侵关井后水平井井底压力随关井时间的变化对比

## 二、气侵时间对井底压力影响

不同气侵时间下水平井井底压力随关井时间的变化对比如图 5-5-2 所示。从图 5-5-2 可以看出,不同气侵时间下关井后井底压力变化规律相同,但在井底压力未恢复到地层压力之前,关井之前气侵时间越长,相同关井时间下井底压力增加越慢;之后,气侵时间越长,相同关井时间下井底压力增加越快。当井底压力未恢复到地层压力之前,由于在溢流阶段气侵时间越长,侵入环空内气体越多,且气体压缩性要大于钻井液,使得井筒压力增加相对缓慢些;之后,地层气体不再侵入井筒,但气体在滑脱上升时体积不断膨胀,环空内气体越多时井筒内流体被压缩得越严重,井底压力增加就越快。

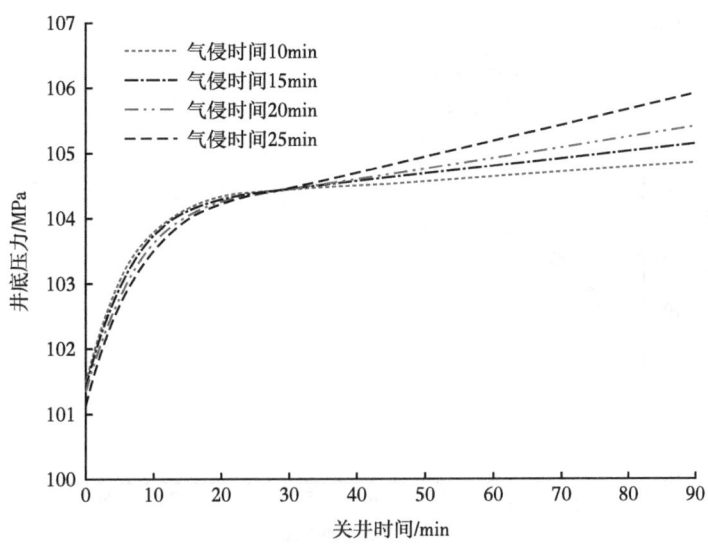

图 5-5-2　不同气侵时间下水平井井底压力随关井时间的变化对比

### 三、水平段长度对井底压力影响

不同水平段长度下水平井井底压力随关井时间的变化对比如图 5-5-3 所示。从图 5-5-3 中可以看出，在井底压力未恢复到地层压力之前，水平段越长，相同关井时间下井底压力增加越慢；之后，井底压力随关井时间增加越快。在第一阶段，在相同气侵时间下，水平段越长，侵入井筒内气体越多，根据前文分析可知，井底压力恢复至地层压力越慢。第二阶段，相同气侵时间下，水平段越长时，相同井深处截面含气率越大，且更多的气体已进入了造斜段和直井段，气体在滑脱上升过程中体积不断膨胀，井筒内流体被压缩得越严重，井底压力增加越快。

### 四、滤饼渗透率对井底压力影响

不同滤饼渗透率下水平井井底压力随关井时间的变化对比如图 5-5-4 所示。从图 5-5-4 中可以看出，不同滤饼渗透率下井底压力变化分为两个阶段：（1）不同滤饼渗透率下，井底压力随关井时间增加相同；（2）滤饼渗透率越小，相同关井时间下井底压力增加越快。这是因为在第一阶段，在负压差作用下井筒内流体不会向地层滤失，在其余参数相同情况下，井底压力变化规律相同。在第二阶段，在正压差作用下，井筒内流体会通过滤饼滤失进入地层，从而使得井筒内流体受压缩程度减小。这意味着滤饼渗透率越大，单位时间内钻井液滤失量更多，导致井底压力增加幅度相对较小。不难发现，当滤饼渗透率进一步增加超过某一阈值时，井底压力恢复到地层压力后不再变化。

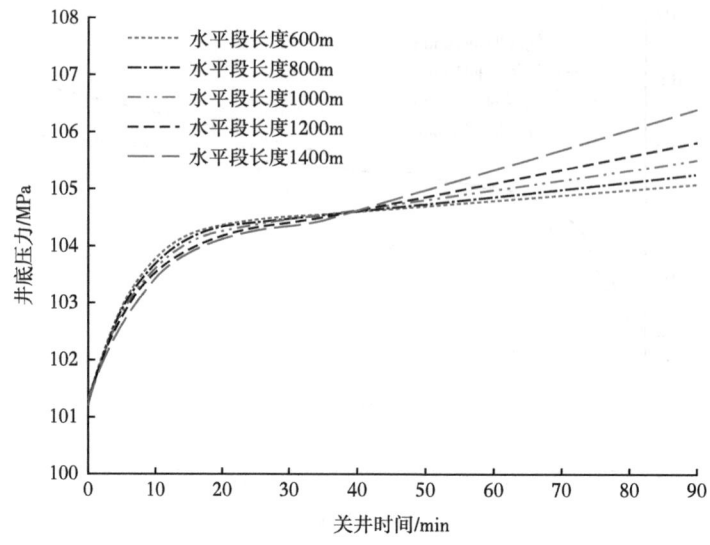

图 5-5-3　不同水平段长度下水平井井底压力随关井时间的变化对比

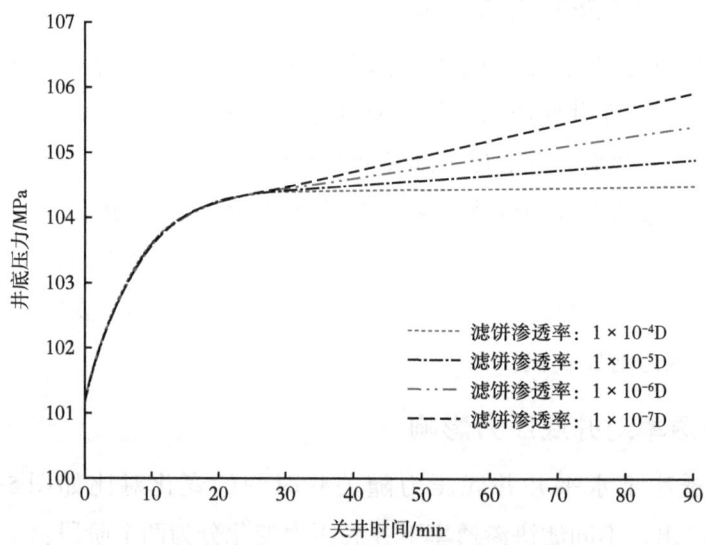

图 5-5-4　不同滤饼渗透率下水平井井底压力随关井时间的变化对比

## 第六节　超深直井关井水击压力敏感因素分析

为了研究直井气侵关井水击压力的变化规律，本书仍以新疆顺南构造某直井 SN-×× 井为例，其基本参数在前面章节中已详细说明，这里不再赘述。在$\phi$215.9 mm 井眼中，采用钻井液密度 1.18 g/cm$^3$ 和钻井液排量 30L/s 钻进。当井底负压差为 0.5 MPa，假设钻至井深 6430 m 处发生气侵，气侵发生 14 min 后进行关井操作，基于环空瞬态多相流动特征，对水击压力变化规律进行研究。

## 一、气侵对水击压力影响

有无气侵发生时直井水击压力随时间的变化对比如图 5-6-1 所示。从图 5-6-1 可以看出，有无气侵时对井口水击压力的最大值影响很小，在井口产生的水击压力最大值接近。无气侵情况下，井口水击压力最大值为 0.66 MPa；考虑气侵后，井口水击压力最大值为 0.68 MPa。当气体未运移至井口附近时，随着气侵时间的增加，气液混相速度沿井深分布变化较小，导致在井口产生的水击压力最大值基本相同。

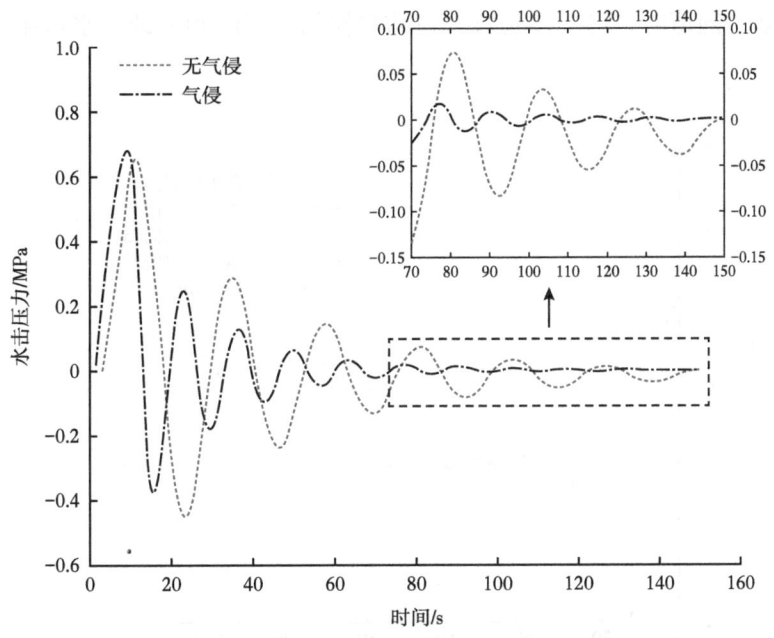

图 5-6-1　有无气侵发生时直井水击压力随时间的变化对比

值得注意的是，当防喷器完全关闭后，水击压力衰减的快慢程度和波动幅度存在明显差异。当井筒未发生气侵时，环空为单相流动，水击压力随时间增加衰减较慢，从最大值 0.66 MPa 衰减为 0 的时间为 150 s；而气体侵入井筒考虑环空瞬态多相流特征后，水击压力随时间增加而迅速衰减，水击压力最大值经 110 s 后衰减至 0。一方面，归因于气侵发生后，气体从地层进入井筒后会不断向井口运移，环空气液两相流区不断向井口推进，自由气使得水击波速显著减小；另一方面，井筒环空非恒定摩阻也会造成水击波产生衰减。

因此，对于单相流动，仅考虑了非恒定摩阻损耗对于水击波速衰减影响，而考虑气侵发生后，环空自由气体和摩阻的综合作用使得水击压力迅速衰减，且自由气体对水击波速衰减起主导作用。

## 二、防喷器关闭时间对水击压力影响

不同防喷器关闭时间下直井水击压力随时间的变化对比如图 5-6-2 所示。从图 5-6-2 可以看出，随着防喷器关闭时间的增加，在井口产生的最大水击压力减小，但不同防喷器关闭时间下水击压力的衰减趋势和波动幅度大致相似。如防喷器关闭时间为 5 s 和 30 s 时，在井口产生的最大水击压力分别为 1.45 MPa 和 0.17 MPa，其最大水击压力缩小了 8.5 倍。这是因为在给定的钻井循环排量下，如果防喷器关闭时间增加，排量和流速变化相对缓慢，则产生的瞬变压力波动平缓。不难发现，防喷器关闭时间从 25 s 增加到 30 s 时，最大水击压力从 0.21 MPa 变为 0.17 MPa，仅仅减小了 0.04 MPa。这意味着当关井时间超过某一阈值时，进一步延长井口防喷器的关闭时间来减小水击压力峰值可忽略不计。

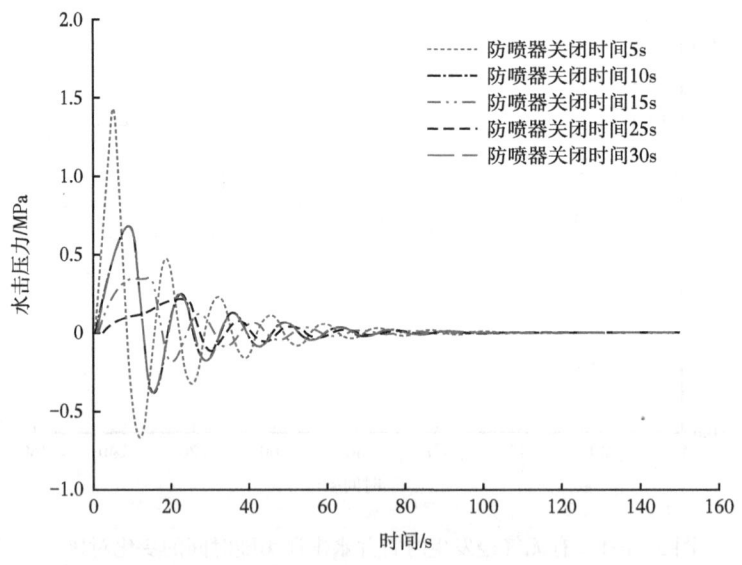

图 5-6-2　不同防喷器关闭时间下直井水击压力随时间的变化对比

## 三、沿程摩阻对水击压力影响

不同井深处直井水击压力随时间的变化对比如图 5-6-3 所示。从图 5-6-3 可以看出，不同井深处产生的水击压力峰值随着井深的增加而逐渐减小，但不同井深处水击压力随时间的衰减规律基本相同。如井深从 0 增加到 6400 m 时，水击压力峰值从 0.68 MPa 变为

0.012 MPa，这是因为水击波速由井口迅速向井底方向传播时，环空非恒定摩阻使得振幅将逐步减小并趋于消失。另外，考虑到气侵发生 14 min 后才关井，下部井段已存在气液两相流动区，中上部井段为单相流动区，当水击波传递到下部井段时，环空中自由气体加剧了水击波的衰减。因此，对于深井或者超深井，由于环空摩阻损耗及井筒环空中自由气的综合影响，深部井段由关井而造成的附加水击压力可忽略。但对于浅层，考虑到套管鞋处裸眼井段的地层强度在整个裸眼中是相对薄弱的，则要避免防喷器关闭时间太短而产生的较大水击压力压裂套管鞋处地层，造成地下井喷事故。

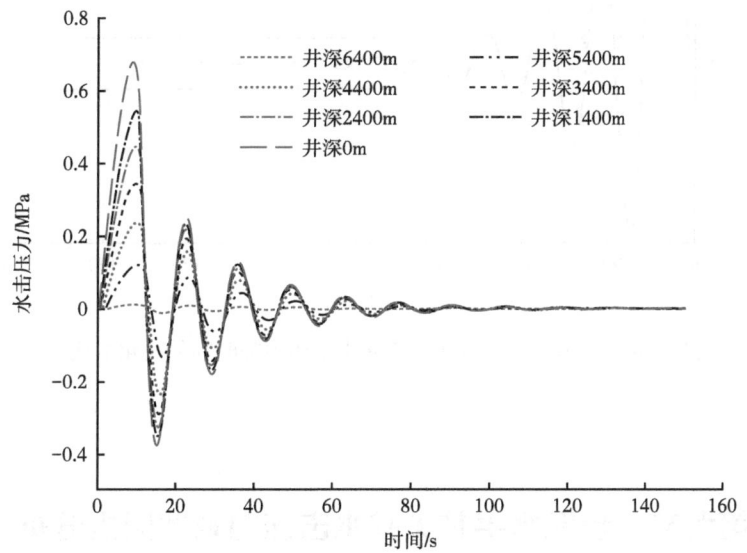

图 5-6-3　不同井深处直井水击压力随时间的变化对比

## 四、气侵时间对水击压力影响

不同气侵时间下直井水击压力随时间的变化对比如图 5-6-4 所示。从图 5-6-4 可以看出，水击压力峰值随气侵时间的增加而稍有增大，但水击压力衰减随着气侵时间增加而加快。当气体未运移至井口附近时，随着气侵时间的增加，气液混相速度沿井深分布变化较小，导致在井口产生的水击压力最大值增加不明显。但随着气侵时间增加，气液两相流前缘不断向井口方向推进，且在运移过程中气体体积不断膨胀，整个井筒中气体量增加，则水击波速衰减加速。值得注意的是，气侵时间越长，从地层累计进入井筒的气量越多，井底压力降低幅度越大，当发现气侵迅速关井后，关井套压会额外作用于井筒任一深度位置处，如果关井套压超过了允许的最大关井套压，就会压裂地层或破坏井口装备。

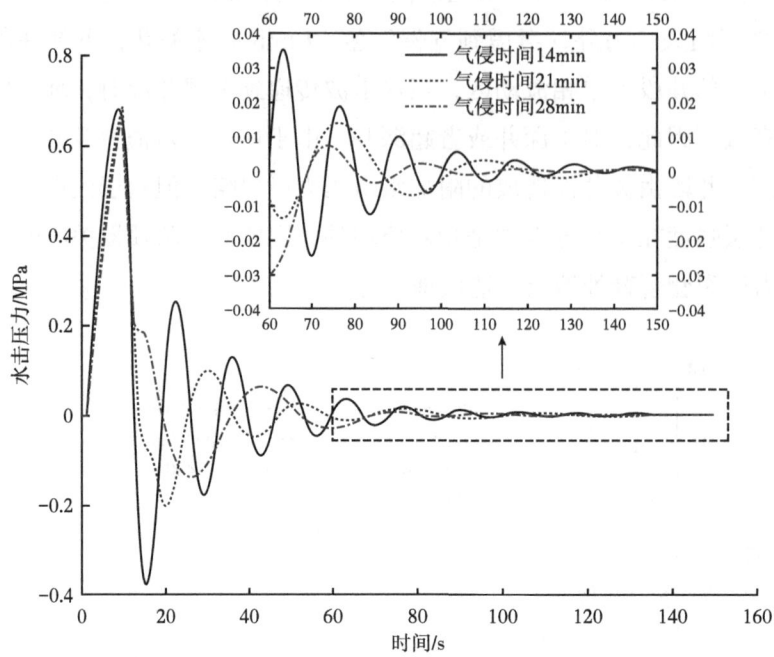

图 5-6-4 不同气侵时间下直井水击压力随时间的变化对比

## 第七节 超深水平井关井水击压力敏感因素分析

为了研究水平井气侵关井水击压力的变化规律，本节仍以新疆某水平井 SHB-×× 井为例，其基本参数在前面章节中已详细说明，这里不再赘述。在 $\phi$149.2 mm 井眼中，采用钻井液密度 1.4 g/cm$^3$ 和钻井液排量 13L/s 钻进。当井底负压差为 0.5 MPa，假设钻至井深 8600 m 处发生气侵，气侵发生 15 min 后进行关井操作，基于环空瞬态多相流动特征，对水击压力变化规律进行研究。

### 一、气侵对水击压力影响

有无气侵发生时水平井水击压力随时间的变化对比如图 5-7-1 所示。从图 5-7-1 可以看出，有无气侵时对井口水击压力的最大值影响很小，在井口产生的水击压力最大值接近。无气侵情况下，井口水击压力最大值为 0.49 MPa；考虑气侵后，井口水击压力最大值为 0.51 MPa。当防喷器完全关闭后，考虑气侵时水击压力随时间增加而迅速衰减，水击压力最大值经 90 s 后衰减至 0。井筒未发生气侵时，水击压力随时间增加衰减较慢，但与直井相比，防喷器完全关闭后，水平井水击压力衰减更快，从最大值 0.49 MPa 衰减为

0 的时间为 130 s。这归因于水击波在造斜段与直井段传播存在差异，井眼弯曲破坏了水击波波动的周期性，从而使得水击压力衰减加快。值得注意的是，在相同防喷器关闭时间下，水平井产生的最大关井水击压力要小于直井。这是因为在钻井循环期间，水平井的循环排量要小于直井，在关井过程中排量和流速变化相对缓慢。

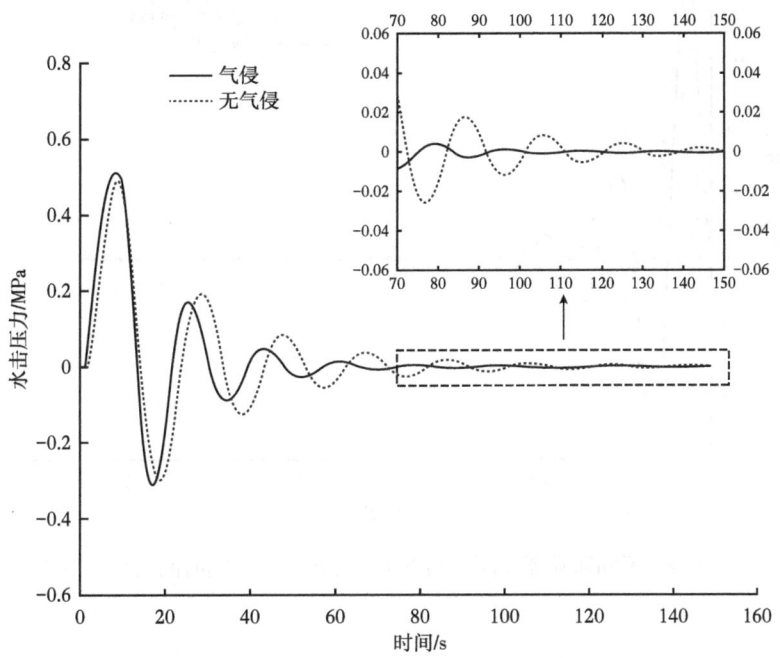

图 5-7-1　有无气侵发生时水平井水击压力随时间的变化对比

## 二、防喷器关闭时间对水击压力影响

不同防喷器关闭时间下水平井水击压力随时间的变化对比如图 5-7-2 所示。从图 5-7-2 可以看出，随着防喷器关闭时间的增加，在井口产生的最大水击压力减小，但不同防喷器关闭时间下水击压力的衰减趋势和波动幅度大致相似。如防喷器关闭时间为 5 s 和 30 s 时，在井口产生的最大水击压力分别为 0.89 MPa 和 0.12 MPa，其最大水击压力缩小了 7.4 倍。

## 三、沿程摩阻对水击压力影响

不同井深处水平井水击压力随时间的变化对比如图 5-7-3 所示。从图 5-7-3 可以看出，不同井深处产生的水击压力峰值随着井深的增加而逐渐减小，但不同井深水击压力随时间的衰减规律基本相同。这是因为水击波速由井口迅速向井底方向传播时，环空非恒定摩阻使得振幅将逐步减小并趋于消失。另外，考虑到气侵发生 15 min 后才关井，下部井段已存在气液两相流动区，中上部井段为单相流动区，当水击波传递到下部井段时，环空中自由气体加剧了水击波的衰减。

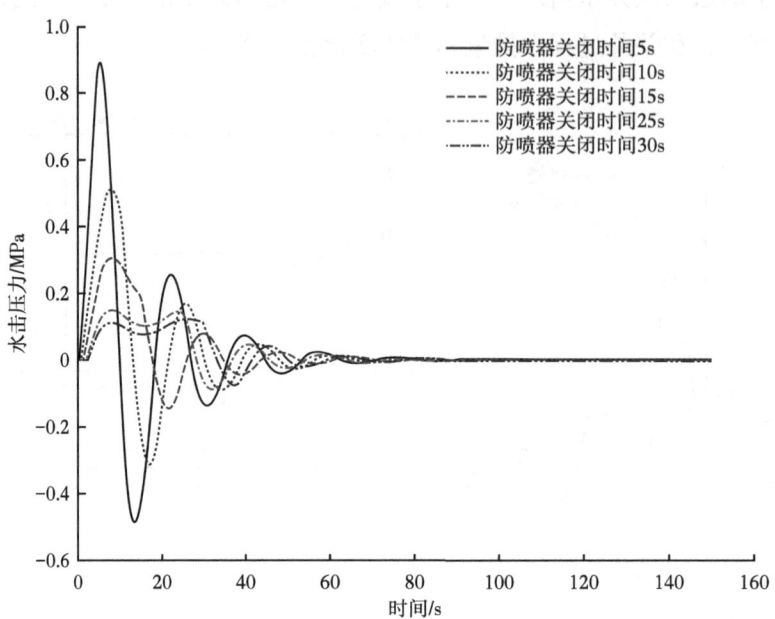

图 5-7-2　不同防喷器关闭时间下水平井水击压力随时间的变化对比

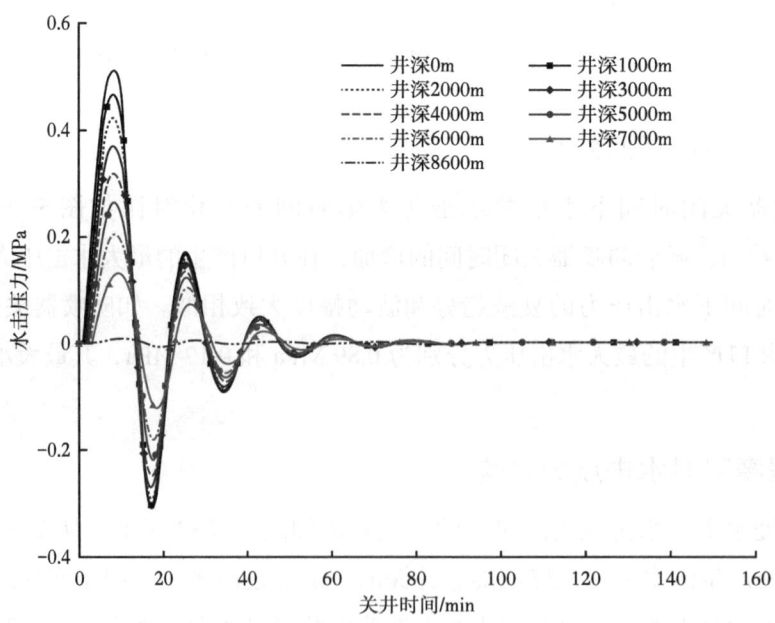

图 5-7-3　不同井深处水平井水击压力随时间的变化对比

## 四、气侵时间对水击压力影响

不同气侵时间下水平井水击压力随时间的变化对比如图 5-7-4 所示。从图 5-7-4 可以看出，水击压力峰值随气侵时间的增加而稍有增大，但水击压力衰减随着气侵时间增加而加快。当气体未运移至井口附近时，随着气侵时间的增加，气液混相速度沿井深分布变化较小，导致在井口产生的水击压力最大值增加不明显。但随着气侵时间增加，气液两相流前缘不断向井口方向推进，且在运移过程中气体体积不断膨胀，整个井筒中气体量增加，则水击波速衰减加速。

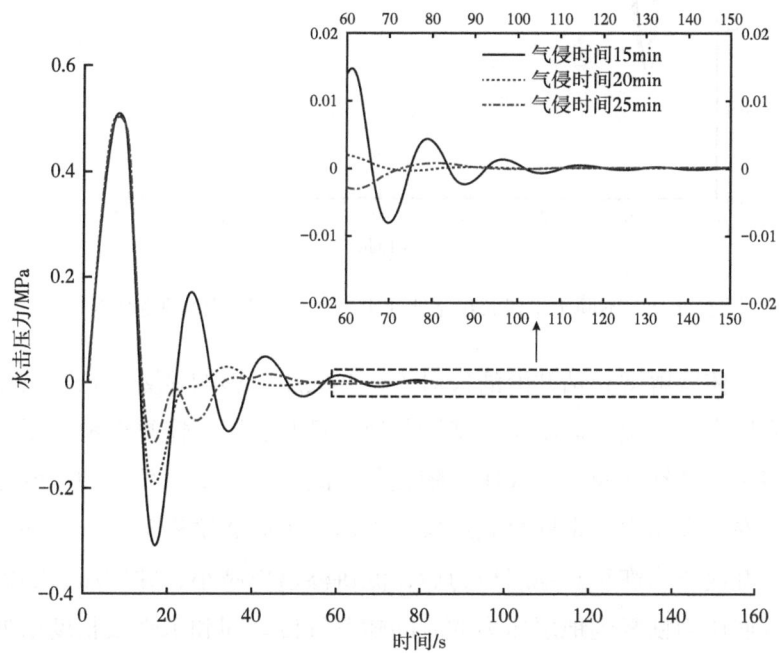

图 5-7-4　不同气侵时间下水平井水击压力随时间的变化对比

## 五、水平段长度对水击压力影响

不同气侵时间下水平井水击压力随时间的变化对比如图 5-7-5 所示。从图 5-7-5 可以看出，水击压力峰值随水平段长度的增加而稍有增大，但水击压力衰减随着水平段长度增加而加快。一方面，随着水平段长度的增加，相同气侵时间下进入环空内气体增多，但当气体未运移至井口附近时，气液混相速度沿井深分布变化较小，导致在井口产生的水击压力最大值增加不明显。另一方面，由于水平段长度的增加，相同气侵时间下进入环空内气体增多，加剧了水击波的衰减，且水平段越长时，水击波由井口迅速向井底方向传播时，环空非恒定摩阻也使得水击波进一步衰减。

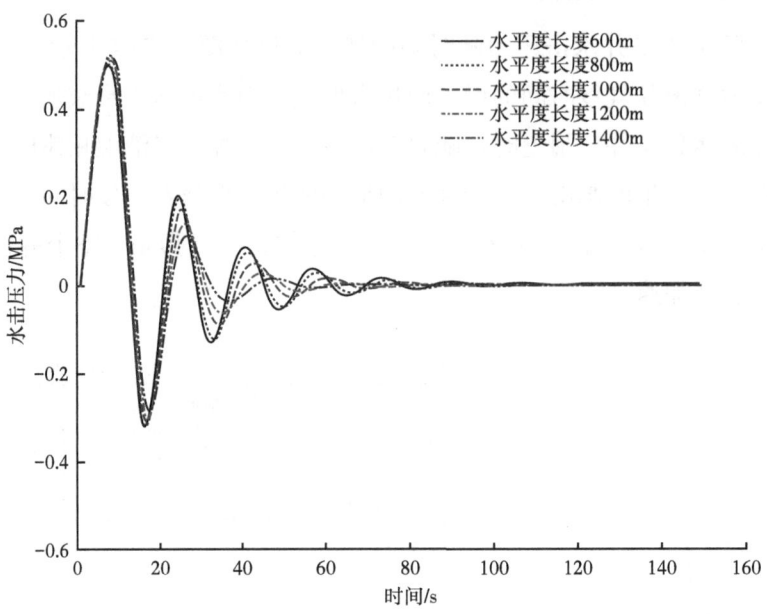

图 5-7-5　不同水平段长度下水平井水击压力随时间的变化对比

总而言之，气体溶解度和钻井液滤失对关井井底压力影响显著。相同关井时间下，油基钻井液下井底压力增加幅度远小于水基钻井液，且井底压力恢复至地层压力后，井底压力保持不变；对于水基钻井液，井底压力随关井时间增加而呈对数增加，恢复到地层压力后呈线性增加。在井底压力尚未恢复到地层压力前，不同滤饼渗透率下，井底压力随关井时间增加相同；井底压力恢复到地层压力后，滤饼渗透率越小，井底压力随关井时间增加而增加变快。井底压力恢复到地层压力的时间随着气侵时间和水平段长度增加而变慢；井底压力恢复到地层压力后，井底压力随着气侵时间和水平段长度增加而快速增加。

气侵对水击压力峰值影响较小，但侵入井筒内自由气体使水击波速显著降低，在有气侵情况下水击压力随着关井时间的增加而急剧衰减，且水平井水击压力衰减比直井更快。水击压力峰值随防喷器关闭时间增加而降低，但防喷器关闭时间超过某一阈值后，继续增加防喷器关闭时间对减小水击压力效果甚微。沿程摩阻对水击压力影响较大，不同井深处产生的水击压力峰值随着井深的增加而逐渐减小，对于深井深部井段，由关井而造成的附加水击压力可忽略，但对于浅层要避免防喷器关闭时间太短而产生的较大水击压力压裂套管鞋处地层。水击压力峰值随气侵时间的增加而稍有增大，但水击压力衰减随着气侵时间增加而加快。水击压力峰值随水平段长度的增加而略有增加，但水击压力随着水平段长度增加而快速衰减。

# 第六章　超深复杂井压井期间井筒压力及流动参数变化特征

压井是溢流关井后，采用不同的方式方法排出溢流，重建和恢复压力平衡的作业过程。整个压井过程主要分为两个阶段：（1）溢流到达井口前在环空内运移阶段；（2）溢流到达井口后排出阶段。本章考虑井筒压力—地层溢流耦合作用、气体溶解度、钻柱—环空摩阻、钻头压耗，以及井筒瞬态温度的影响，建立了压井期间环空瞬态多相流动数学模型；同时，基于压井过程中环空气液两相流分布特征的物理模型，根据气液两相流理论，建立了直井—水平井溢流上升过程和溢流排出过程中的套压计算模型，分析了不同因素对压井套压和压井立管压力的影响。

## 第一节　超深复杂井压井期间环空瞬态多相流数学模型

### 一、物理模型

在溢流运移和排出过程中，环空内流体分布情况如图 6-1-1 所示。在压井施工前，环空内下部为气液两相流区，上部为单相流区；当压井施工开始后，随着压井液进入环空，一方面下部井段逐渐被压井液占据，下部井段单相流区逐渐增加，另一方面气体不断向上运移且体积发生膨胀，气液两相流区逐渐增加并取代上部单相流区。其次，随着气液两相流前缘到达井口后，溢流便开始排出井口，气液两相流区逐渐减小至消失。最后，当溢流全部排出井口后，整个环空内全部为单相流。

### 二、模型基本假设

根据直井/水平井压井过程特点，在建立动态压井数学模型之前，除第四章和第五章基本假设条件外，还包括如下假设条件：

（1）压井过程中，裸眼井段不存在井漏现象且井筒内不出现新的溢流，即地层流体不再侵入环空。

（2）钻柱内钻井液未受地层流体的污染，忽略开泵、停泵，以及调整泵速时间。

（3）不考虑钻具未在井底、井内无钻具，以及井内钻井液喷空情况。

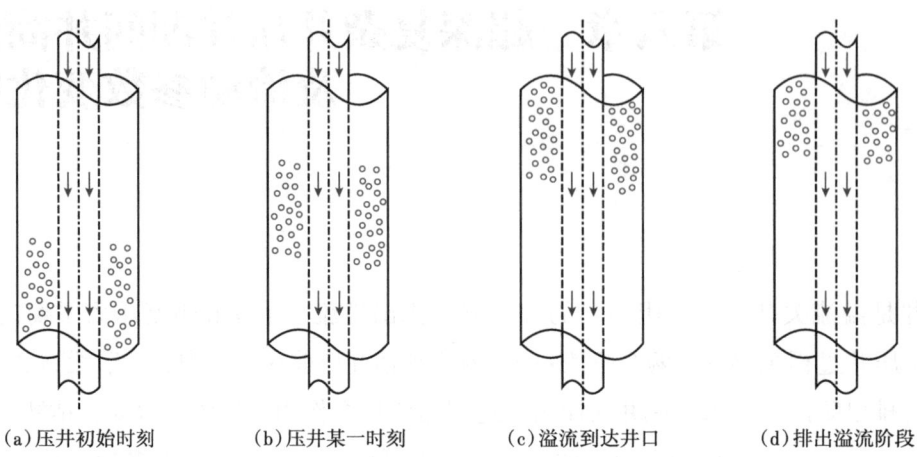

图 6-1-1 压井过程环空内流体分布状态物理模型

（4）压井期间井内压力波动忽略不计，且不考虑压力传递的滞后现象。

（5）单相流区和气液两相流区交界面处温度、压力及物性参数相同，且在整个压井期间液相密度保持不变。

（6）当溢流运移至井口且循环出井口过程中，气体的 PVT 性质仍满足真实气体状态方程。

### 三、数学模型

压井期间，环空内气液两相流区和单相流区随压井时间呈动态变化。对于单相流段，通常采用工程流体力学相关理论即可准确描述其运动规律和计算相关流动参数，本书不再赘述。对于气液两相流区，则需要根据质量守恒定律和动量定理对其流动规律进行研究，考虑气体溶解度的影响，建立相应的数学模型以描述其流动特征。

#### 1. 连续性方程

压井作业期间，需始终保持井底压力等于或大于地层压力，在正压差作用下，地层流体不会侵入井筒。但在气液两相流区气液不断向井口运移过程中，由于温度和压力降低，气体体积发生膨胀，密度降低，且溶解于钻井液中的气体会不断逸出，使井筒流动变得更复杂。取一段长为 dz 的微元控制体（图 6-1-2），尽管该微元控制体处于动态变化，但其流动规律仍遵循质量守恒定律和动量定理。

对于垂直于轴线的两个面，如果下端面气相速度为 $u_g$，环空截面积为 $A$，气相密度为 $\rho_g$，截面含气率为 $H_g$，则 d$t$ 时间内从下端面流入段长 d$z$ 控制体的自由气质量 $m_{\text{f\_in}}$ 为：

$$m_{\text{f\_in}} = \rho_g u_g H_g A \mathrm{d}t \tag{6-1-1}$$

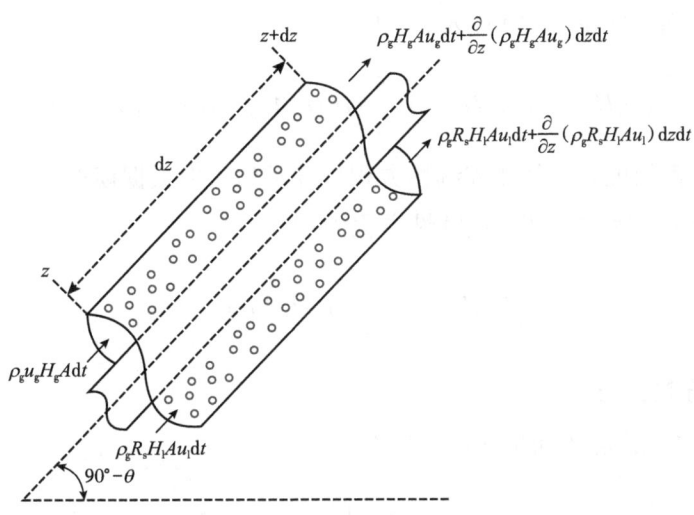

图 6-1-2 质量守恒微元控制体物理模型

$dt$ 时间内从上端面流出段长 $dz$ 控制体的自由气质量 $m_{f\_out}$ 为：

$$m_{f\_out} = \rho_g H_g A u_g dt + \frac{\partial}{\partial z}\left(\rho_g H_g A u_g\right) dz dt \qquad (6-1-2)$$

$dt$ 时间内从下端面流入段长 $dz$ 控制体的溶解气质量 $m_{s\_in}$ 为：

$$m_{s\_in} = \rho_g R_s H_l A u_l dt \qquad (6-1-3)$$

$dt$ 时间内从上端面流出段长 $dz$ 控制体的溶解气质量 $m_{s\_out}$ 为：

$$m_{s\_out} = \rho_g R_s H_l A u_l dt + \frac{\partial}{\partial z}\left(\rho_g R_s H_l A u_l\right) dz dt \qquad (6-1-4)$$

$dt$ 时间内从控制体流出的自由气体总质量为 $\Delta m_f$：

$$\Delta m_f = m_{f\_out} - m_{f\_in} = \frac{\partial}{\partial z}\left(\rho_g H_g A u_g\right) dz dt \qquad (6-1-5)$$

$dt$ 时间内从控制体流出的溶解气体总质量为 $\Delta m_s$：

$$\Delta m_s == m_{s\_out} - m_{s\_in} = \frac{\partial}{\partial z}\left(\rho_g R_s H_l A u_l\right) dz dt \qquad (6-1-6)$$

$dt$ 时间内控制体内自由气和溶解气质量的增量可表示为：

$$\Delta m = \frac{\partial}{\partial t}\left(\rho_g H_g A\right) dz dt + \frac{\partial}{\partial t}\left(\rho_g R_s H_l A\right) dz dt \qquad (6-1-7)$$

将式（6-1-5）至式（6-1-7）代入式（4-1-9）有：

$$\frac{\partial}{\partial t}(\rho_g H_g A + \rho_g R_s H_l A) + \frac{\partial}{\partial z}(\rho_g H_g A u_g + \rho_g R_s H_l A u_l) = 0 \quad (6-1-8)$$

液相连续性方程的推导与气相连续性方程推导类似，但根据模型假设可知，侵入井筒的地层流体仅为气体。因此，液相连续性方程为：

$$\frac{\partial}{\partial t}(\rho_l H_l A) + \frac{\partial}{\partial z}(\rho_l H_l A u_l) = 0 \quad (6-1-9)$$

**2. 混相动量守恒方程**

根据式（4-1-15），混相动量守恒方程有：

$$\begin{aligned}&\frac{\partial}{\partial t}\left(\rho_g H_g A u_g + \rho_l H_l A u_l\right) + \frac{\partial}{\partial z}\left(\rho_g H_g A u_g^{\,2} + \rho_l H_l A u_l^{\,2}\right) \\ &+ \left(\rho_g H_g + \rho_l H_l\right) A g \cos\theta + A\frac{\mathrm{d}p}{\mathrm{d}z} + A\frac{\mathrm{d}F_r}{\mathrm{d}z} = 0\end{aligned} \quad (6-1-10)$$

## 第二节　超深复杂井溢流上升过程中套压计算模型

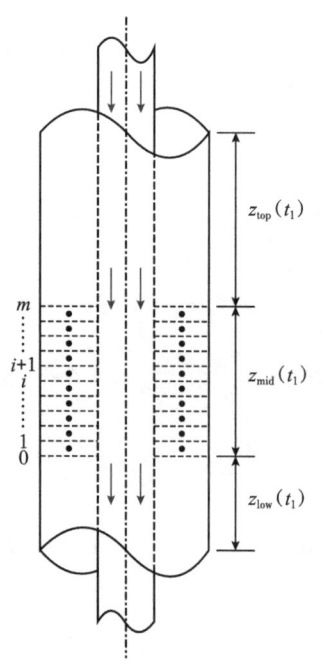

图 6-2-1　压井 $t_1$ 时刻环空内流体分布状态

在溢流上升过程中，气液混相段在井筒中的位置和长度不断发生变化，在这期间整个井筒可明显分为三部分：(1)下部井段单相流段；(2)中部井段气液两相流段；(3)上部井段单相流段。显然，井筒压力与单相流段和气液两相流段分布密切相关，但气液两相流运动规律比单相流复杂，其运动过程中伴随着气体的滑脱和膨胀。因此，准确描述气液两相流段顶界和底界在井筒中位置对于井筒压力的计算极为关键。假设在压井 $t=t_1$ 时刻，气液两相段底界到井底的距离为 $z_{\mathrm{low}}(t_1)$，其顶界到井口的距离为 $z_{\mathrm{top}}(t_1)$，如图 6-2-1 所示。

显然，气液两相段底界到井底的距离 $z_{\mathrm{low}}(t_1)$ 可用式（6-2-1）表示：

$$z_{\mathrm{low}}(t_1) = \frac{Q}{A} t_1 \quad (6-2-1)$$

式中　$z_{\mathrm{low}}(t_1)$——压井 $t_1$ 时刻，气液两相流段底界到井底距离，m；

$Q$——压井排量，m³/s。

气液两相流区共划分为 $m$ 个单元格，其节点编号从底界到顶界依次为 $0, 1, 2, \cdots, m$，则气液两相段段长 $z_{\text{mid}}(t_1)$ 为：

$$z_{\text{mid}}(t_1) = \sum_{i=0}^{m} z_i(t_1) \qquad (6\text{-}2\text{-}2)$$

式中　$z_{\text{mid}}(t_1)$——压井 $t_1$ 时刻，气液两相流段段长，m；

　　　$z_i(t_1)$——压井 $t_1$ 时刻，气液两相流段第 $i$ 单元格长度，m。

气液两相段顶界到井口的距离 $z_{\text{top}}(t_1)$ 有：

$$z_{\text{top}}(t_1) = z - z_{\text{low}}(t_1) - z_{\text{mid}}(t_1) \qquad (6\text{-}2\text{-}3)$$

式中　$z_{\text{top}}(t_1)$——压井 $t_1$ 时刻，气液两相流段顶界到井口距离，m。

因此，在 $t_1$ 时刻井口压力 $p_c(t)$ 可表示为：

$$p_c(t_1) = p_{\text{wf}} - p_{\text{low}}(t_1) - p_{\text{mid}}(t_1) - p_{\text{top}}(t_1) - p_{\text{f\_low}}(t_1) - p_{\text{f\_mid}}(t_1) - p_{\text{f\_top}}(t_1) \qquad (6\text{-}2\text{-}4)$$

其中：

$$p_{\text{low}}(t_1) = \rho_k(t_1) z_{\text{low}}(t_1) g$$

$$p_{\text{mid}}(t_1) = \sum_{i=0}^{m} \left[ \rho_{g(i)}(t_1) E_{g(i)}(t_1) + \rho_{l(i)}(t_1) E_{l(i)}(t_1) \right] z_i(t_1) g$$

$$p_{\text{top}}(t_1) = \rho_l z_{\text{top}}(t_1) g$$

$$p_{\text{f\_low}}(t_1) = 2f \frac{\rho_k u_k^2}{D_{\text{hy}}} z_{\text{low}}(t_1)$$

$$p_{\text{f\_mid}}(t_1) = \sum_{i=0}^{m} 2 f_{m(i)} \frac{\rho_{m(i)} u_{m(i)}^2}{D_{\text{hy}}} z_i(t_1)$$

$$p_{\text{f\_top}}(t_1) = 2f \frac{\rho_l u_l^2}{D_{\text{hy}}} z_{\text{top}}(t_1)$$

$$\rho_{m(i)}(t_1) = \rho_{g(i)}(t_1) E_{g(i)}(t_1) + \rho_{l(i)}(t_1) E_{l(i)}(t_1)$$

$$u_{m(i)}(t_1) = u_{g(i)}(t_1) E_{g(i)}(t_1) + u_{l(i)}(t_1) E_{l(i)}(t_1)$$

式中　$p_{\text{low}}(t_1)$——压井 $t_1$ 时刻，下部单相流段液柱压力，MPa；

　　　$p_{\text{mid}}(t_1)$——压井 $t_1$ 时刻，气液两相流段液柱压力，MPa；

　　　$p_{\text{top}}(t_1)$——压井 $t_1$ 时刻，上部单相流段液柱压力，MPa；

$p_{f\_low}(t_1)$——压井 $t_1$ 时刻,下部单相流段摩阻损耗,MPa;

$p_{f\_mid}(t_1)$——压井 $t_1$ 时刻,气液两相流段摩阻损耗,MPa;

$p_{f\_top}(t_1)$——压井 $t_1$ 时刻,上部单相流段摩阻损耗,MPa;

$\rho_k$——压井液密度,kg/m³;

$u_k$——压井液流速,m/s;

$f$——范宁摩阻系数;

$D_{hy}$——水力直径,m。

对于气液两相流段,第 $i+1$ 个单元格的环空压力 $p_{i+1}(t_1)$ 有:

$$p_{i+1}(t_1) = \left[\rho_{g(i)}(t_1)E_{g(i)}(t_1) + \rho_{l(i)}(t_1)E_{l(i)}(t_1)\right]z_i(t_1)g + 2f_{m(i)}\frac{\rho_{m(i)}u_{m(i)}^2}{D_{hy}}z_i(t_1) + p_c(t_1) + p_i(t_1) \quad (6-2-5)$$

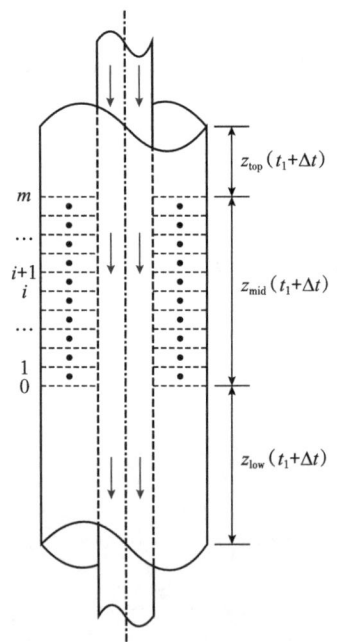

图 6-2-2 压井 $t_1+\Delta t$ 时刻环空内流体分布状态

在压井 $t=t_1+\Delta t$ 时刻,气液两相段底界到井底的距离为 $z_{low}(t_1+\Delta t)$,其顶界到井口的距离为 $z_{top}(t_1+\Delta t)$,如图 6-2-2 所示。

气液两相段底界到井底的距离 $z_{low}(t_1+\Delta t)$ 可用式(6-2-6)表示:

$$z_{low}(t_1+\Delta t) = \frac{Q}{A}(t_1+\Delta t) \quad (6-2-6)$$

由于压井期间气体滑脱运移且伴随着体积膨胀,不同时刻气液混相段各单元格长度将发生改变,那么 $t=t_1+\Delta t$ 时刻各单元格的长度 $z_i(t_1+\Delta t)$ 可采用式(6-2-7)求得:

$$z_i(t_1+\Delta t) = z_i(t_1) + \left[u_{g(i)}(t_1) - u_{g(i-1)}(t_1)\right]\Delta t, \quad 1 \leqslant i \leqslant m \quad (6-2-7)$$

式中 $z_i(t_1+\Delta t)$——压井 $t_1+\Delta t$ 时刻,气液两相流段第 $i$ 单元格长度,m;

$u_{g(i)}(t_1)$——压井 $t_1$ 时刻,$i$ 节点处气相速度,m/s;

$u_{g(i-1)}(t_1)$——压井 $t_1$ 时刻,$i-1$ 节点处气相速度,m/s。

由式(6-2-7)可知,$t=t_1+\Delta t$ 时刻气液混相段段长 $z_{mid}(t_1+\Delta t)$ 为:

$$z_{mid}(t_1+\Delta t) = \sum_{i=0}^{m} z_i(t_1+\Delta t) \quad (6-2-8)$$

则 $t=t_1+\Delta t$ 时刻气液两相段顶界到井口的距离 $z_{\text{top}}(t_1+\Delta t)$：

$$z_{\text{top}}(t_1+\Delta t) = z - z_{\text{low}}(t_1+\Delta t) - z_{\text{mid}}(t_1+\Delta t) \tag{6-2-9}$$

式中 $z_{\text{mid}}(t_1+\Delta t)$——压井 $t_1+\Delta t$ 时刻，气液两相流段顶界到井口距离，m。

在 $t_1+\Delta t$ 时刻井口压力 $p_c(t_1+\Delta t)$ 可表示为：

$$\begin{aligned}p_c(t_1+\Delta t) = &\ p_{\text{wf}} - p_{\text{low}}(t_1+\Delta t) - p_{\text{mid}}(t_1+\Delta t) - p_{\text{top}}(t_1+\Delta t) \\ &- p_{\text{f\_low}}(t_1+\Delta t) - p_{\text{f\_mid}}(t_1+\Delta t) - p_{\text{f\_top}}(t_1+\Delta t)\end{aligned} \tag{6-2-10}$$

其中：

$$p_{\text{low}}(t_1+\Delta t) = \rho_k(t_1+\Delta t) z_{\text{low}}(t_1+\Delta t) g$$

$$p_{\text{mid}}(t_1+\Delta t) = \sum_{i=0}^{m}\left[\rho_{g(i)}(t_1+\Delta t) E_{g(i)}(t_1+\Delta t) + \rho_{l(i)}(t_1+\Delta t) E_{l(i)}(t_1+\Delta t)\right] z_i(t_1+\Delta t) g$$

$$p_{\text{top}}(t_1+\Delta t) = \rho_l z_{\text{top}}(t_1+\Delta t) g$$

$$p_{\text{f\_low}}(t_1+\Delta t) = 2f \frac{\rho_k u_k^2}{D_{\text{hy}}} z_{\text{low}}(t_1+\Delta t)$$

$$p_{\text{f\_mid}}(t_1+\Delta t) = \sum_{i=0}^{m} 2 f_{m(i)} \frac{\rho_{m(i)} u_{m(i)}^2}{D_{\text{hy}}} z_i(t_1+\Delta t)$$

$$p_{\text{f\_top}}(t_1+\Delta t) = 2f \frac{\rho_l u_l^2}{D_{\text{hy}}} z_{\text{top}}(t_1+\Delta t)$$

$$\rho_{m(i)}(t_1+\Delta t) = \rho_{g(i)}(t_1+\Delta t) E_{g(i)}(t_1+\Delta t) + \rho_{l(i)}(t_1+\Delta t) E_{l(i)}(t_1+\Delta t)$$

$$u_{m(i)}(t_1+\Delta t) = u_{g(i)}(t_1+\Delta t) E_{g(i)}(t_1+\Delta t) + u_{l(i)}(t_1+\Delta t) E_{l(i)}(t_1+\Delta t)$$

式中 $p_{\text{low}}(t_1+\Delta t)$——压井 $t_1+\Delta t$ 时刻，下部单相流段液柱压力，MPa；

$p_{\text{mid}}(t_1+\Delta t)$——压井 $t_1+\Delta t$ 时刻，气液两相流段液柱压力，MPa；

$p_{\text{top}}(t_1+\Delta t)$——压井 $t_1+\Delta t$ 时刻，上部单相流段液柱压力，MPa；

$p_{\text{f\_low}}(t_1+\Delta t)$——压井 $t_1+\Delta t$ 时刻，下部单相流段摩阻损耗，MPa；

$p_{\text{f\_mid}}(t_1+\Delta t)$——压井 $t_1+\Delta t$ 时刻，气液两相流段摩阻损耗，MPa；

$p_{\text{f\_top}}(t_1+\Delta t)$——压井 $t_1+\Delta t$ 时刻，上部单相流段摩阻损耗，MPa。

## 第三节　超深复杂井溢流排出过程中套压计算模型

当气液混相段顶界位于井口时，意味着压井已经进入溢流排出阶段，在这期间整个井筒仅分为两个部分：（1）上部气液两相流段；（2）下部单相流段。显然，随着溢流不断排出井口，气液两相段长度逐渐减小，而下部单相流段增加；当溢流完全排出井口时，整个井筒都为单相流。同时，未排出井口的气液混相段运移至井口过程中依然伴随着气体的滑脱和膨胀。因此，溢流排出阶段气液两相段长度变化规律对于井筒压力的精确计算显得尤为重要。假设在压井 $t=t_2$ 时刻，气液两相段顶界刚好位于井口，其底界到井底的距离为 $z_{\text{low}}(t_2)$，如图 6-3-1 所示。

显然，气液两相段底界到井底的距离 $z_{\text{low}}(t_2)$ 可用式（6-3-1）表示：

$$z_{\text{low}}(t_2) = \frac{Q}{A} t_2 \qquad (6\text{-}3\text{-}1)$$

式中　$z_{\text{low}}(t_2)$——压井 $t_2$ 时刻，气液两相流段底界到井底距离，m。

在 $t=t_2$ 时刻气液两相流区仍为 $m$ 个单元格，气液

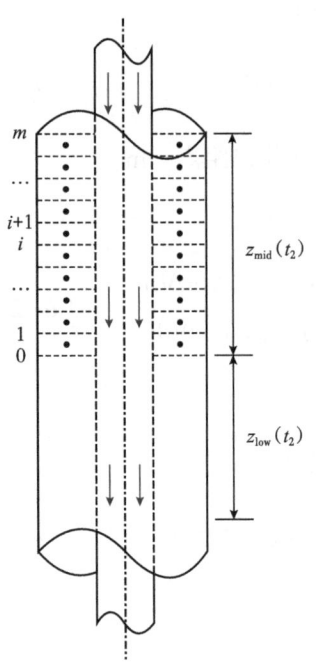

图 6-3-1　压井 $t_2$ 时刻环空内流体分布状态

两相段段长 $z_{\text{mid}}(t_2)$ 为：

$$z_{\text{mid}}(t_2) = \sum_{i=0}^{m} z_i(t_2) \qquad (6\text{-}3\text{-}2)$$

式中　$z_{\text{mid}}(t_2)$——压井 $t_2$ 时刻，气液两相流段段长，m；

$z_i(t_2)$——压井 $t_2$ 时刻，气液两相流段第 $i$ 单元格长度，m。

因此，在 $t_2$ 时刻井口压力 $p_c(t_2)$ 可表示为：

$$p_c(t_2) = p_{\text{wf}} - p_{\text{low}}(t_2) - p_{\text{mid}}(t_2) - p_{\text{f\_low}}(t_2) - p_{\text{f\_mid}}(t_2) \qquad (6\text{-}3\text{-}3)$$

其中：

$$p_{\text{low}}(t_2) = \rho_k(t_2) z_{\text{low}}(t_2) g$$

$$p_{\text{mid}}(t_2) = \sum_{i=0}^{m} \left[ \rho_{g(i)}(t_2) E_{g(i)}(t_2) + \rho_{l(i)}(t_2) E_{l(i)}(t_2) \right] z_i(t_2) g$$

$$p_{\text{f\_low}}(t_2) = 2f \frac{\rho_k u_k^2}{D_{\text{hy}}} z_{\text{low}}(t_2)$$

$$p_{\text{f\_mid}}(t_2) = \sum_{i=0}^{m} 2 f_{\text{m}(i)} \frac{\rho_{\text{m}(i)} u_{\text{m}(i)}^2}{D_{\text{hy}}} z_i(t_2)$$

$$\rho_{\text{m}(i)}(t_2) = \rho_{\text{g}(i)}(t_2) E_{\text{g}(i)}(t_2) + \rho_{\text{l}(i)}(t_2) E_{\text{l}(i)}(t_2)$$

$$u_{\text{m}(i)}(t_2) = u_{\text{g}(i)}(t_2) E_{\text{g}(i)}(t_2) + u_{\text{l}(i)}(t_2) E_{\text{l}(i)}(t_2)$$

式中 $p_{\text{low}}(t_2)$——压井 $t_2$ 时刻，下部单相流段液柱压力，MPa；

$p_{\text{mid}}(t_2)$——压井 $t_2$ 时刻，气液两相流段液柱压力，MPa；

$p_{\text{f\_low}}(t_2)$——压井 $t_2$ 时刻，下部单相流段摩阻损耗，MPa；

$p_{\text{f\_mid}}(t_2)$——压井 $t_2$ 时刻，气液两相流段摩阻损耗，MPa。

在气液两相流段，第 $i+1$ 个单元格的环空压力 $p_{i+1}(t_2)$ 有：

$$\begin{aligned} p_{i+1}(t_2) = & \left[ \rho_{\text{g}(i)}(t_2) E_{\text{g}(i)}(t_2) + \rho_{\text{l}(i)}(t_1) E_{\text{l}(i)}(t_2) \right] z_i(t_2) g \\ & + 2 f_{\text{m}(i)} \frac{\rho_{\text{m}(i)} u_{\text{m}(i)}^2}{D_{\text{hy}}} z_i(t_2) + p_{\text{c}}(t_2) + p_i(t_2) \end{aligned} \quad (6\text{-}3\text{-}4)$$

当压井时间从 $t=t_2$ 增加到 $t=t_2+\Delta t$ 时（图 6-3-2），溢流已不断排出井口，顶界单元格长度减小，其单元格长度的减小量可采用式（6-3-5）求得：

$$\Delta z_m = \left[ u_{\text{g}(m)}(t_2) + u_{\text{g}(m-1)}(t_2) \right] \Delta t \quad (6\text{-}3\text{-}5)$$

式中 $\Delta z_m$——$\Delta t$ 时间内顶界单元格长度减小量，m。

因此，顶界单元格长度变为 $z_m(t_2+\Delta t) = z_m(t_2) - \Delta z_m$，而气液混相段其余单元格长度 $z_i(t_2+\Delta t)$ 可采用式（6-3-6）求得：

$$z_i(t_2+\Delta t) = z_i(t_2) + \left[ u_{\text{g}(i)}(t_2) - u_{\text{g}(i-1)}(t_2) \right] \Delta t, \quad 1 \leqslant i \leqslant m-1 \quad (6\text{-}3\text{-}6)$$

式中 $z_i(t_2+\Delta t)$——压井 $t_2+\Delta t$ 时刻，气液两相流段第 $i$ 单元格长度，m；

$u_{\text{g}(i)}(t_2)$——压井 $t_2$ 时刻，$j$ 节点处气相速度，m/s；

$u_{\text{g}(i-1)}(t_2)$——压井 $t_2$ 时刻，$j-1$ 节点处气相速度，m/s。

由式（6-3-6）可知，$t=t_2+\Delta t$ 时刻气液混相段段长 $z_{\text{mid}}(t_2+\Delta t)$ 为：

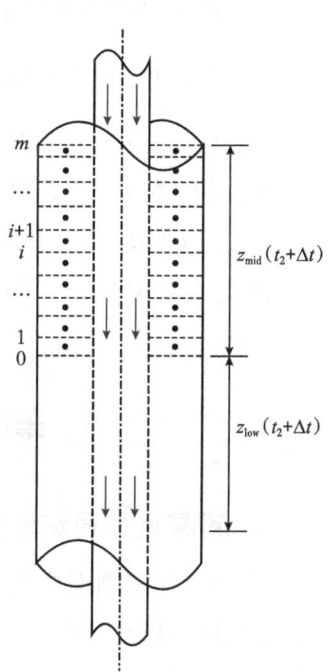

图 6-3-2 压井 $t_2+\Delta t$ 时刻环空内流体分布状态

$$z_{\mathrm{mid}}(t_2+\Delta t)=\sum_{i=0}^{m-1}z_i(t_2+\Delta t)+z_m(t_2)-\Delta z_m \qquad (6-3-7)$$

式中　$z_{\mathrm{mid}}(t_1+\Delta t)$——压井 $t_2+\Delta t$ 时刻，气液两相流段顶界到井口距离，m。

在 $t_2+\Delta t$ 时刻井口压力 $p_c(t_2+\Delta t)$ 可表示为：

$$p_c(t_2+\Delta t)=p_{\mathrm{wf}}-p_{\mathrm{low}}(t_2+\Delta t)-p_{\mathrm{mid}}(t_2+\Delta t)-p_{\mathrm{f\_low}}(t_2+\Delta t)-p_{\mathrm{f\_mid}}(t_2+\Delta t) \qquad (6-3-8)$$

其中：

$$p_{\mathrm{low}}(t_2+\Delta t)=\rho_k(t_2+\Delta t)z_{\mathrm{low}}(t_2+\Delta t)g$$

$$p_{\mathrm{mid}}(t_2+\Delta t)=\sum_{i=0}^{m}\left[\rho_{g(i)}(t_2+\Delta t)E_{g(i)}(t_2+\Delta t)+\rho_{l(i)}(t_2+\Delta t)E_{l(i)}(t_2+\Delta t)\right]z_i(t_2+\Delta t)g$$

$$p_{\mathrm{f\_low}}(t_2+\Delta t)=2f\frac{\rho_k u_k^2}{D_{\mathrm{hy}}}z_{\mathrm{low}}(t_2+\Delta t)$$

$$p_{\mathrm{f\_mid}}(t_2+\Delta t)=\sum_{i=0}^{m}2f_{m(i)}\frac{\rho_{m(i)}u_{m(i)}^2}{D_{\mathrm{hy}}}z_i(t_2+\Delta t)$$

$$\rho_{m(i)}(t_2+\Delta t)=\rho_{g(i)}(t_2+\Delta t)E_{g(i)}(t_2+\Delta t)+\rho_{l(i)}(t_2+\Delta t)E_{l(i)}(t_2+\Delta t)$$

$$u_{m(i)}(t_2+\Delta t)=u_{g(i)}(t_2+\Delta t)E_{g(i)}(t_2+\Delta t)+u_{l(i)}(t_2+\Delta t)E_{l(i)}(t_2+\Delta t)$$

式中　$p_{\mathrm{low}}(t_2+\Delta t)$——压井 $t_2+\Delta t$ 时刻，下部单相流段液柱压力，MPa；

　　　$p_{\mathrm{mid}}(t_2+\Delta t)$——压井 $t_2+\Delta t$ 时刻，气液两相流段液柱压力，MPa；

　　　$p_{\mathrm{f\_low}}(t_2+\Delta t)$——压井 $t_2+\Delta t$ 时刻，下部单相流段摩阻损耗，MPa；

　　　$p_{\mathrm{f\_mid}}(t_2+\Delta t)$——压井 $t_2+\Delta t$ 时刻，气液两相流段摩阻损耗，MPa。

## 第四节　超深直井压井过程模拟

### 一、超深直井司钻法压井

本书仍以新疆顺南构造某直井 SN-×× 井为例，对直井司钻法压井过程中套压和立压的变化规律进行研究，其基本参数在第三章已详细说明。直井司钻法压井过程中套压/立压随压井时间的变化曲线如图 6-4-1 所示。从图 6-4-1 可以看出，立管压力和套压的变化规律为：

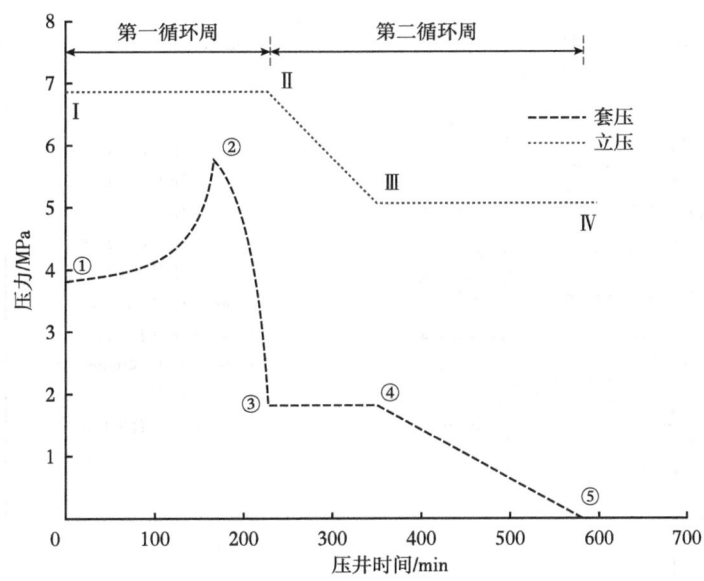

图 6-4-1　直井司钻法压井过程中套压/立压随压井时间的变化曲线

## 1. 立管压力

Ⅰ～Ⅱ阶段，立管压力随着压井时间增加保持不变。循环原密度钻井液，排出环空气侵受污染的钻井液。

Ⅱ～Ⅲ阶段，立管压力随着压井时间增加而降低。将加重钻井液泵入井内，加重钻井液从井口向井底下行过程中逐渐替换钻柱内的原钻井液，静液柱压力增加，使得立管压力呈线性减小。

Ⅲ～Ⅳ阶段，立管压力随着压井时间增加保持不变。当加重钻井液从井底经环空向井口上返时，整个钻柱内全部被加重钻井液所占据，立管压力保持不变。

## 2. 套压

①～②阶段，压井套压随着压井时间增加呈指数增加。原因在于，压井作业刚进行时，整个环空分为两个部分：（1）中上部为单相流区；（2）下部为气液两相区。一方面，随着压井过程进行，原密度钻井液进入环空，下部井段形成单相流区，且随着压井时间增加下部井段逐渐被原浆占据，下部井段单相流区逐渐增加；另一方面气液两相流区不断向上运移逐渐取代上部单相流区，并且当原浆将环空中被污染的钻井液顶替到地面时，环空上部井段为气液两相流区而中下部井段为单相流区（图 6-4-2）。在气液两相流区运移上升过程中，气体体积膨胀，截面含气率增加，压井套压逐渐增加，且越接近井口，体积膨胀越快，套压增加越明显。

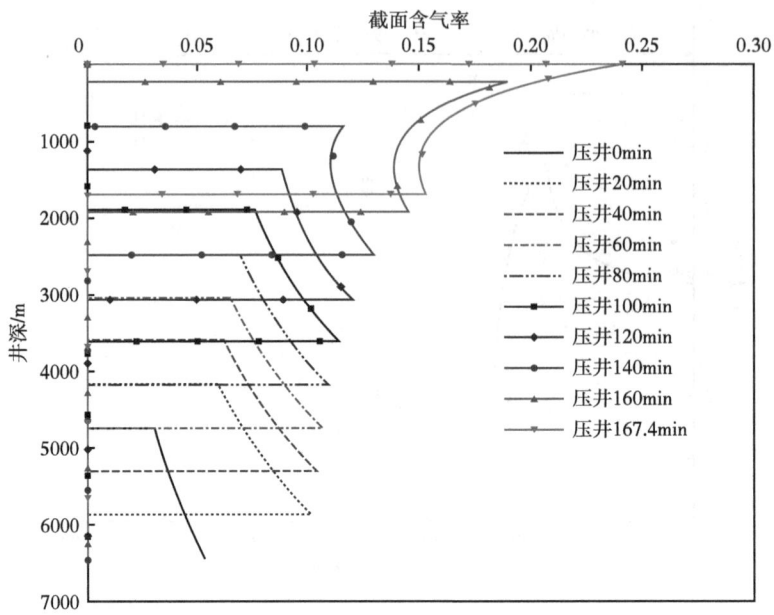

图 6-4-2　溢流上升过程中截面含气率分布变化

②~③阶段，压井套压随着压井时间增加而逐渐减小。这是因为气液两相流前缘已到达井口，随着压井进行，溢流不断排出环空，气液两相流区逐渐减小，当环空内溢流全部排出井口后，整个环空内全部为单相流（图 6-4-3）。

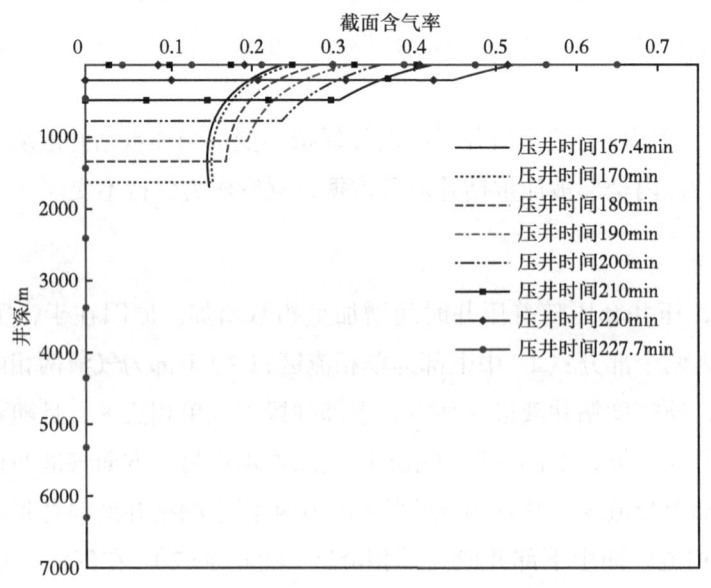

图 6-4-3　溢流排出井口过程中截面含气率分布变化

③~④阶段，压井套压随着压井时间增加保持不变。环空内受污染钻井液完全排出井口后，开始泵入加重钻井液，在加重钻井液将原浆顶替到井底之前，套压保持不变。

④~⑤阶段，压井套压随着压井时间增加呈线性逐渐减小至0。随着加重钻井液从井底沿环空持续向井口上返过程中，环空内加重钻井液高度不断增加，原钻井液持续被顶替出井口，环空内静液柱压力将不断增加，则压井套压呈线性逐渐减小至0。

### 3. 气侵时间对压井套压/立压影响

不同气侵时间下直井司钻法压井套压/立压随压井时间的变化曲线如图6-4-4所示。从图6-4-4可以看出，随着气侵时间的增加，立管压力变化规律相同，即气侵时间对立管压力无影响。这归因于不同气侵时间下关井立压相同，使得压井过程采用相同的加重钻井液进行压井作业。气侵时间越长，压井过程中套压峰值出现的时间越早，且套压越大。这是因为在溢流阶段气侵时间越长，气体经井底环空向上运移距离越长，那么在压井排量相同的情况下，气液两相流前缘被顶替到井口的时间就越少，则压井过程中套压峰值出现越早；在压井作业的顶替阶段，气体上升过程中体积膨胀，静液柱压力降低，套压不断增加，且溢流阶段气侵时间越长，意味着侵入井筒内气体更多，则顶替阶段产生的套压峰值更大。另外，第一循环周结束后，不同气侵时间下压井套压变化规律相同。这是因为第一循环周结束后，环空内受污染的钻井液完全被排出井口，环空仅为单相流且不同气侵时间下环空和钻柱内流体分布相同。

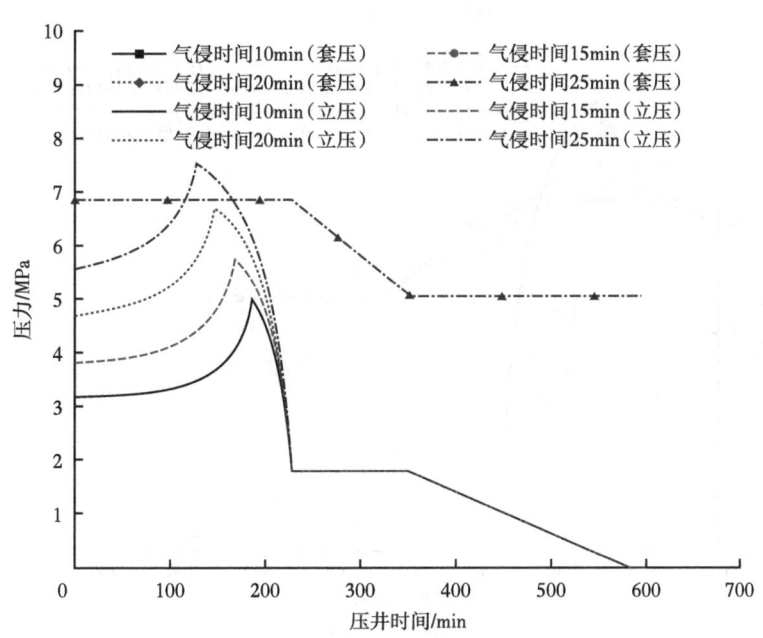

图6-4-4　不同气侵时间下直井司钻法压井套压/立压随压井时间的变化曲线

### 4. 压井排量对压井套压/立压影响

不同压井排量下直井司钻法压井套压/立压随压井时间的变化曲线如图6-4-5所示。从图6-4-5可以看出，初始循环立管压力和终了循环立管压力都随着压井排量的增加而增加。原因在于，沿程摩阻与压井排量成正比，压井排量越大，钻柱和环空内沿程摩阻及钻头喷嘴压降就越大。不同气侵时间下，套压峰值都随着压井排量的增加而减小，压

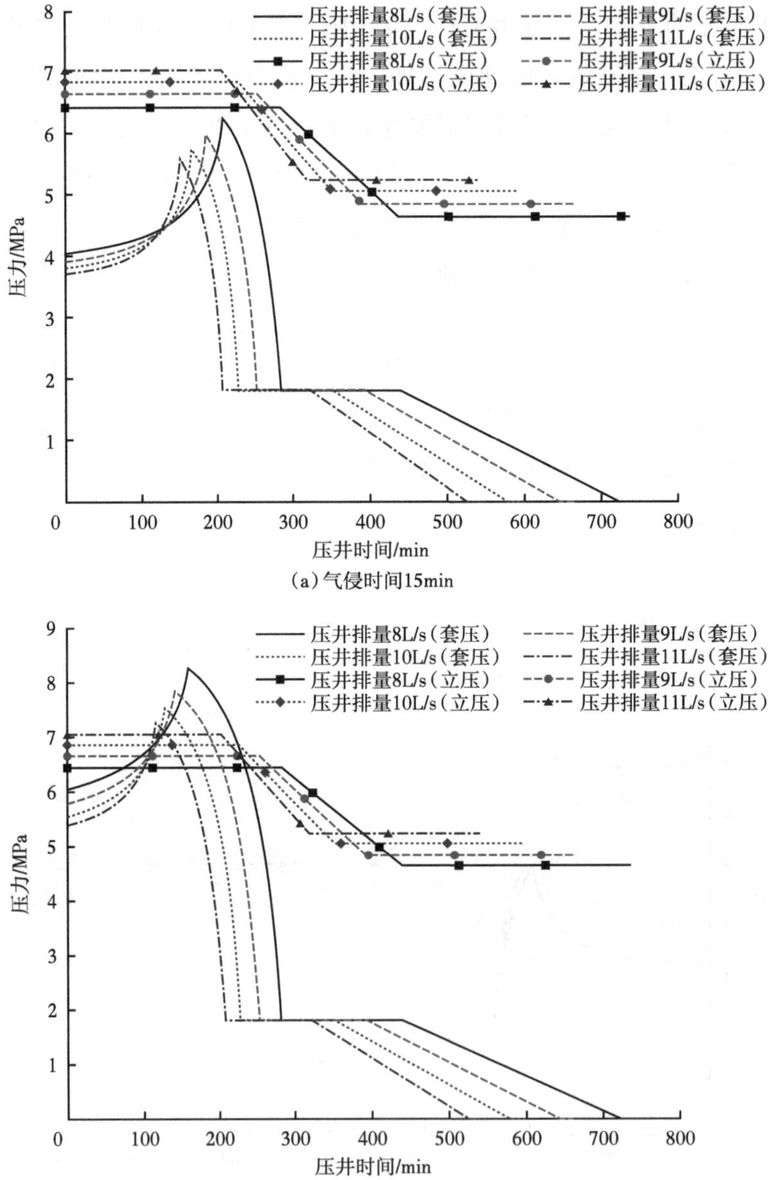

(a) 气侵时间15min

(b) 气侵时间25min

图 6-4-5　不同压井排量下直井司钻法压井套压/立压随压井时间的变化曲线

井过程中套压峰值出现的时间越早,则整个压井过程的总时间缩短。这是因为在相同气侵时间下,采用司钻法压井作业之前井筒内气液两相流分布状况相同,当压井液排量越大时,环空流速就越大,环空中受污染的钻井液被顶替到地面的时间越少,则在压井作业的顶替阶段套压峰值出现越早。且压井液排量越大,环空内摩阻损耗越大,而压井过程中井底压力需保持恒定,则压井套压相对较低。尤其是气侵时间越长,低排量下压井套压越大。

### 5. 关井井底负压差对压井套压/立压影响

不同关井井底负压差下直井司钻法压井套压/立压随压井时间的变化曲线如图 6-4-6 所示。从图 6-4-6 可以看出,随着关井井底负压差增加,初始循环立管压力增加,终了循环立管压力相同。这归因于当关井井底负压差增加时,关井立压越大,初始循环立管压力就越大;而终了循环立管压力与流动摩阻有关。套压随着关井井底负压差的增加而增加,在溢流排出阶段,关井井底负压差越大时,套压降低越快。原因在于,当关井井底负压差增加时,表明溢流过程中气侵速率更大,相同气侵时间下侵入井筒内气体越多,相同井深处井筒截面含气率更高,且在溢流上升过程中,气体体积不断膨胀,则压井过程中套压更大。而在溢流排出阶段,由于关井井底负压差越大,相同井深处钻井液受污染程度更严重,当受污染钻井液被排出井口时,套压降低更快。

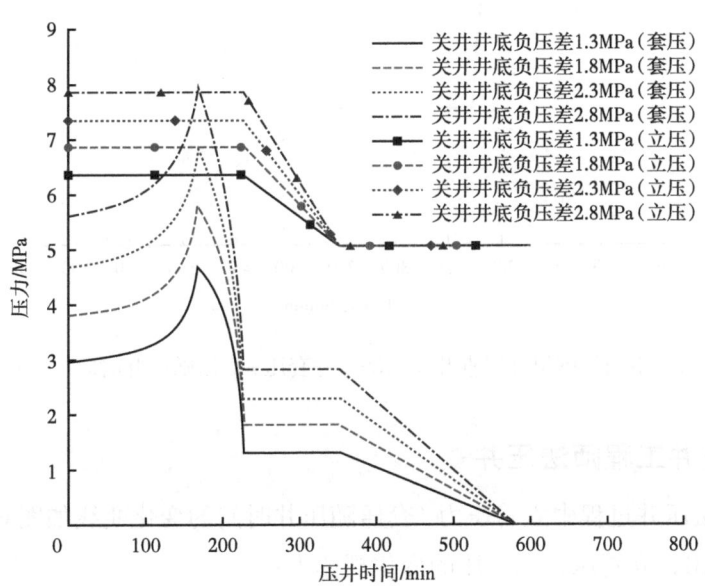

图 6-4-6  不同关井井底负压差下直井司钻法压井套压/立压随压井时间的变化曲线

### 6. 气体组分对压井套压/立压影响

不同气体组分下直井司钻法压井套压/立压随压井时间的变化曲线如图 6-4-7 所示。

从图 6-4-7 可以看出，随着气体组分中 $H_2S$ 含量的增加，立管压力变化规律相同，即气体组分中 $H_2S$ 含量对立管压力无影响。这归因于不同气体组分下关井立压相同，使得压井过程采用相同的加重钻井液进行压井作业。套压随着气体组分中 $H_2S$ 含量的增加而减小，在溢流排出阶段，气体组分中 $H_2S$ 含量越低，套压降低越快。原因在于，$H_2S$ 在水基钻井液中具有较高的溶解度，当气体组分中 $H_2S$ 含量增加时，$H_2S$ 气体溶解在水基钻井液中，那么在溢流阶段相同气侵时间下相同井深处井筒截面含气率会更低；并且在压井阶段，受污染钻井液运移至井口及排溢过程中，井口环空始终施加有压力，导致井口附近的水基钻井液也存在较大的溶解度。

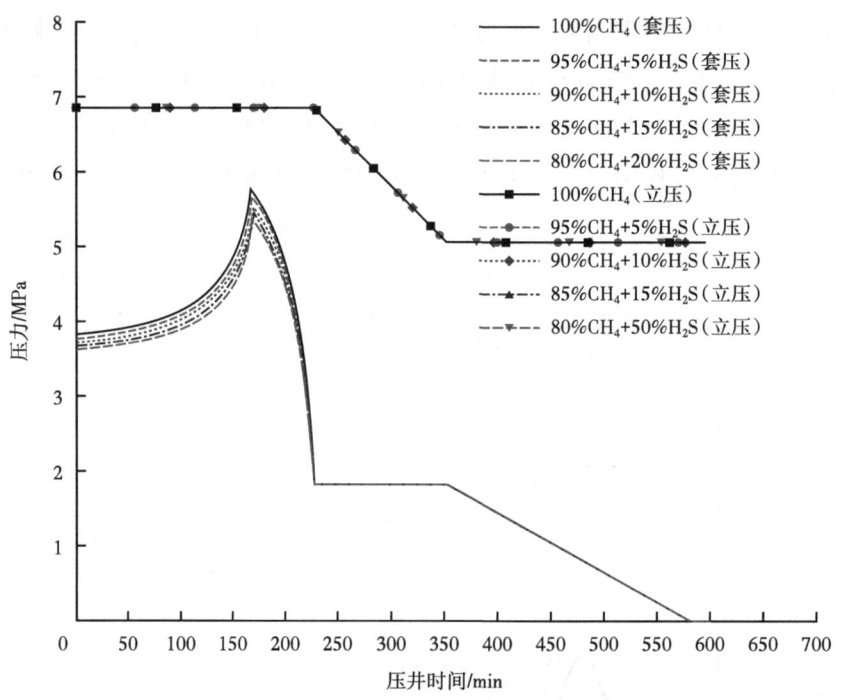

图 6-4-7　不同气体组分下直井司钻法压井套压/立压随压井时间的变化曲线

## 二、超深直井工程师法压井

直井工程师法压井过程中立管压力/套压随压井时间的变化曲线如图 6-4-8 所示。从图 6-4-8 可以看出，立管压力和套压的变化规律为：

### 1. 立管压力

Ⅰ~Ⅱ阶段，立管压力随着压井时间增加而降低。将加重钻井液泵入井内，加重钻井液从井口向井底下行过程中逐渐替换钻柱内的原钻井液，静液柱压力增加，立管压力呈线性减小。

Ⅱ～Ⅲ阶段，立管压力随着压井时间增加保持不变。当加重钻井液在环空上返时，整个钻柱内仍充满加重钻井液。

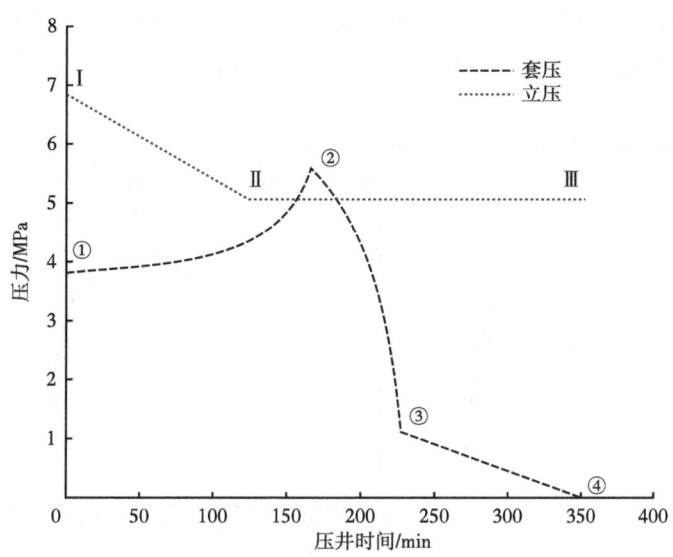

图 6-4-8　直井工程师法压井过程中立压/套压随压井时间的变化曲线

## 2. 套压

①～②阶段，压井套压随着压井时间增加而逐渐增加。原因在于，在气液两相流区气液运移上升过程中，气体体积膨胀，截面含气率增加，压井套压逐渐增加，且越接近井口，气体体积膨胀越快，套压增加越明显。

②～③阶段，压井套压随着压井时间增加而逐渐减小。这是因为气液两相流前缘已到达井口，随着压井进行，溢流不断排出环空，气液两相流区逐渐减小，当环空内溢流全部排出井口后，整个环空内全部为单相流。

③～④阶段，压井套压随着压井时间增加呈线性逐渐减小至0。溢流全部排出井口后，环空内为单相流，加重钻井液从井底向井口上行过程中逐渐替换环空内的原钻井液，原钻井液不断被顶替出井口。

## 3. 司钻法压井和工程师法压井对比

直井工程师法和司钻法压井时套压随压井时间变化对比曲线如图 6-4-9 所示。从图 6-4-9 可以看出，在Ⅰ阶段，两种压井方法下套压随压井时间变化几乎相同，但司钻法套压峰值要大于工程师法套压峰值；在Ⅱ阶段，相同时间下工程师法压井套压减小幅度要大于司钻法压井。这是因为随着压井过程进行，原钻井液进入环空，气液两相流区不断向井口推进，但气液两相区流动变化规律相同，使得套压变化一致；由于钻柱内总体积小于环空总体积，当气液两相流运移至井口前的某时刻，工程师法压井下的加重钻井液已进入环空，使得工程师法压井时套压峰值小于司钻法。在Ⅱ阶段（溢流排出阶段），采用司钻法压井作业时是原钻井液将环空中被污染的钻井液顶替到地面，而采用工程师法压井作业时，由于在该阶段加重钻井液已进入环空，加重钻井液将被污染的钻井液顶替到地面。

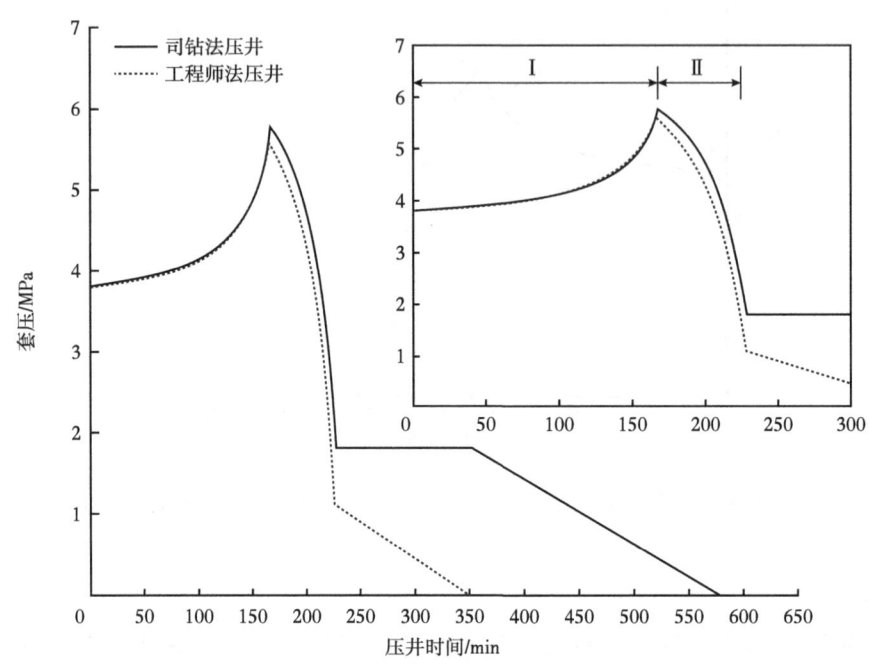

图 6-4-9　直井不同压井方法下套压随压井时间的变化对比曲线

### 4. 气侵时间对压井套压/立压影响

不同气侵时间下直井工程师法压井套压/立压随压井时间的变化曲线如图 6-4-10 所示。从图 6-4-10 可以看出，与直井司钻法压井类似，随着气侵时间的增加，立管压力变化规律相同，即气侵时间对立管压力无影响。气侵时间越长，压井过程中套压峰值出现的时间越早，且套压越大。另外，当溢流完全排出井口后，套压变化相同。这是因为溢流完全排出井口后，环空为单相流，即环空上部井段为原钻井液，下部井段为加重钻井液，且钻柱和环空流体分布相同，故随着压井继续进行，立压随时间变化相同。

### 5. 压井排量对压井套压/立压影响

不同压井排量下工程师法压井套压/立压随压井时间的变化曲线如图 6-4-11 所示。从图 6-4-11 可以看出，与直井司钻法压井类似，初始循环立管压力和终了循环立管压力都随着压井排量的增加而增加，原因在于循环压耗与排量有关，这里不再赘述。当溢流阶段气侵时间分别为 15 min 和 25 min 时，套压峰值都随着压井排量的增加而减小，压井过程中套压峰值出现的时间越早，则整个压井过程的总时间缩短，尤其是溢流阶段气侵时间越长，则低排量下的压井套压会更大。

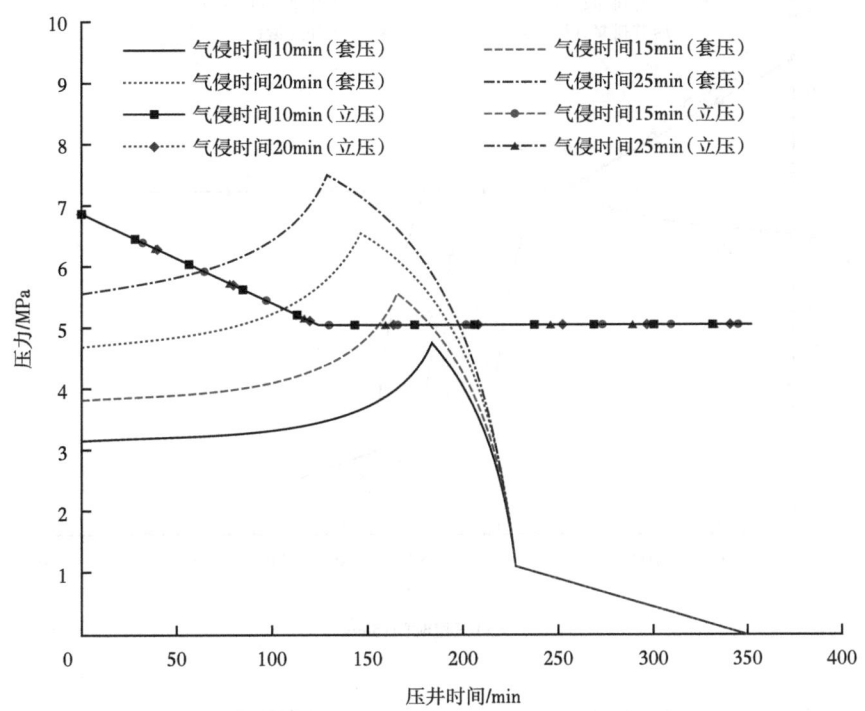

图 6-4-10　不同气侵时间下直井工程师法压井套压 / 立压随压井时间的变化曲线

6. 关井井底负压差对压井套压 / 立压影响

不同关井井底负压差下直井工程师法压井套压 / 立压随压井时间的变化曲线如图 6-4-12 所示。与直井司钻法压井类似，随着关井井底负压差增加，初始循环立管压力增加，终了循环立管压力相同。套压随着关井井底负压差的增加而增加，在溢流排出阶段，关井井底负压差越大时，套压降低越快。原因在于关井井底负压差对溢流过程气侵速率影响很大，导致压井作业前环空气液两相流分布状态不一样，关井井底负压差越大时，在相同气侵时间下进入环空内气体越多，且相同井深处截面含气率更高，则压井过程中套压峰值越大。

7. 气体组分对压井套压 / 立压影响

不同气体组分下直井工程师法压井套压 / 立压随压井时间的变化曲线如图 6-4-13 所示。从图 6-4-13 可以看出，随着气体组分中 $H_2S$ 含量的增加，立管压力变化规律相同，即气体组分中 $H_2S$ 含量对立管压力无影响。套压随着气体组分中 $H_2S$ 含量的增加而减小，在溢流排出阶段，气体组分中 $H_2S$ 含量越低，套压降低越快。

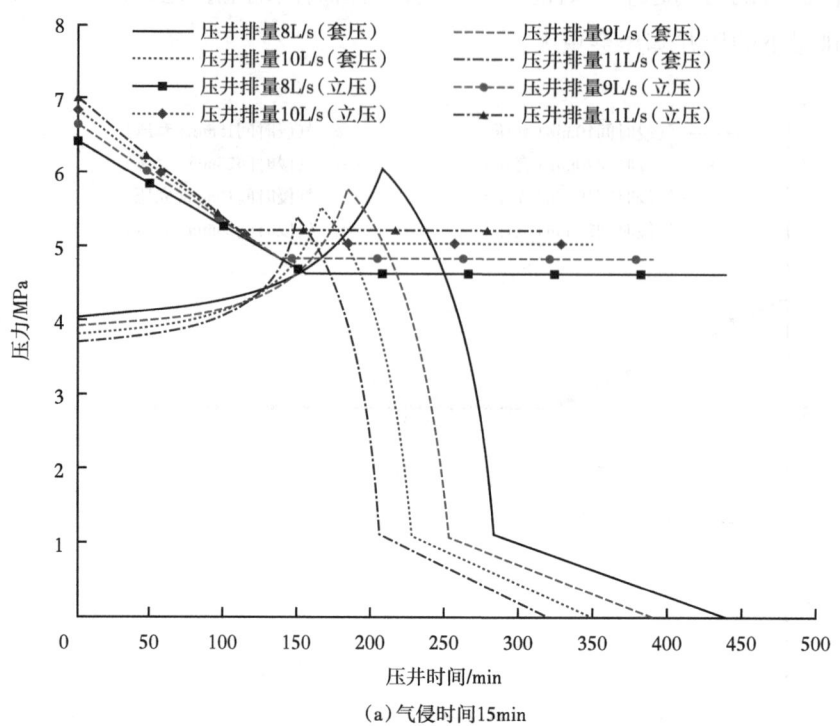

(a)气侵时间15min

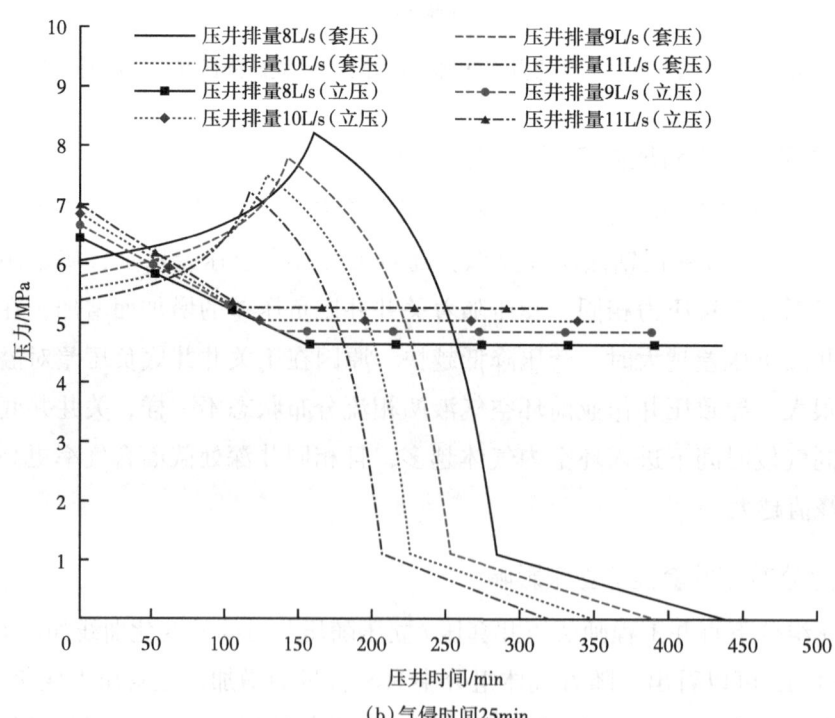

(b)气侵时间25min

图6-4-11 不同压井排量下直井工程师法压井套压/立压随压井时间的变化曲线

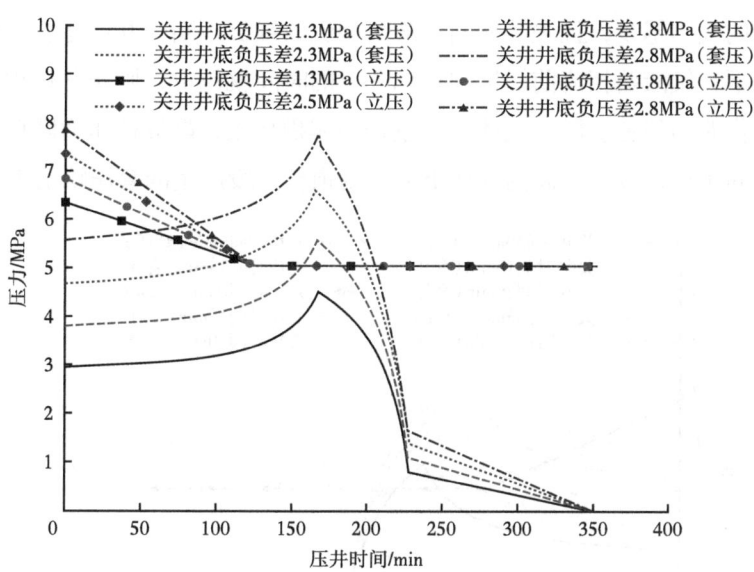

图 6-4-12　不同关井井底负压差下直井工程师法压井套压/立压随压井时间的变化曲线

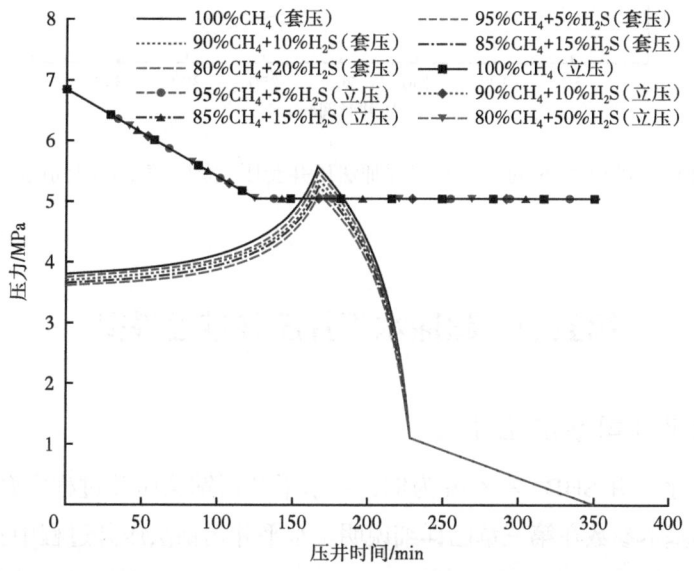

图 6-4-13　不同气体组分下直井工程师法压井套压/立压随压井时间的变化曲线

## 8. 关井时间对压井套压/立压影响

不同关井时间下直井工程师法压井套压/立压随压井时间的变化曲线如图 6-4-14 所示。从图 6-4-14 可以看出，随着关井时间的增加，初始循环立管压力和终了立管压力保持不变，立管压力变化规律相同，即关井时间对立管压力无影响。但关井时间越长，压井过程中套压峰值出现的时间越早，且套压越大。这是因为关井期间若关井时间越长，在井筒续流作用下，进入井筒内气体越多，且关井期间气液两相流前缘仍不断向井口运移。因此，在压井排量相同的情况下，气液两相流前缘被顶替到井口的时间就越少，则压井过程中套压峰值出现越早；在压井作业的顶替阶段，气体上升过程中体积膨胀，静液柱压力降低，套压不断增加，由于关井时间越长，侵入井筒内气体更多，则顶替阶段产生的套压峰值更大。

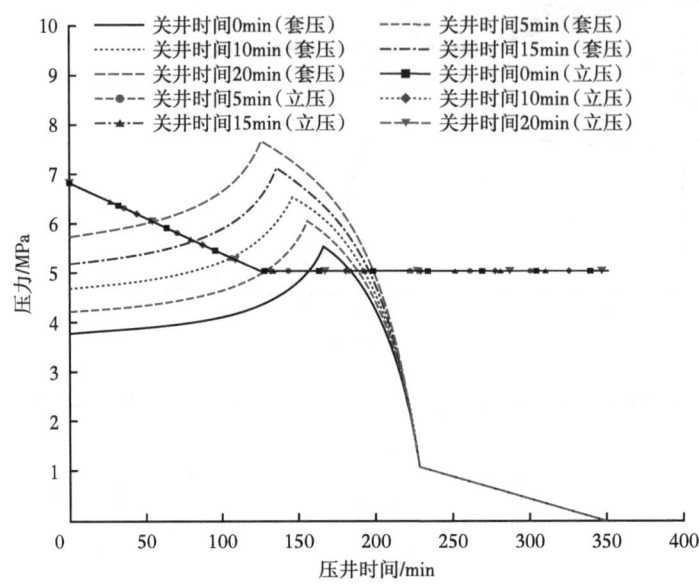

图 6-4-14　不同关井时间下直井工程师法压井套压／立压随压井时间的变化曲线

## 第五节　超深水平井压井过程模拟

### 一、超深水平井司钻法压井

本书以新疆某水平井 SHB-×× 井为例，对水平井司钻法压井过程中套压和立压的变化规律进行研究，其基本参数在第三章已详细说明。水平井司钻法压井过程中套压／立管压力随压井时间的变化曲线如图 6-5-1 所示。从图 6-5-1 可以看出，立管压力和套压的变化规律为：

1. 立管压力

Ⅰ—Ⅱ阶段，立管压力随着压井时间增加保持不变。循环原密度钻井液，排出环空气侵受污染的钻井液。

Ⅱ—Ⅲ阶段，立管压力随着压井时间增加先线性减小再平滑减小。当泵入的加重钻井液在直井段顶替时，静液柱压力增加，立管压力线性减小；而加重钻井液进入造斜段后，立管压力平滑减小。

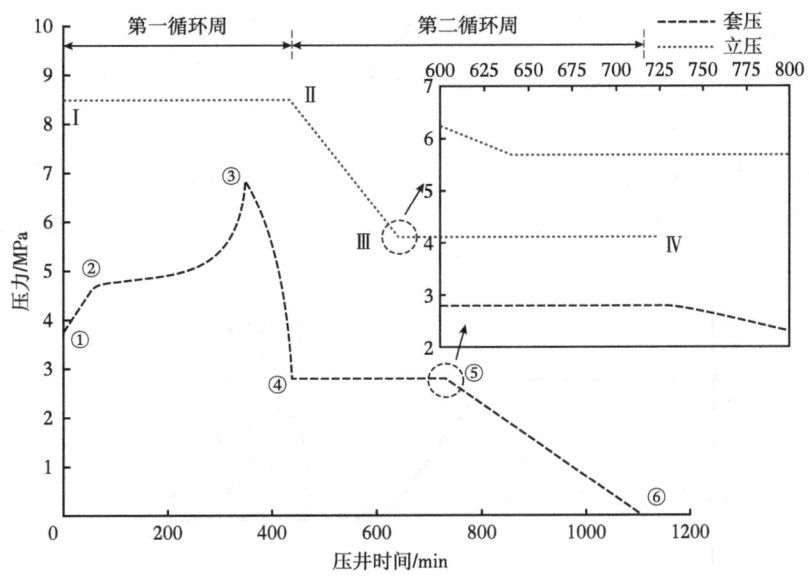

图 6-5-1　水平井司钻法压井过程中套压 / 立压随压井时间的变化曲线

Ⅲ—Ⅳ阶段，立管压力随着压井时间增加保持不变。当加重钻井液从井底经环空向井口上返时，整个钻柱内全部被加重钻井液所占据，立管压力保持不变。

### 2. 套压

①～③阶段，压井之初，压井套压随压井时间增加较慢，呈线性增加；随后快速增加，呈指数增加。根据第三章分析可知，当水平井发生气侵时，侵入井筒内气体有一小部分气体运移至造斜段和直井段，大部分气体停留在水平段，停留在水平段气体对井底静液柱压力影响很小，故压井刚开始阶段，套压呈线性增加。随着压井液持续泵入，原钻井液将停留在水平段的气液两相流区不断推移至造斜段和直井段，压井套压变化规律与直井类似。

③～④阶段，压井套压随着压井时间增加而逐渐减小。气液两相流区到达井口后，继续泵入原钻井液，将环空内受污染钻井液不断排出井口，套压逐渐减小。

④～⑤阶段，与直井不同，压井套压随着压井时间增加首先保持不变再平滑减小最后呈线性减小。泵入的加重钻井液在水平段运移时，加重钻井液对水平段静液柱压力无影响，且压井排量较低时，环空内通常为层流流动，环空摩阻与流体密度无关，故压井套压保持不变。当加重钻井液进入造斜段但未达到直井段时，压井套压平滑减少；而当加重钻井液进入直井段后，整个造斜段和水平段都为加重钻井液，压井套压呈线性降低。

⑤～⑥阶段，压井套压随着压井时间增加呈线性逐渐减小至0。

### 3. 气侵时间对压井套压 / 立压影响

不同气侵时间下水平井司钻法压井套压 / 立压随压井时间的变化曲线如图 6-5-2 所

示。从图 6-5-2 可以看出，随着气侵时间的增加，立管压力变化规律相同，即气侵时间对立管压力无影响。气侵时间越长，套压初始值越大，峰值也越高，压井过程中套压峰值出现的时间越早，但溢流排出后，套压变化趋势相同。这是因为在溢流阶段，气侵时间越长，侵入环空内气体越多，井底压力降低更多，使得初始套压值更大。在压井作业的顶替阶段，由于气体上升过程中体积不断膨胀，井筒压力降低更多，套压峰值也就越大。

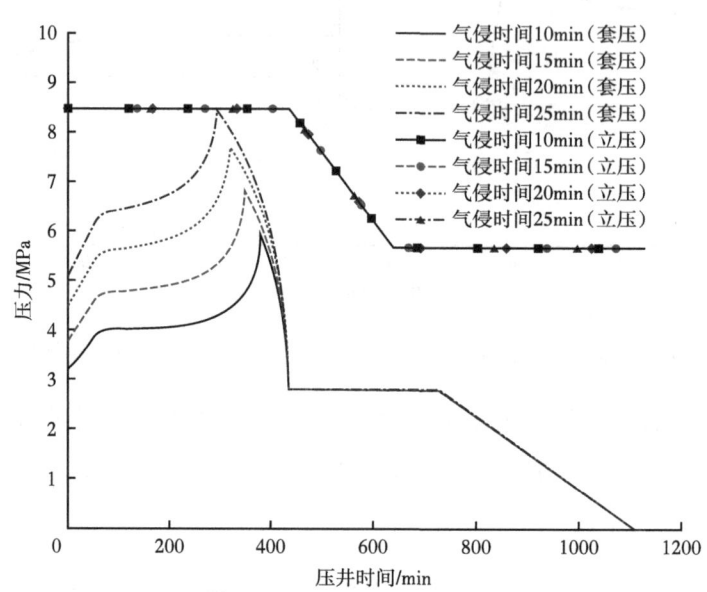

图 6-5-2　不同气侵时间下水平井司钻法压井套压／立压随压井时间的变化曲线

### 4. 压井排量对压井套压／立压影响

不同压井排量下水平井司钻法压井套压/立压随压井时间的变化曲线如图 6-5-3 所示。从图 6-5-3 可以看出，初始循环立管压力和终了循环立管压力随着压井排量的增加而增加，但不同排量下立管压力变化规律相同。压井排量越大，初始套压越小，套压峰值也越低，出现套压峰值的时间和压井施工的总时间都越短。这是因为在溢流阶段，相同气侵时间下，环空内气液两相流区和单相流区分布状况相同，当压井作业时压井液排量越大，环空中污染的钻井液被顶替到地面的时间越少，套压峰值出现越早。另外，在压井初始阶段，当气侵时间较小时，不同压井排量下套压变化很接近，但随着气侵时间增加，不同压井排量下套压变化较大。原因在于，气侵时间较短时，侵入环空内气体主要停留在水平段，对静液柱压力影响较小，使得不同压井排量下套压变化接近；当气侵时间较长时，已有大量气体进入造斜段和直井段，导致不同压井排量下套压变化较大。另外，气侵时间越长，低排量下压井套压越大。

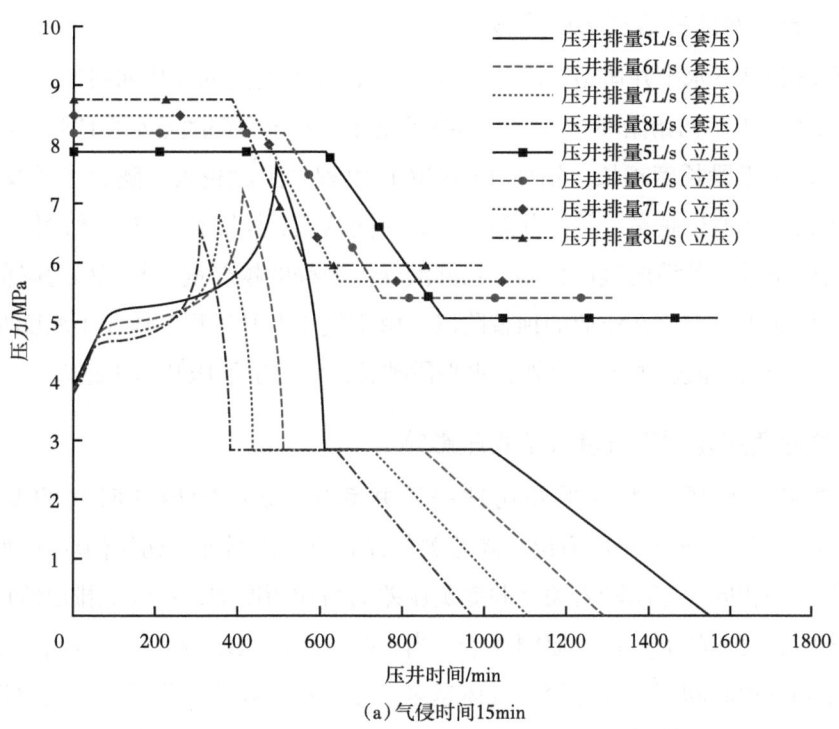

(a)气侵时间15min

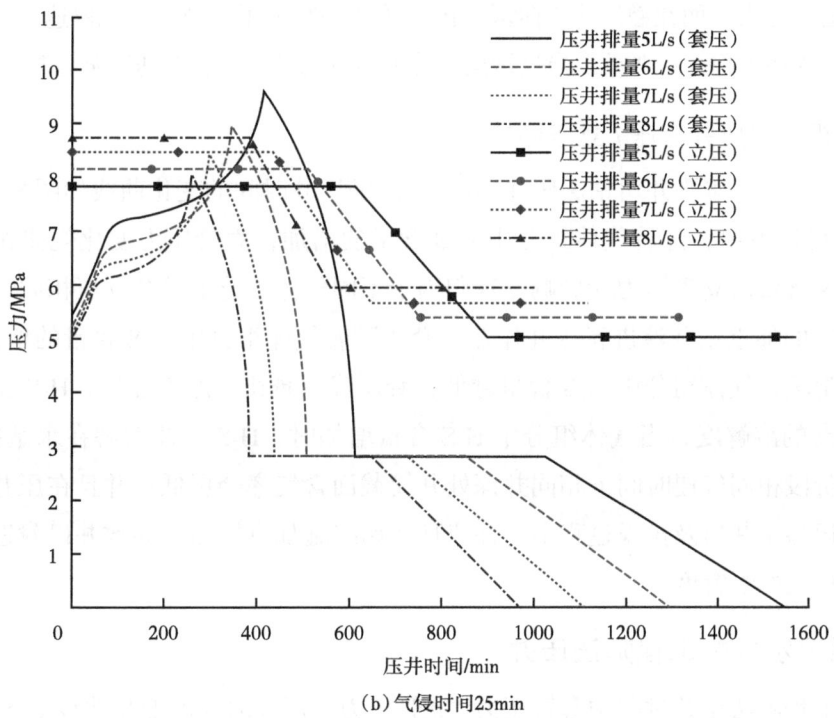

(b)气侵时间25min

图 6-5-3 不同压井排量下水平井司钻法压井套压/立压随压井时间的变化曲线

### 5. 水平段长度对压井套压/立压影响

不同水平段长度下水平井司钻法压井套压/立压随压井时间的变化曲线如图6-5-4所示。从图6-5-4可以看出，初始循环立管压力和终了循环立管压力都随着水平段长度的增加而增加。原因在于，水平段长度越长，钻柱和环空内的沿程摩阻就越大。随着水平段长度增加，套压起始值越大，峰值也越高，且压井施工的总时间越长。原因在于在溢流阶段，水平段越长相同气侵时间下进入井筒内气体越多，钻井液受污染程度越严重，井底压力降低越多，则压井套压起始值越大；在压井作业的顶替阶段，由于气体上升过程中体积不断膨胀，静液柱压力降低越多，套压峰值也越高。另外，水平段越长，低排量下压井套压越大。

### 6. 关井井底负压差对压井套压/立压影响

不同关井井底负压差下水平井司钻法压井套压/立压随压井时间的变化曲线如图6-5-5所示。从图6-5-5可以看出，随着关井井底负压差增加，初始循环立管压力增加，终了循环立管压力相同。套压随着关井井底负压差的增加而增加，在溢流排出阶段，关井井底负压差越大时，套压降低越快。原因在于，当关井井底负压差增加时，表明溢流阶段气侵速率更大，相同气侵时间下侵入井筒内气体越多，在压井作业顶替阶段，气液两相流前缘向井口运移上升过程中，气体体积不断膨胀，气液混相密度不断减小，井筒压力降低更多，故压井过程中套压更大。而在溢流排出阶段，由于关井井底负压差越大，气侵速率越大，相同井深处钻井液受污染程度更严重，当受污染钻井液被排出井口时，套压降低更快。

### 7. 气体组分对压井套压/立压影响

不同气体组分下水平井司钻法压井套压/立压随压井时间的变化曲线如图6-5-6所示。从图6-5-6可以看出，随着气体组分中$H_2S$含量的增加，立管压力变化规律相同，即气体组分中$H_2S$含量对立管压力无影响。这归因于不同气体组分下关井立压相同，使得压井过程采用相同的加重钻井液进行压井作业。套压随着气体组分中$H_2S$含量的增加而减小，在溢流排出阶段，气体组分中$H_2S$含量越低，套压降低越快。原因在于，$H_2S$在水基钻井液中具有较高的溶解度，当气体组分中$H_2S$含量增加时，$H_2S$气体溶解在水基钻井液中，那么在溢流阶段相同气侵时间下相同井深处井筒截面含气率会更低；并且在压井阶段，受污染钻井液运移至井口及排溢过程中，井口环空始终施加有压力，导致井口附近的水基钻井液也存在较大的溶解度。

## 二、超深水平井工程师法压井

水平井工程师法压井过程中套管压力/立管压力随压井时间的变化曲线如图6-5-7所示。从图6-5-7可以看出，立管压力和套管压力的变化规律为：

# 第六章 超深复杂井压井期间井筒压力及流动参数变化特征

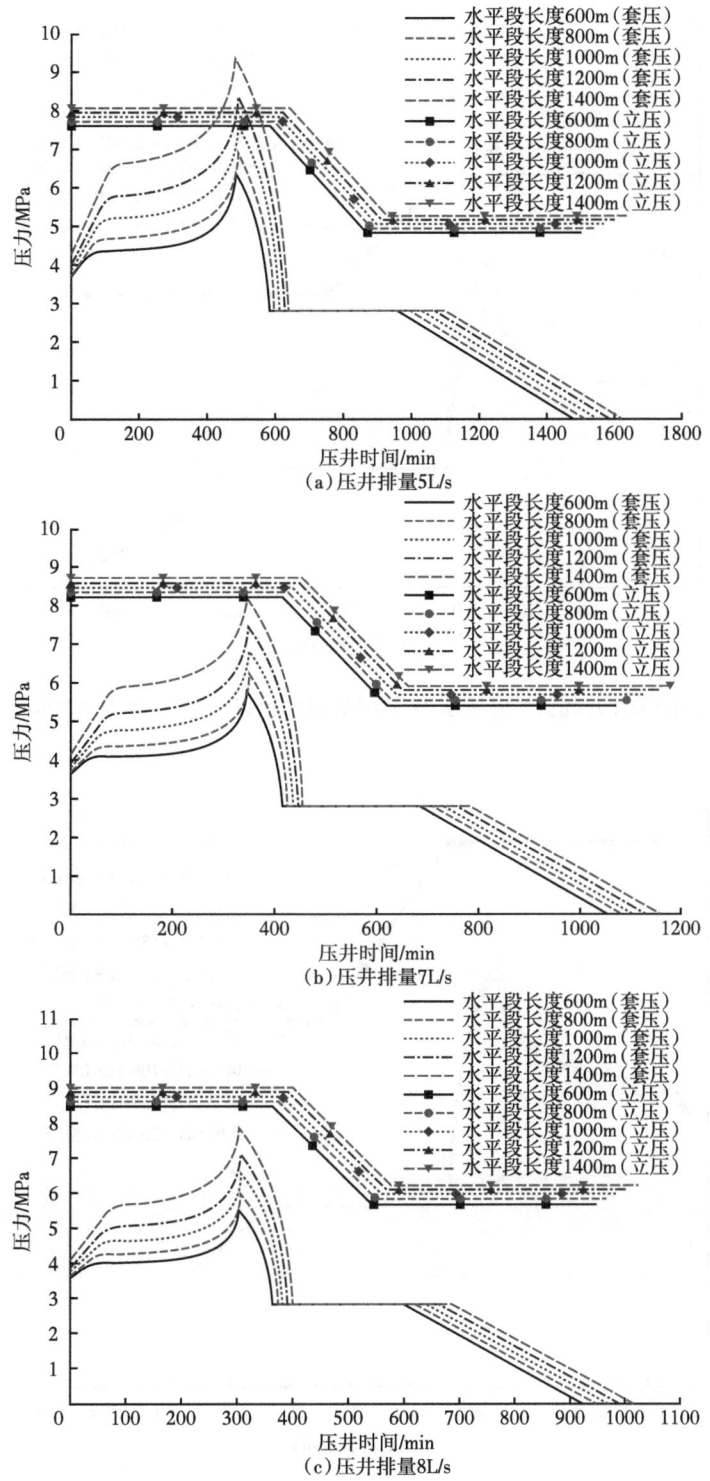

图 6-5-4 不同水平段长度下压井套压/立压随压井时间的变化曲线

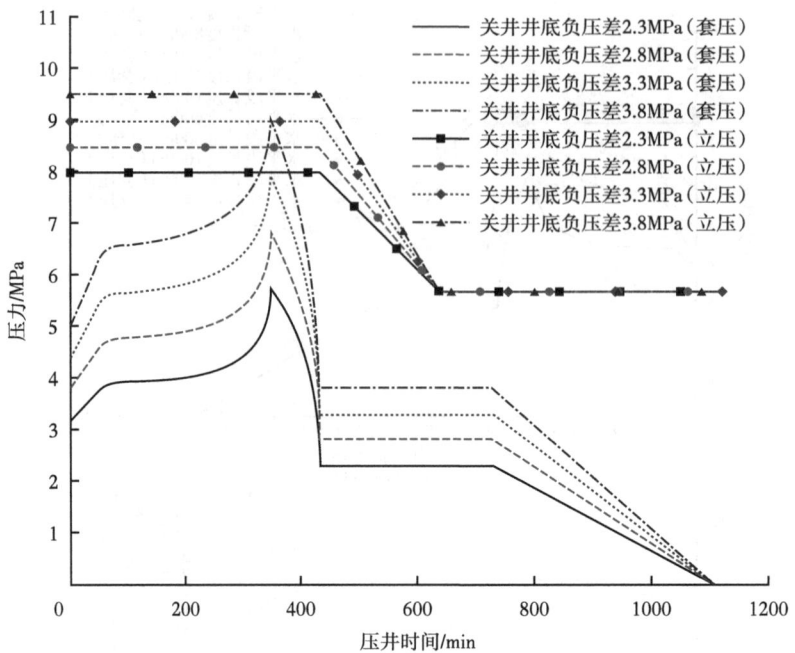

图 6-5-5　不同关井井底负压差下水平井司钻法压井套压／立压随压井时间的变化曲线

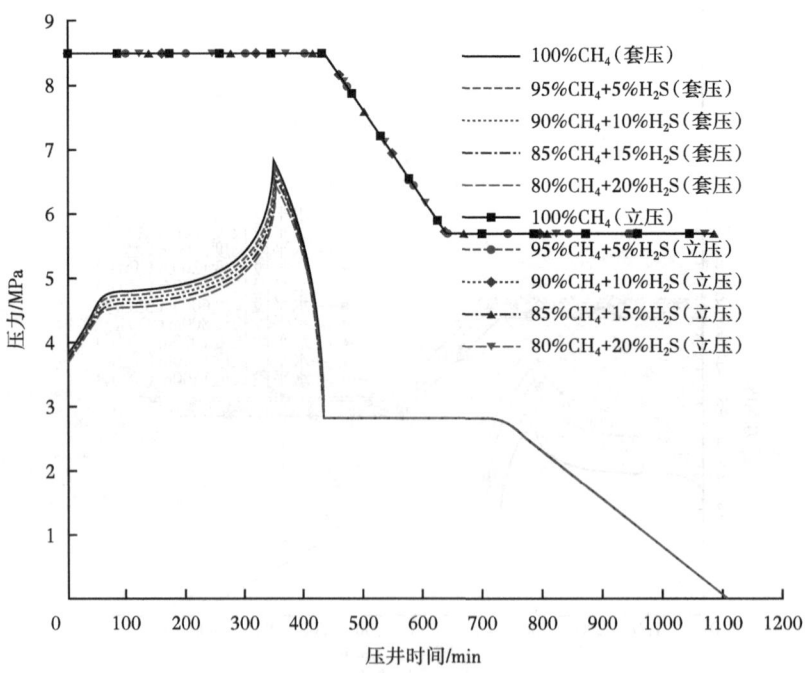

图 6-5-6　不同气体组分下水平井司钻法压井套压／立压随压井时间的变化曲线

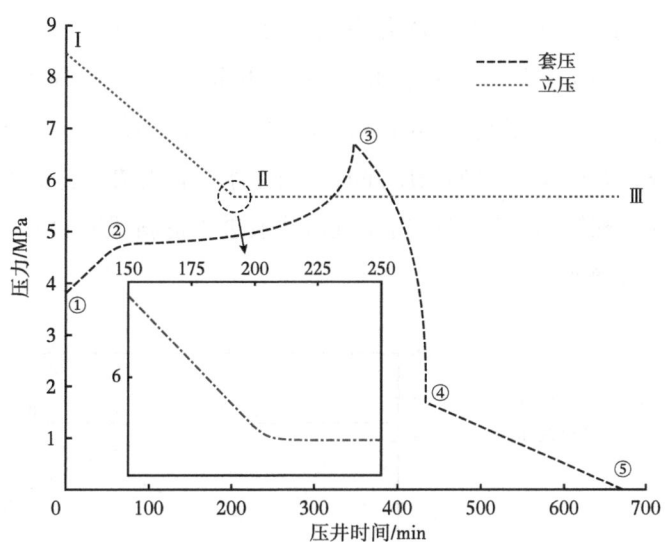

图 6-5-7　水平井工程师法压井过程中套压/立压随压井时间的变化曲线

### 1. 立管压力

Ⅰ~Ⅱ阶段，立管压力随着压井时间增加先线性减小再平滑减小。当泵入的加重钻井液在直井段顶替时，静液柱压力增加，立管压力线性减小；而加重钻井液进入造斜段后，立管压力平滑减小。

Ⅱ~Ⅲ阶段，立管压力随着压井时间增加保持不变。当加重钻井液在环空上返时，整个钻柱内仍充满加重钻井液。

### 2. 套管压力

①~③阶段，压井套压随着压井时间增加而逐渐增加。这是因为气液两相流区气液运移上升过程中，气体体积膨胀，截面含气率增加，压井套压逐渐增加，且越接近井口，体积膨胀越快，套压增加越明显。

③~④阶段，压井套压随着压井时间增加而逐渐减小。这是因为气液两相流前缘已到达井口，随着压井进行，溢流不断排出环空，气液两相流区逐渐减小，当环空内溢流全部排出井口后，整个环空内全部为单相流。

④~⑤阶段，压井套压随着压井时间增加呈线性逐渐减小至0。溢流全部排出井口后，环空内为单相流，加重钻井液从井底向井口上行过程中逐渐替换环空内的原钻井液，原钻井液不断被顶替出井口。

### 3. 司钻法压井和工程师法压井对比

水平井工程师法和司钻法压井时套压随压井时间变化对比曲线如图6-5-8所示。从

图 6-5-8 可以看出，在Ⅰ阶段，不同压井方法下套压随压井时间变化几乎相同，但司钻法套压峰值要大于工程师法套压峰值；在Ⅱ阶段，相同时间下工程师法压井套压减小幅度要略大于司钻法压井，但二者相差并不明显，随着压井时间增加，二者相差值增加。这是因为在溢流排出阶段，若采用工程师法压井时，由于水平段存在，进入环空的加重钻井液停留在水平段，对静液柱压力无影响；当加重钻井液进入造斜段和直井段后，静液柱压力增加，使得二者相差值增加。

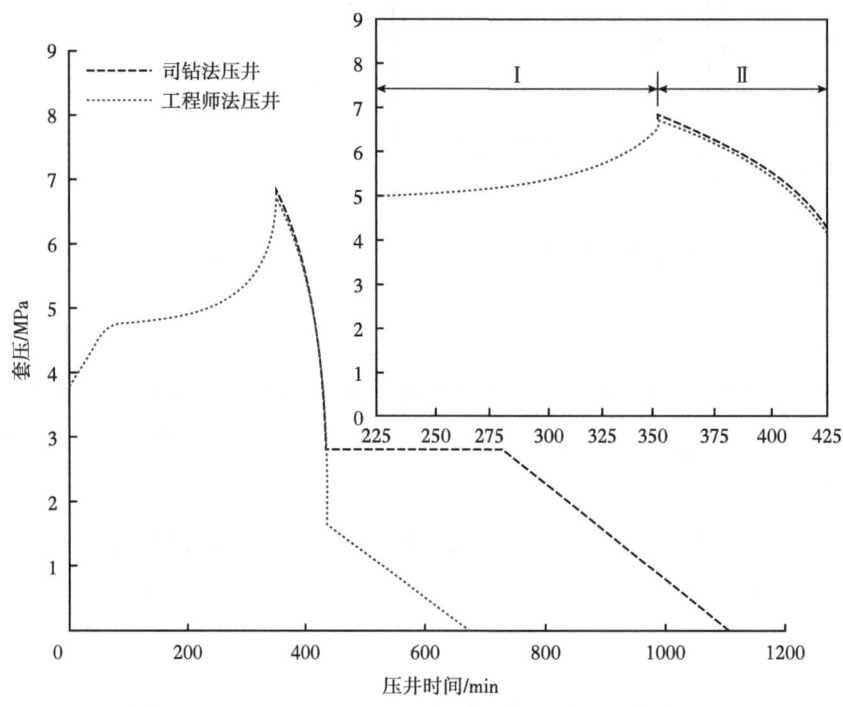

图 6-5-8　水平井不同压井方法下套压随压井时间的变化对比曲线

### 4. 气侵时间对压井套压／立压影响

不同气侵时间下水平井工程师法压井套压／立压随压井时间的变化曲线如图 6-5-9 所示。从图 6-5-9 可以看出，随着气侵时间的增加，立管压力变化规律相同，即气侵时间对立管压力无影响。气侵时间越长，套压初始值越大，峰值也越高，压井过程中套压峰值出现的时间越早，但溢流排出后，套压变化趋势相同。这是因为在溢流阶段，气侵时间越长，侵入环空内气体越多，井底压力降低更多，使得初始套压值更大。在压井作业的顶替阶段，气体上升过程中体积膨胀，静液柱压力降低，套压不断增加，且溢流阶段气侵时间越长，意味着侵入井筒内气体更多，故顶替阶段产生的套压峰值更大。

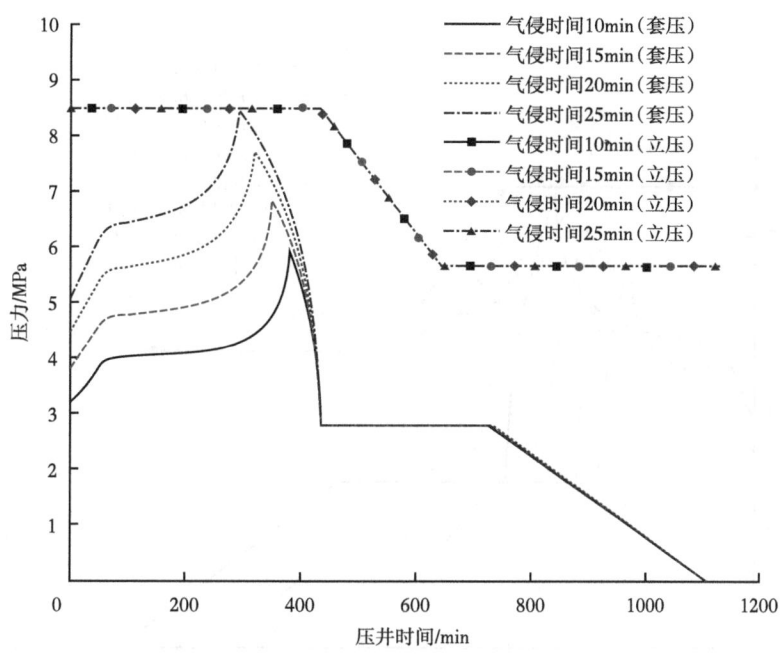

图 6-5-9 不同气侵时间下压井套压/立压随压井时间的变化曲线

### 5. 压井排量对压井套压/立压影响

不同压井排量下水平井工程师法压井套压/立压随压井时间的变化曲线如图 6-5-10 所示。从图 6-5-10 可以看出，初始循环立管压力和终了循环立管压力随着压井排量的增加而增加，但不同排量下立管压力变化规律相同。压井排量越大，初始套压越小，套压峰值也越低，出现套压峰值的时间和压井施工的总时间都越短。且气侵时间越长，低排量下压井套压越大。

### 6. 水平段长度对压井套压/立压影响

不同水平段长度下水平井工程师法压井套压/立压随压井时间的变化曲线如图 6-5-11 所示。从图 6-5-11 可以看出，初始循环立管压力和终了循环立管压力都随着水平段长度的增加而增加。随着水平段长度增加，压井套压起始值越大，峰值也越高，且压井施工的总时间越长，且水平段越长，低排量下压井套压越大。

### 7. 关井井底负压差对压井套压/立压影响

不同关井井底负压差下水平井工程师法压井套压/立压随压井时间的变化曲线如图 6-5-12 所示。从图 6-5-12 可以看出，随着关井井底负压差增加，初始循环立管压力增加，终了循环立管压力相同。套压随着关井井底负压差的增加而增加，在溢流排出阶段，关井井底负压差越大，套压降低越快。

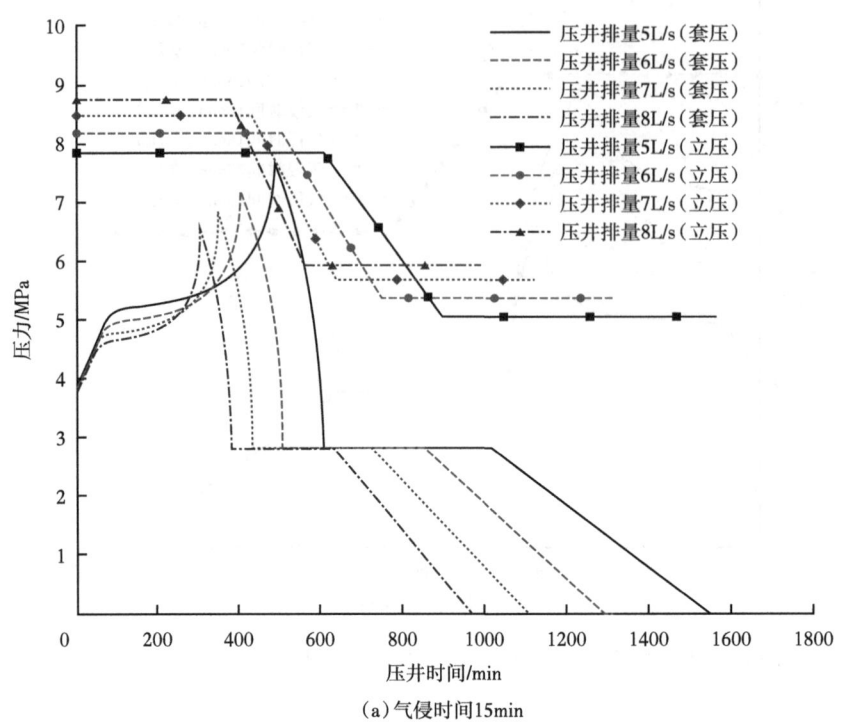

（a）气侵时间15min

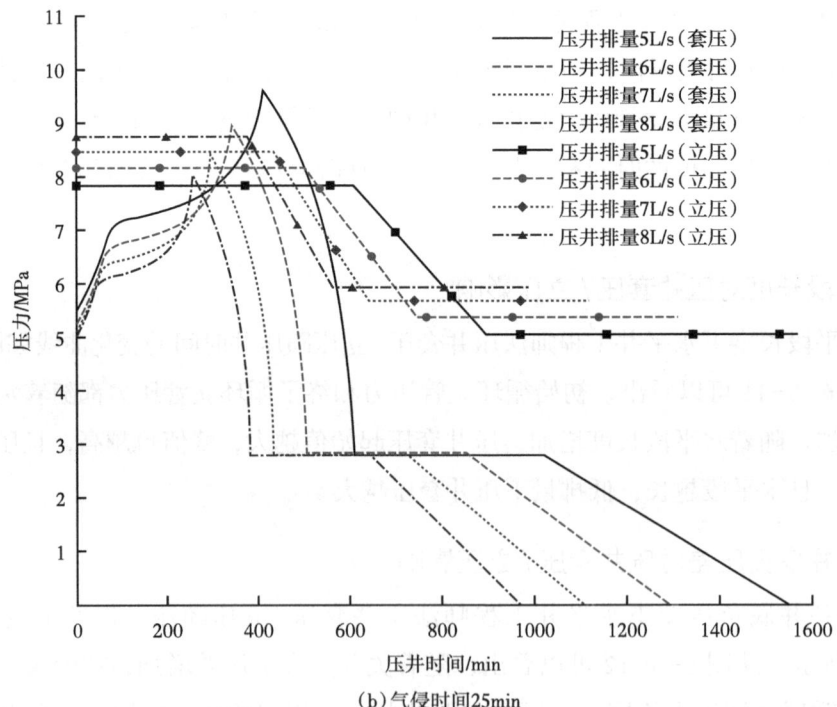

（b）气侵时间25min

图 6-5-10　不同压井排量下水平井工程师法压井套压/立压随压井时间的变化曲线

# 第六章 超深复杂井压井期间井筒压力及流动参数变化特征

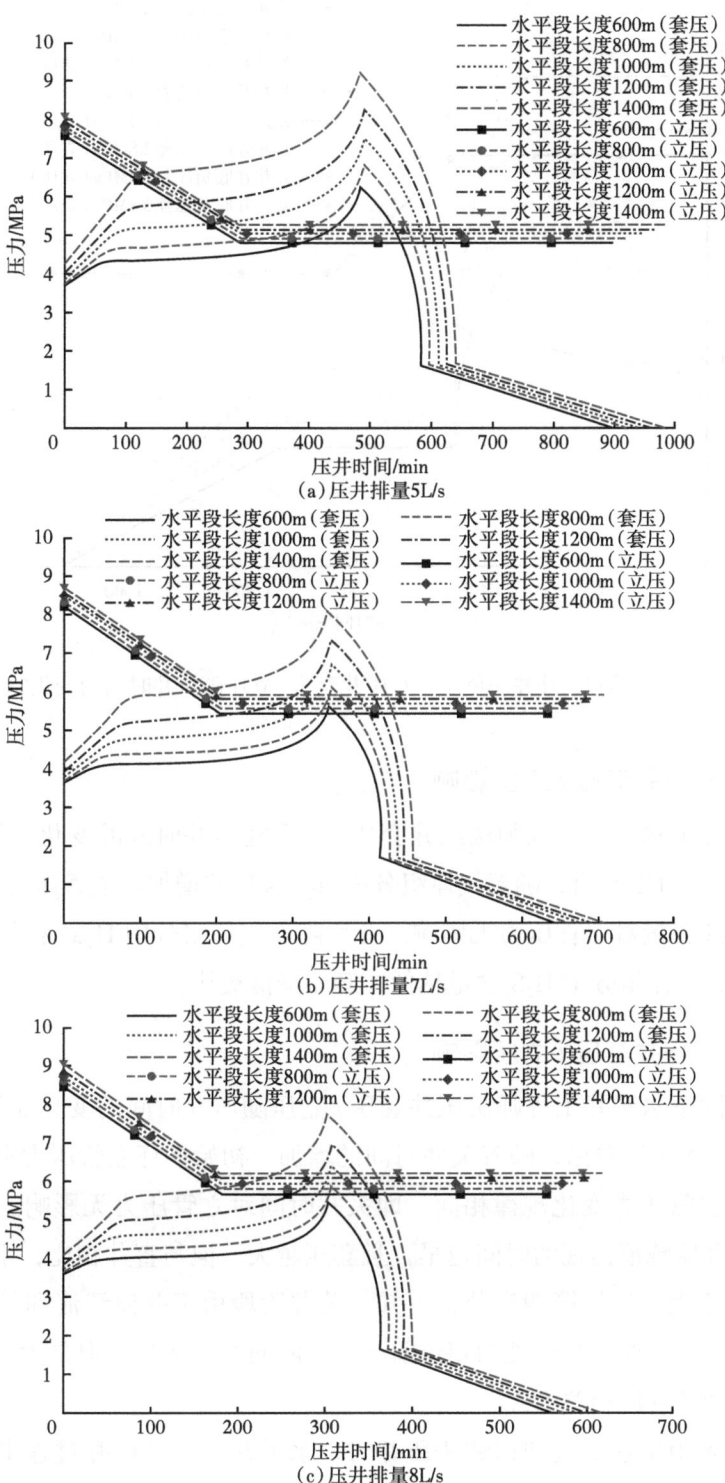

图 6-5-11 不同水平段长度下水平井压井套压/立压随压井时间的变化曲线

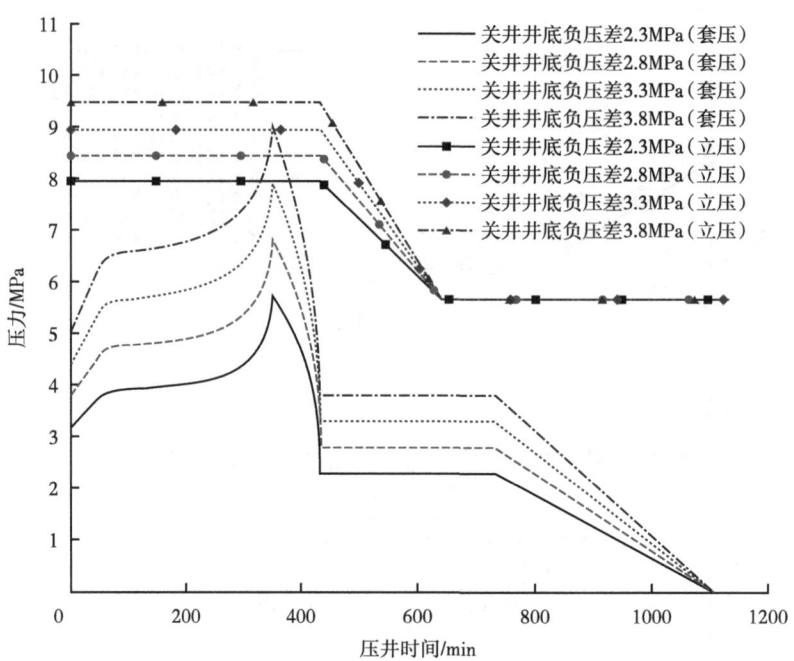

图 6-5-12　不同关井井底负压差对压井套压/立压随压井时间的变化曲线

#### 8. 气体组分对压井套压/立压影响

不同气体组分下水平井工程师法压井套压/立压随压井时间的变化曲线如图 6-5-13 所示。从图 6-5-13 可以看出，随着气体组分中 $H_2S$ 含量的增加，立管压力变化规律相同，即气体组分中 $H_2S$ 含量对立管压力无影响。套压随着气体组分中 $H_2S$ 含量的增加而减小，在溢流排出阶段，气体组分中 $H_2S$ 含量越低，套压降低更快。

#### 9. 关井时间对压井套压/立压影响

不同关井时间下水平井工程师法压井套压/立压随压井时间的变化曲线如图 6-5-14 所示。从图 6-5-14 可以看出，随着关井时间的增加，初始循环立管压力和终了循环立管压力保持不变，立管压力变化规律相同，即关井时间对立管压力无影响。但关井时间越长，压井过程中套压峰值出现的时间越早，且套压越大。但与直井相比，不同关井时间下的初始套压相差不大。根据第四章分析可知，关井阶段由于井筒续流和气体滑脱综合作用，气体仍不断进入井筒，且气液两相流前缘仍不断向井口运移，但是大部分气体仍停留在水平段，使得初始套压相差不大。

总而言之，采用工程师法和司钻法压井时，水平井与直井压井过程中压井套压和立压的变化规律相似但存在差异。水平井压井过程中，在压井初期压井套压随压井时间增加而呈线性增加，之后呈指数增加；直井压井过程中，压井套压随压井时间增加而呈指数增加。在溢流到达井口前，直井和水平井两种压井方法下套压几乎重合，但司钻法压井套压峰值要大于工程师法压井套压峰值；在溢流排出井口阶段，工程师法压井套压减小幅度要大于司钻法压井。水平井压井过程中压井套压和立压随压井时间增加存在平滑过渡减小段，而直井压井过程中压井套压和立压随压井时间增加仅存在线性减小段。

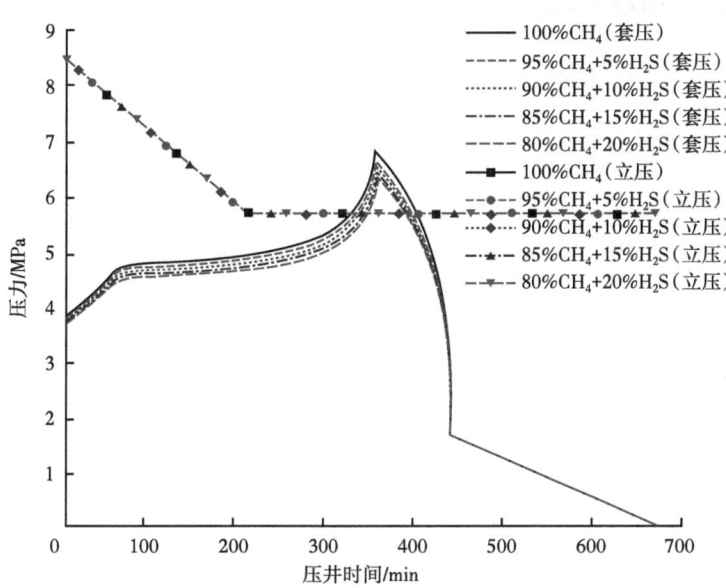

图 6-5-13　不同气体组分下水平井工程师法压井套压/立压随压井时间的变化曲线

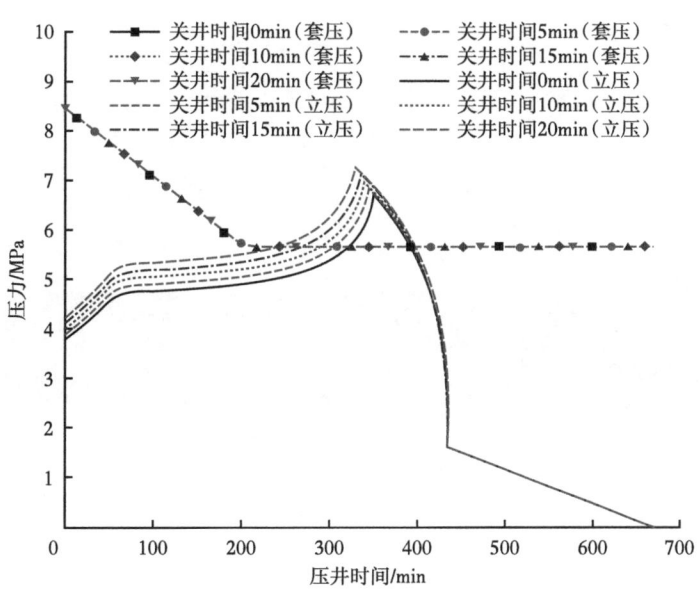

图 6-5-14　不同关井时间下水平井工程师法压井套压/立压随压井时间的变化曲线

气侵时间越长、压井排量越小、关井井底负压差越大、气体组分中 $H_2S$ 含量越低、关井时间越长，以及水平段越长，则压井过程中压井套压越大。初始循环立压和终了循环立压随气侵时间、关井时间和气体组分中 $H_2S$ 含量的增加保持不变；初始循环立压和终了循环立压随压井排量和水平段长度的增加而增加；随着关井井底负压差增加，初始循环立压增加，但终了循环立压保持不变。

# 第七章　超深复杂井井筒压力控制技术现场应用

本章主要针对前文建立的溢流—关井—压井井筒瞬态环空多相流模型与井筒压力控制技术，在新疆顺南、顺北区块开展现场应用，验证模型的准确性，并为现场施工提供参考。

## 第一节　顺南 5×× 井带压循环模拟

顺南 5×× 井是塔中北坡顺南斜坡一口评价井。该井采用五开井身结构，实钻井身结构数据见表 7-1-1。四开钻井过程中采用的钻井参数及钻具组合见表 7-1-2。该区地表年平均温度 10.5~12.5 ℃，地温梯度 2.15~2.30 ℃/100 m。

表 7-1-1　顺南 5×× 井井身结构

| 开次 | 井眼尺寸 /mm | 井深 /m | 套管尺寸 /mm | 套管下深 /m |
| --- | --- | --- | --- | --- |
| 一开 | 660.4 | 403.00 | 508.0 | 402.62 |
| 二开 | 444.5 | 3746.00 | 339.7 | 3743.53 |
| 三开 | 311.2 | 6285.00 | 244.5+250.8 | 6284.60 |
| 四开 | 215.9 | 6890.00 | 177.8 | 6889.20 |
| 五开 | 149.2 | 7168.56 | — | — |

表 7-1-2　四开钻井参数和钻具组合

| | 钻井参数 | | | | | |
| --- | --- | --- | --- | --- | --- | --- |
| | 钻井液密度 /g/cm$^3$ | 塑性黏度 /mPa·s | 动切力 /Pa | 排量 /L/s | 钻压 /kN | 转速 /r/min |
| 四开 | 1.45 | 28 | 9 | 25~30 | 40 | 60 |
| | 钻具组合 | | | | | |
| | $\phi$215.9 mm PDC 钻头 +$\phi$158.8 mm 钻铤 ×30 根 +$\phi$127 mm 加重钻杆 ×15 根 +$\phi$127 mm 钻杆 +$\phi$139.7 mm 钻杆 | | | | | |

## 一、溢流和压井过程

2014年8月17日,顺南5××井四开钻进至6407.19 mm发生溢流,钻井液池上涨2 m³,循环观察全烃上涨至96.78%,钻井液密度由1.40 g/cm³下降至1.36 g/cm³。将钻井液密度从1.40 g/cm³提高至1.45 g/cm³,常规起钻时发生溢流,逐渐将钻井液密度上提至1.60 g/cm³。9月1日6:30下钻到井底6414.82 m,循环排后效,循环1.5 h后点火成功,火焰高度4~5 m,持续120 min,排后效期间井口压力最高涨至3.6 MPa,循环排气期间套压随时间的变化曲线如图7-1-1所示。

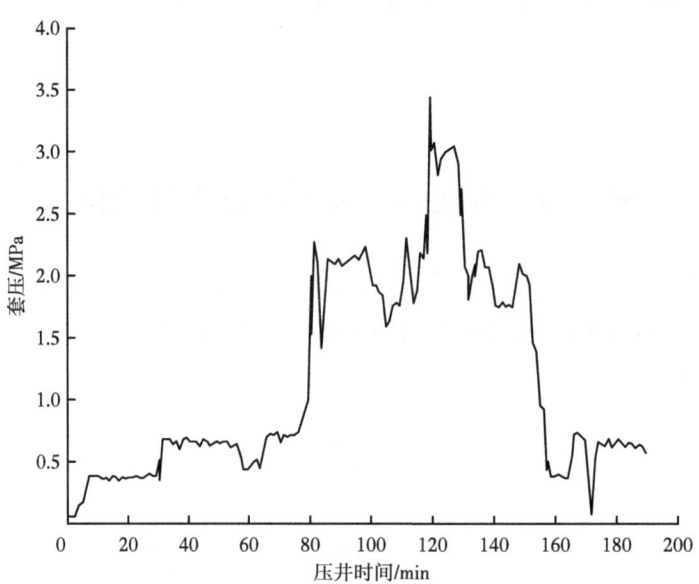

图7-1-1 顺南5××井压井过程实测套压随压井时间变化曲线

## 二、模拟计算

在给定现场实测数据的基础上,当钻至四开$\phi$215.9 mm井眼井深6407.19 m处发生溢流,钻井液密度1.45 g/cm³,钻井液排量25L/s,地层渗透率30 mD,储层厚度3 m,井底负压差3 MPa,其余基础参数如上文所述。根据所建井筒瞬态多相流模型,模拟计算压井套压随时间的变化关系曲线,如图7-1-2所示;同时,不同时间节点处的套压的实测值与模拟计算值见表7-1-3。

从图7-1-2和表7-1-3可以看出,套压的变化趋势和基本规律与现场实测曲线基本相同,除个别奇异点外,理论预测值与实测值相对误差均小于10%;模拟计算结果与现场数据基本吻合,验证了高温高压深井井筒环空瞬态多相流控制模型的正确性。

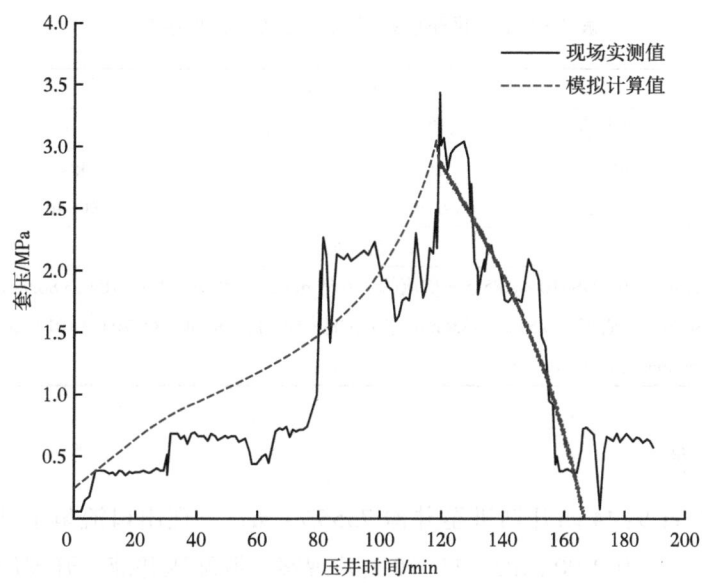

图 7-1-2　套压随压井时间的变化曲线

表 7-1-3　模拟值与实测值数据对比表

| 节点 | 6 min | 13 min | 82 min | 100 min | 105 min | 110 min | 115 min | 120 min | 125 min | 145 min | 165 min |
|---|---|---|---|---|---|---|---|---|---|---|---|
| 实测值 /MPa | 0.24 | 0.37 | 1.41 | 1.87 | 1.90 | 2.05 | 2.49 | 2.99 | 3.04 | 2.02 | 0.46 |
| 模拟值 /MPa | 0.26 | 0.40 | 1.42 | 1.89 | 2.10 | 2.35 | 2.69 | 3.13 | 2.92 | 2.00 | 0.47 |
| 相对误差 /% | 8.3 | 8.1 | 0.7 | 1.0 | 10.0 | 14.6 | 8.1 | 4.6 | 4.1 | 1.0 | 2.2 |

## 第二节　顺北 3×× 井气侵模拟与早期溢流监测现场应用

顺北 3×× 井是塔中北坡顺托果勒区块的一口探井。设计完钻井深 8120.24 m，设计完钻垂深 7900 m。该井采用四开井身结构，实钻井身结构数据见表 7-2-1，四开直井段钻井过程中采用的钻井参数及钻具组合见表 7-2-2。该区地表年平均温度 10~12 ℃，地温梯度 2.2~2.3 ℃/100 m。

表 7-2-1　顺北 3XX 井井身结构数据

| 开次 | 井眼尺寸 /mm | 井深 /m | 套管尺寸 /mm | 套管下深 /m |
|---|---|---|---|---|
| 一开 | 346.10 | 2005.00 | 273.1 | 2004.74 |
| 二开 | 250.80 | 6750.00 | 193.7 | 6748.71 |
| 三开 | 165.10 | 7520.00 | 139.7 | 7520.00 |
| 四开 | 120.65 | 8120.24 | — | — |

表 7-2-2 四开直井段钻井参数和钻具组合

| | 钻井参数 | | | | | |
|---|---|---|---|---|---|---|
| | 钻井液密度 /<br>g/cm³ | 塑性黏度 /<br>mPa·s | 动切力 /<br>Pa | 排量 /<br>L/s | 钻压 /<br>kN | 转速 /<br>r/min |
| 四开 | 1.28~1.40 | 18~23 | 6~9 | 9~13 | 30~40 | 30~50 |
| | 钻具组合 | | | | | |
| | 120.6 mm PDC×0.21 m+230×DS310×0.85 m+单流阀 ×0.59 m+2A10×DS311×0.78 m+88.9 mm 钻铤 ×228.52 m+ DS310×2A11×0.80 m+旁通阀 ×0.59 m+88.9 mm 非标钻杆+DS311×ST390×0.70 m+101.6 mm 钻杆 ×4026.57 m+ ST391×HT400×0.59 m+ 114.3 mm 钻杆 | | | | | |

## 一、溢流过程

2017 年 6 月 7 日 9:44 四开钻进至井深 7556.73 m,发现出口流量上涨,9:46 关井成功,溢流量 2.49 m³,套压 1.00 MPa。11:50 关井观察,调配压井液,开展压井施工交底会,12:00 液气分离器点火管线着火燃烧,焰高 2~3 m,火焰呈橘黄色,14:00 节流压井,保证进口密度 1.35 g/cm³,保持套管压力 5~6 MPa,调整泵冲最高至 25 次 /min,14:30 左右火焰减小至基本熄灭,液气分离器出液端返出油花,出口密度 1.29~1.24 g/cm³,19:00 节流压井,保证进口密度 1.35 g/cm³,保持立管压力 13~14 MPa,调整泵冲 35 次 /min,累计泵入 1.35 g/cm³ 压井液 160 m³,进口密度 1.35 g/cm³,出口密度 1.33~1.34 g/cm³,停泵后立压 / 套压为零,开井后出口不返液,并于 9 日 2:00 恢复正常钻进[57]。

## 二、现场验证

为了验证模型的正确性,结合本书所建的数学模型,当钻至四开井眼 $\phi$120.65 mm 井深 7556.73 m 处发生溢流,钻井液密度 1.28 g/cm³,钻井液排量 10L/s,地层渗透率 30 mD,储层厚度 3 m,井底负压差 1 MPa,其余基础参数如上文所述。根据所建井筒瞬态多相流模型,模拟计算不同溢流时刻井筒截面含气率分布情况,以及井口返出排量随溢流时间的关系,计算结果分别如图 7-2-1 和图 7-2-2 所示。

由图 7-2-1 可知,根据井筒截面含气率分布情况,可以判断气液两相流前缘离井口距离。显然,溢流发生 87 min 后,气液两相流前缘已经到达井口,此刻井筒中任一截面都是气液两相分布;同时也可知在溢流发生 85 min 左右,气液两相流前缘距离井口 180 m。对于现场实际情况,此时应已关井。从图 7-2-2 可以看出,在气侵时间达到 80 min 时,井口返出排量为 10.11L/s,相比原排量 10L/s,井口返出排量变化很小,井口返出排量变化率仅为 1.1%;当气侵时间为 85 min 左右,井口返出排量为 10.43L/s,井口返出排量变化率为 4.3%。因此,气侵时间达到 85 min 时,出口排量迅速增加,说明溢流快到井口,需要实施关井作业。钻井液池增量随气侵时间的变化曲线如图 7-2-3 所示。

根据图 7-2-2 计算结果综合分析可知，气侵时间达到 85 min 左右，出口已监测到流量上涨，此时已进行了关井作业。显然，由图 7-2-3 可知，对应时间下钻井液池增量为 2.57 m³，而现场监测溢流量 2.49 m³，相对误差为 3.11%，满足 10% 的精度需求，从而验证了模型的可靠性和准确性。

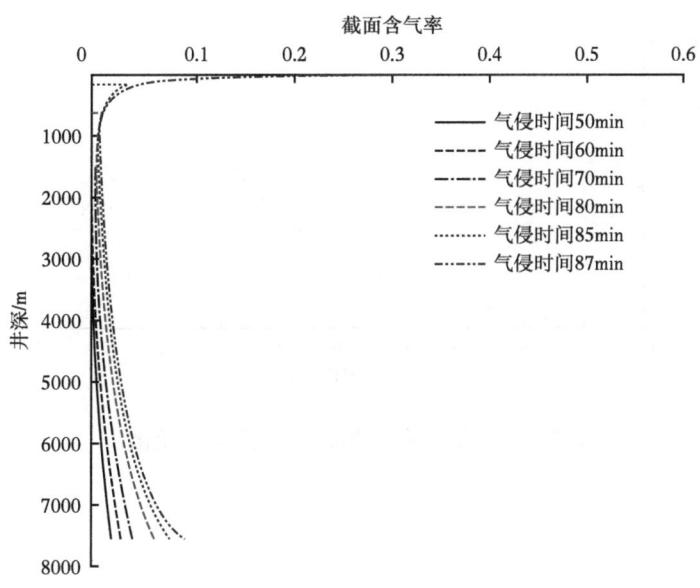

图 7-2-1　不同时刻井筒截面含气率分布情况

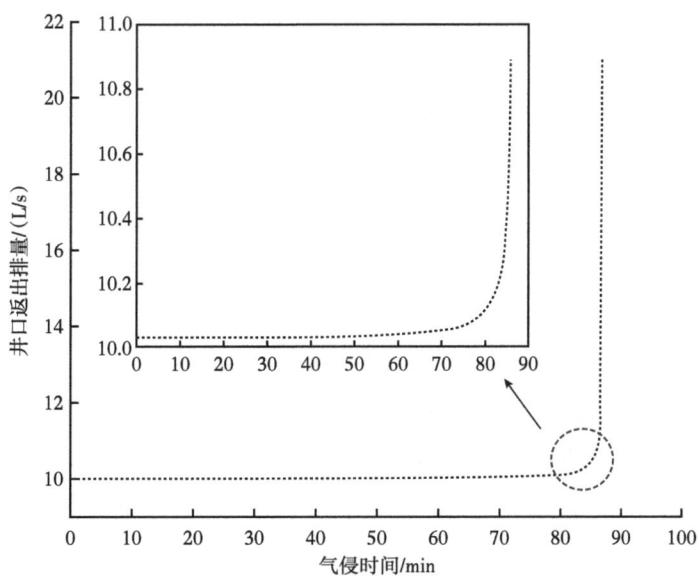

图 7-2-2　井口返出排量随溢流时间的变化

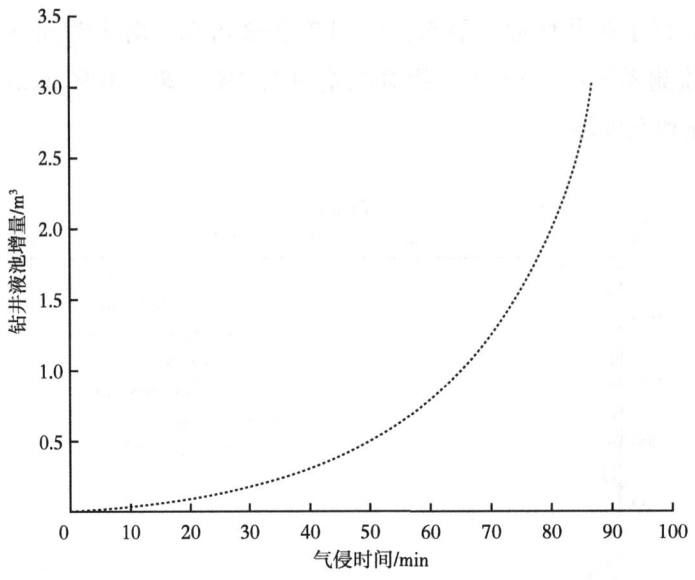

图 7-2-3　钻井液池增量随气侵时间的变化

## 参考文献

[1] AMANI M, AMJAD-IRANAGH S, GOLZAR K, et al. Study of nanostructure characterizations and gas separation properties of poly(urethane–urea)s membranes by molecular dynamics simulation[J]. Journal of Membrane Science, 2014, 462: 28-41.

[2] HANUS J, MAZEAU K. The xyloglucan–cellulose assembly at the atomic scale[J]. Biopolymers, 2006, 82(1): 59-73.

[3] BERTHEZENE N, DE HEMPTINNE J C, AUDIBERT A, et al. Methane solubility in synthetic oil-based drilling muds[J]. Journal of Petroleum Science and Engineering, 1999, 23(2): 71-81.

[4] Monteiro E N. Study of Methane Solubility in Organic Emulsions Applied to Drilling Fluid Formulation and Well Control[C]. SPE Annual Technical Conference and Exhibition. Society of Petroleum Engineers, 2005.

[5] 张智, 付建红, 施太和, 等. 高酸性气井钻井过程中的井控机理[J]. 天然气工业, 2008, 28(4): 56-58.

[6] 高云丛, 李相方, 孙晓峰, 等. 普光气田高含硫气井溢流压井期间井筒超临界相态特征[J]. 天然气工业, 2010, 30(3): 63-66.

[7] 张智, 付建红, 施太和, 等. 高酸性气井超临界 $H_2S/CO_2$ 诱发压力控制问题机理[C]. 油气藏地质及开发工程国家重点实验室第四次国际学术会议, 2007.

[8] 李昊. 超临界条件下井筒环空多相流动规律研究[D]. 东营: 中国石油大学(华东), 2010.

[9] 赵金洲. 我国高含 $H_2S/CO_2$ 气藏安全高效钻采的关键问题[J]. 天然气工业, 2007, 27(2): 141-144.

[10] 袁平. 高含硫化氢二氧化碳气田钻井的超临界态相变与井控安全[D]. 成都: 西南石油大学, 2006.

[11] RAYMOND L R. Temperature distribution in a circulating drilling fluid[J]. Journal of Petroleum Technology, 1969, 21(3): 333-341.

[12] MARSHALL D W, BENTSEN R G. A computer model to determine the temperature distributions in a wellbore[J]. Journal of Canadian Petroleum Technology, 1982, 21(1): 63-75.

[13] 杨谋, 孟英峰, 李皋, 等. 钻井液径向温度梯度与轴向导热对井筒温度分布影响[J]. 物理学报, 2013, 62(7): 537-546.

[14] YANG M, MENG Y, LI G, et al. Estimation of Wellbore and Formation Temperatures during the Drilling Process under Lost Circulation Conditions[J]. Mathematical Problems in Engineering, 2013(8): 1943-1997.

[15] 杨谋, 孟英峰, 李皋, 等. 钻井全过程井筒－地层瞬态传热模型[J]. 石油学报, 2013, 34(2): 366-371.

[16] 杨谋. 控温钻井基础理论研究[D]. 成都: 西南石油大学, 2012.

[17] SIEDER E N, TATE G E. Heat Transfer and Pressure Drop of Liquids in Tubes[J]. Industrial & Engineering Chemistry, 1936, 28(12): 1429-1435.

[18] DIERSCH H J G, BAUER D, Heidemann W, et al. Finite Element Modeling of Borehole Heat Exchanger Systems: Part 1. Fundamentals[J]. Computers & Geosciences, 2011, 37(8): 1122-1135.

[19] BEIER R A, ACUÑA J, MOGENSEN P, et al. Transient Heat Transfer in a Coaxial Borehole Heat Exchanger[J]. Geothermics, 2014, 51(7): 470-482.

[20] PETERSEN J, BJØRKEVOLL K S, LEKVAM K. Computing the Danger of Hydrate Formation Using a Modified Dynamic Kick Simulator[C]. SPE/IADC drilling conference. Society of Petroleum Engineers, 2001.

[21] DITTUS F, BOELTER L. Heat Transfer in Automobile Radiators of The Tubular Type[J]. International Communications in Heat and Mass Transfer, 1985, 12（1）: 3-22.

[22] O'BRYAN P L, BOURGOYNE JR A T, MONGER T G, et al. An experimental study of gas solubility in oil-based drilling fluids[J]. SPE Drilling Engineering, 1988, 3（1）: 33-42.

[23] 段振豪, 卫清. 气体（$CH_4$、$H_2S$、$CO_2$ 等）在水溶液中的溶解度模型[J]. 地质学报, 2011, 85（7）: 1079-1093.

[24] HUANG H, AYOUB J A. Applicability of the Forchheimer Equation for Non-Darcy Flow in Porous Media[J]. SPE-102715, 2006.

[25] JOSHI S D. Augmentation of well productivity with slant and Horizontal wells[C]. SPE-15375, 1988.

[26] HASAN A R, KABIR C S. A study of multiphase flow behavior in vertical wells[J]. SPE-15138, 1988.

[27] HASAN A R, KABIR C S. Predicting Multiphase Flow Behavior in a Deviated Well[J]. SPE 15779, 1988.

[28] HASAN A R, KABIR C S. Two Phase Flow in Vertical and Inclined Annuli[J]. Int. J. Multiphase Flow, 1992, 18: 279-293.

[29] GILL L E, HEWITT G F, ROBERTS D N. Studies of the behaviour of disturbance waves in annular flow in a long vertical tube[M]. Springer Berlin Heidelberg, 1969.

[30] XIAO J J, SHONHAM O, BRILL J P. A Comprehensive Mechanistic Model for Two-Phase Flow in Pipelines[C]. SPE-20631, 1990.

[31] TAITEL Y, DUKLER A E. A model for predicting flow regime transitions in horizontal and near horizontal gas - liquid flow[J]. Aiche Journal, 1976, 22.

[32] KAYA A S, SARICA C, BRILL J P. Mechanistic Modeling of Two-Phase Flow in Deviated Wells[C]. SPE-56522, 2001.

[33] BARNEA D. A unified model for predicting flow-pattern transitions for the whole range of pipe inclinations[J]. International Journal of Multiphase Flow, 1987, 13（1）: 1-12.

[34] TENGESDAL J Ø, KAYA A S, SARICA C. Flow-pattern transition and hydrodynamic modeling of churn flow[C]. SPE-57756, 1999.

[35] BENDIKSEN K H. An experimental investigation of the motion of long bubbles in inclined tubes[J]. International Journal of Multiphase Flow, 1984, 10（4）: 467-483.

[36] OWEN I, ABDUL-GHANI A, AMINI A M. Diffusing a homogenized two-phase flow[J]. International Journal of Multiphase Flow, 1992, 18（4）: 531-540.

[37] LOCKHART R W, MARTINELLI R C. Proposed Correlation of Data for Isothermal Two-Phase, Two-Component Flow in Pipes[J]. Chemical Engineering Progress, 1949, 45: 39-48.

[38] HASAN A R. Void Fraction in Bubbly and Slug Flow in Downward Two-Phase Flow in Vertical and Inclined Wellbores[J]. SPE Production & Facilities, 1995, 10（3）: 172-176.

[39] WALLIS G B. One-dimensional two-phase flow[M]. McGraw-Hill, 1969.

[40] 樊洪海. 实用钻井流体力学[M]. 北京: 石油工业出版社, 2014.

[41] REED T D, PILEHVARI A A. A new model for laminar, transitional, and turbulent flow of drilling muds[C]. SPE-25456, 1993.

[42] SHAH S N, TAREEN M, CLARK D. Effects of Solids Loading on Drag Reduction in Polymeric Drilling Fluids Through Straight and Coiled Tubing[J]. Journal of Canadian Petroleum Technology, 2002, 41（5）: 113-117.

[43] CROWLEY C J, WALLIS G B, BARRY J J. Validation of a one-dimensional wave model for the stratified-to-slug flow regime transition, with consequences for wave growth and slug frequency[J]. International Journal of Multiphase Flow, 1992, 18（2）: 249-271.

[44] PENG D Y, ROBINSON D B. A New Two-Constant Equation of State[J]. Industrial & Engineering Chemistry Fundamentals, 1976, 15（1）: 59-64.

[45] DANNER R P, KABADI V N. A modified Soave-Redlich-Kwong equation of state for water-hydrocarbon phase equilibria[J]. Industrial & Engineering Chemistry Process Design & Development, 1985, 24（3）: 537-541.

[46] DEMPSEY J R. Computer Routine Treats Gas Viscosity as a Variable[J]. Oil & Gas Journal, 1965（63）: 141-143.

[47] BEGGS H D, ROBINSON J R. Estimating the viscosity of crude oil systems[J]. Journal of Petroleum Technology, 1975, 27（9）: 1140-1141.

[48] VAZQUEZ M, BEGGS H D. Correlations for Fluid Physical Property Prediction[J]. Journal of Petroleum Technology, 1980, 32（6）: 968-970.

[49] MINTON R C, BERN P A. Field Measurement and Analysis of Circulating System Pressure Drops with Low-Toxicity Oil-Based Drilling Fluids[C]. SPE-17242, 1988.

[50] 孙宝江. 石油天然气工程多相流动[M]. 东营: 中国石油大学出版社, 2013.

[51] HOLLY F M, PREISSMANN A. Accurate Calculation of Transport in Two Dimensions[J]. J. Hydraulic Div. Proc. ASCE, 1977, 103（74）: 1259-1277.

[52] 鄢捷年. 钻井液工艺学[M]. 东营: 中国石油大学出版社, 2001.

[53] VARDY A E, BROWN J. Transient Turbulent Friction in Smooth Pipe Flows[J]. Journal of Sound & Vibration, 2003, 259（5）: 1011-1036.

[54] 奚斌, 韩洪升, 刘扬, 等. 环形断面管道水击波速公式推导及其摩阻损失分析[J]. 应用数学和力学, 2013, 34（9）: 908-916.

[55] KARNEY B W, RUUS E. Charts for water hammer in pipelines resulting from valve closure from full opening only[J]. Canadian Journal of Civil Engineering, 1985, 12（2）: 241-264.

[56] BRACKBILL J U, SALTZMAN J S. Adaptive zoning for singular problems in two dimensions[J]. Journal of Computational Physics, 1982, 46（3）: 342-368.

[57] 唐飞宇. 高温高压气井溢流过程模拟[D]. 成都: 西南石油大学, 2018.